谨以此丛书纪念
钱学森诞辰一百周年

曹刚川 二〇〇八年十一月

钱学森科学技术思想研究丛书

现代科学技术体系总体框架的探索

赵少奎 编

科学出版社
北京

内 容 简 介

本书在探讨钱学森现代科学技术体系思想产生、发展及其科学意义的基础上，重点对系统科学、思维科学和地理科学等领域的研究进展进行了介绍。对进一步推进我国现代科学技术体系建设的总体思路、方法和运行管理机制等有关问题进行了探讨。

本书适合科研人员、工程技术人员、党政领导干部、国家公务员和大专院校师生阅读、研究。

图书在版编目(CIP)数据

现代科学技术体系总体框架的探索 /赵少奎编. —北京：科学出版社，2011
(钱学森科学技术思想研究丛书)
ISBN 978-7-03-028788-5

Ⅰ. 现… Ⅱ. 赵… Ⅲ. 钱学森-科学体系学-思想评论 Ⅳ. ①G304 ②K826.16

中国版本图书馆 CIP 数据核字 (2010) 第 166113 号

责任编辑：魏英杰 王志欣 / 责任校对：鲁 素
责任印制：吴兆东 / 封面设计：陈 敬

科学出版社 出版
北京东黄城根北街 16 号
邮政编码：100717
http://www.sciencep.com
北京建宏印刷有限公司 印刷
科学出版社发行 各地新华书店经销
*
2011 年 1 月第 一 版 开本：B5 (720×1000)
2024 年 1 月第三次印刷 印张：16 1/2
字数：315 000

定价：158.00元

(如有印装质量问题，我社负责调换)

《钱学森科学技术思想研究丛书》编委会

《钱学森科学技术思想研究丛书》序

在现代科学技术革命、政治多极化、经济全球化与文化多元化的新形势下，人类面对越来越复杂的世界，我国社会主义现代化建设同样也面对各种各样的复杂性问题。突破还原论，发展整体论，在还原与整体辩证统一的系统论基础上构建现代科学技术体系，探索开放的复杂巨系统理论与方法，并付诸实践，已经成为现代科学技术发展进程中的重大时代课题。

早在19世纪末，恩格斯就曾经预言①，随着自然科学系统地研究自然界本身所发生的变化的时候，自然科学将成为关于过程，关于这些事物的发生和发展以及关于把这些自然过程结合为一个伟大的整体的联系的科学。1991年10月，钱学森根据现代科学技术发展的新形势，进一步明确指出②："我认为今天的科学技术不仅仅是自然科学工程技术，而是人认识客观世界、改造客观世界整个的知识体系，这个体系的最高概括是马克思主义哲学。我们完全可以建立起一个科学体系，而且运用这个科学体系去解决我们中国社会主义建设中的问题。……我在今后的余生中就想促进这件事情。"

在东西方文化互补、融合的基础上，钱学森提出的探索宇宙五观世界观（胀观、宇观、宏观、微观、渺观）、社会主义社会三个文明（物质、政治、精神）与地理建设（生态文明）的体系结构、现代科学技术体系五个层次、十一个大部门的总体思想、开放的复杂巨系统理论、从定性到定量综合集成研讨厅与大成智慧学等，构成了钱学森科学技术思想的核心内涵。可以说，钱学森科学技术思想的核心是对现时代科学技术发展趋势的总体把握，是依据现时代科学技术综合化、整体化的发展方向，对恩格斯关于自然科学正在发展为"一个伟大的整体联系的科学"这一预见的科学论证与深刻阐发，它必将大大推动科学技术的发展，必将成为中国社会主义现代化建设的强大思想武器。因此，深入学习、研究、解读、继承，并大力传播与发展钱学森的科学技术思想，是我们这一代科技工作者不可推卸的历史责任。

钱学森在美国的二十年，潜心研究应用力学、工程控制论和物理力学，参与开拓美国现代火箭技术，成就为世界著名的技术科学家和火箭技术专家；回国后的前二十五年，专心致志地领导、开拓我国导弹、航天事业，成为世界级的航天发展战略家、系统工程理论与实践的开拓者和国家功臣；晚年的钱学森，为了实现让自己的

---

① 马克思恩格斯选集(4卷). 2版. 北京：人民出版社，1995：245.

② 钱学森. 感谢、怀念与心愿. 人民日报，1991-10-17.

人民能够过上更加“幸福和有尊严的生活”，在马克思主义哲学的指导下，在科学技术的广阔领域里不懈地探索着，从工程技术走向了科学论，成为具有大识、大德和大功的大成智慧者，具有深厚马克思主义哲学功底的科学大师和思想家。钱学森提出的科学技术思想具有非同寻常的前瞻性和战略意识，对于我国科学技术的发展与社会主义现代化建设是一座无价的思想宝库。我们这些来自不同学术领域的后来者，研究、解读他的创新科学技术思想，是有难度的，在知识域上也是有局限性的。现在呈现在读者面前的《钱学森科学技术思想研究丛书》只是我们学习、研究钱学森科学技术思想的初步成果。我们把本丛书奉献给读者，目的是希望尽我们的微薄之力，进一步推动钱学森科学技术思想的研究工作，诚恳地欢迎社会各界提出不同的意见，并进行广泛的学术交流。

在《钱学森科学技术思想研究丛书》陆续与读者见面的时候，我们衷心地感谢国内相关领域的学者、专家积极主动地参与研讨，尽心尽力地出谋划策，无私地贡献自己的知识和智慧；特别要感谢谢光选、郑哲敏院士和新闻出版总署、科学出版社的领导和同志们，正是他们的大力支持和鼓励，才使本丛书得以在钱学森百年诞辰之际问世。

《钱学森科学技术思想研究丛书》编委会

2010年12月11日

前　　言

2008年5月27～29日，来自中国科学院、工程院、国内高等院校和军队与地方相关科技部门的系统科学、地理科学、思维科学、军事科学、建筑科学、自然科学和社会科学等领域的40多位学者、专家，在北京香山饭店召开了以钱学森院士提出的“现代科学技术体系”总体框架探索研究为主题的科学会议，对钱老提出的现代科学技术体系思想进行了学术交流和研讨。在探讨钱学森现代科学技术体系思想产生、形成、发展及其科学意义的基础上，重点对系统科学、地理科学和思维科学等领域的研究进展进行了学术交流。这次香山科学会议的主题是:在扬弃还原论、发展整体论、创建二者辩证统一的系统论的基础上，推进我国科学技术体系总体框架的建设。一流的报告和议题引发了与会学者、专家广泛而深入地讨论，不仅深入讨论了钱学森现代科学技术体系的内容、创新之处等基本理论问题，提出了扩展现代科学技术体系框架、结构的新思路，而且引发了关于创建新医学、人类和谐社会和预测重大自然灾害等复杂性科学问题的讨论。与会专家在宽松的学术环境和多学科交叉的自由讨论中，基于对钱学森现代科学技术体系研究状况，展望未来的发展，剖析关键的科学前沿问题及其解决方法，并且着重探讨了今后如何将钱学森的科学技术体系思想继承、发扬下去，为构建和谐社会、推进现代科学技术发展做出新的贡献等现实问题。凝聚相关学科专业学者、专家的智慧，对进一步推进我国现代科学技术体系建设的总体思路、方法和运行管理机制等有关问题进行了探讨，取得了积极成果。

人类已经进入新的千年，在科学技术与社会经济迅猛发展的条件下，人类面对越来越复杂的客观世界。我们面对的现代科学技术体系的争论、中西医的争论、重大自然灾害能否预测预报以及人体科学和如何构建和谐社会等复杂性科学技术问题的争论，从根本上讲都是不同科学方法论和知识体系的碰撞。面对我国社会主义现代化建设急待解决的复杂性科学技术问题，钱学森在东西方文化互补、融和的基础上提出的“现代科学技术体系”、“开放的复杂巨系统”和大成智慧学的科学思想，是当今科学技术发展进程中的重要理论创新，正在推动着科学方法论的重大变革。以突破还原论，发展整体论，创建辩证统一的系统论为指导的科学技术体系已经成为当代科学技术发展进程中理论建设的重大课题，必将成为我国科学技术界必须面对和着力解决的重大理论建设问题。

开拓现代科学技术体系是钱学森晚年科技活动的核心内容。在钱学森现代科学技术体系中提出的系统科学，在某种意义上讲，实质上就是运用系统科学的思想和方法，统筹研究如何解决人类社会和谐、可持续发展和其他复杂性问题的学问；思维科学是研究人类思维运行规律，如何推进科技创新和培养新世纪创新人才的学问；地理科学是研究人与自然、人工环境如何和谐发展，推进生态文明建设的学问。钱学森的现代科学技术体系思想为我们科学探索开拓了新的思路，一些新兴学科取得的研究成果为我们提供了宝贵的启示，但是，必须明确，现代科学技术体系的探索研究刚刚开始，不论是总体框架的设计，还是各个科学技术大部门的内部结构，都存在大量问题需要深入研究。因此，目前存在各种各样的不同见解，甚至针锋相对的看法都是十分正常的，恰恰表明这一探索研究蕴藏着巨大潜力、具有旺盛的生命力。任何一门科学技术，如果只有一种观点，没有不同看法与之争辩，那么它的生命力也就枯竭了。只有各个方面的专家、学者都关注这个问题，从不同层次、不同角度、不同侧面进行广泛的探讨，提出和而不同的见解，不同见解足够地丰富，才能逐渐地使现代科学技术体系更加充实，更加完善起来。

本书共分六章：第一章，钱学森现代科学技术体系思想综述；第二章，系统科学；第三章，思维科学；第四章，地理科学；第五章，其他科学部门与现代科学技术体系；第六章，现代科学技术体系探索小结。重点是钱学森在现代科学技术体系探索、研究过程中取得的主要成果和产生的学术影响。书中部分年代较早的文献和资料，原件中个别字迹不清，编录时可能存在不一致的地方。至于体例形式、语言使用习惯、单位量纲表示等，尽量保持了原作风貌，没有按现行习惯和标准规定进行更改，只对较为明显的误漏作了补正。

本书适合科研人员、工程技术人员、党政领导干部、国家公务员和大专院校师生阅读、研究。

“江山代有才人出，各领风骚数百年。”从文艺复兴开始的近代科学技术发展，还原论在西方发挥了优势；从复杂性科学开始的现代科学技术发展，东方的整体论将发挥重要影响，它不是古代整体论的回复，而是西学东韵的辩证统一。

我们坚信，以钱学森为代表的中国学术界在现代科学技术体系的建设中必将发挥更加重要的作用！

编　者

2010年12月

目　　录

第一章　钱学森现代科学技术体系思想综述

第一节　钱学森现代科学技术体系思想的产生、发展与科学意义*

一、钱学森现代科学技术体系思想是马克思主义哲学的坚持与发展

1. 恩格斯科学分类思想

自然科学经过两百多年分门别类的研究，19 世纪迅速成长出许多新的部门和分支。于是，研究整个科学的总体结构，描绘出科学总体结构的蓝图，便成为指导科学未来发展的一个重大战略问题。最早有两位著名人物从事这项工作。

一位是圣西门（1760～1825 年），他是达兰贝尔的学生，当时最博学的人。圣西门用发展的思想去考察自然界和人类社会。在自然界领域中，他根据自然现象由简单到复杂的发展过程，把自然现象分成以下几类：天文现象、物理现象、化学现象和生理现象。与此相应，自然科学划分为天文学、物理学、化学和生理学。在圣西门的科学分类中体现了一个重要的思想：人类认识的顺序同自然现象发展的顺序是一致的。在人类社会领域中，圣西门同样根据发展的思想，把社会划分为三个阶段：神学阶段、形而上学阶段和实证阶段。与此相应，人类认识进程划分为三个阶段：神学、形而上学与实证科学。

另一位是黑格尔（1770～1851 年），他的巨大功绩是第一次“把整个自然的、历史的和精神的世界描写为一个过程，即把它描写为处在不断的运动、变化、转变和发展中，并企图揭示这种运动和发展的内在联系。”① 不过，黑格尔的所谓发展是绝对观念的发展，是它决定自然界的发展从而也决定自然科学的发展。在《自然哲学》中，黑格尔依据自然界的发展过程对自然科学进行了如下的分类（表 1-1-1）。

---

* 本节执笔人：黄顺基，中国人民大学。

① 马克思恩格斯全集（20 卷）. 北京：人民出版社，1971：26.

表 1-1-1 黑格尔的自然科学分类

绝对观念的发展	存在——本质——概念
自然界的运动	质量的运动 —— 分子的运动——生物的运动 原子的运动
自然科学的分类	机械论——化学论——有机论 天体力学 物理学 植物学 地球上的力学 化学 动物学

恩格斯批判地吸取了圣西门和黑格尔的合理思想，概括总结了 19 世纪自然科学的重大成果，特别是细胞学说、能量守恒定律和进化论三大发现，法拉第电磁感应理论、分子运动论、元素周期律以及生理学、胚胎学、古生物学、地质学领域的最新成果，对当时的自然科学进行了新的分类。恩格斯以唯物辩证法的观点为依据，对自然科学进行如下的分类：

现实世界的空间形式和数量关系——数学

机械运动——天文学——固体力学

　　　　　　力学　　　流体力学

物理运动——物理学（分子的力学）—— 力学、热学、电学、磁学、光学

化学运动——化学（原子的物理学）—— 无机化学-热化学、电化学、有机化学

生命运动——生物学（蛋白质的化学）——植物学、动物学、人类学

恩格斯还和马克思一道，以生产力与生产关系的矛盾运动为主线，研究了人类社会的历史运动，“劳动在从猿到人转变过程中的作用”一文实际上就是说明：劳动是从自然科学向社会科学过渡的环节。根据 19 世纪末科学发展的情况，当时的科学技术体系可以表示如下：

　　　　　　　　　　自然辩证法——自然科学

马克思主义哲学—— 历史唯物主义——社会科学

　　　　　　　　　　认识论和辩证逻辑——思维科学

在恩格斯的科学分类中体现了一个基本思想，即科学分类，从根本上说，是对“物质及其固有的运动”[①] 分类。因此，科学分类必须遵循下列原则：

第一，唯物主义的客观性原则。整个自然科学研究的对象是物质及其固有的运动，其中各门不同的自然科学研究的对象是物质的各种不同的运动形式，分类的依据是物质运动形式自身的特殊性。

第二，辩证法的发展性原则。自然界中物质运动的各种形式彼此是互相联系的，是由低级向高级发展的。因此，“科学分类就是这些运动形式本身依据其内

① 马克思恩格斯全集（20 卷）. 北京：人民出版社，1971：586.

部所固有的次序的分类和排列”[①]，由简单到复杂、由低级到高级，这样才能揭示出科学发展的内在逻辑。

2. 钱学森现代科学技术体系思想

恩格斯时代“自然科学本质上是整理材料的科学，关于过程、关于这些事物的发生和发展以及关于把这些自然过程结合为一个伟大整体的联系的科学。”[②]进入20世纪，科学结合为一个伟大整体的特征更加明显，这是由于科学技术不断分化、不断综合，各门科学技术之间相互联系、相互渗透的特点日益突出，在这个新的情况下，钱学森以马克思主义哲学为指导，运用实践论、系统论的观点，创造性地提出了现代科学技术体系结构，揭示了现代科学技术发展的整体状况，其内容几乎囊括了人类认识世界、改造世界的全部知识。这是一个开放的、复杂的“现代科学技术体系”，它为我们提供了一幅科学技术发展的总蓝图，为贯彻落实“科教兴国”战略思想提供了重要的理论依据。钱学森的现代科学技术体系的总体结构如下（图1-1-1）。

马克思主义哲学 —— 人认识客观和主观世界的科学												哲学
性智 ←		→ 量智										
文艺活动	美学	建筑哲学	人学	军事哲学	地理哲学	人天观	认识论	系统论	数学哲学	唯物史观	自然辩证法	桥梁
	文艺理论	建	行	军	地	人	思	系	数	社	自	基础科学
		筑 科	为 科	事 科	理 科	体 科	维 科	统 科	学 科	会 科	然 科	技术科学
	文艺创作	学	学	学	学	学	学	学	学	学	学	工程技术
实践经验知识库和哲学思维												前科学
不成文的实践感受												

图1-1-1 现代科学技术体系

① 马克思恩格斯全集（20卷）. 北京：人民出版社，1971：593.

② 马克思恩格斯全集（4卷）. 北京：人民出版社，1977：241.

这个现代科学技术体系是怎样用马克思主义哲学来分析与回答我们时代提出的新问题的？主要是在以下几个方面：

第一，坚持马克思主义哲学指导。马克思主义哲学概括总结了哲学（特别是对近代自然科学能收到效果的辩证哲学）发展史、近代科学技术（特别是19世纪的科学革命与工业革命的新进展）发展史，创立了辩证唯物主义与历史唯物主义，为我们提供了认识世界、改造世界的宇宙观、认识论、方法论与价值论。马克思主义哲学是认识史上伟大的变革，它在现代科学技术体系中居于最高层次。所以钱学森说："总结近一百年来的历史教训，我们认为马克思主义哲学是有其崇高的位置的。"①

但是需要指出，马克思主义哲学并不是终极真理，随着科学技术的发展，它也必然随之发展。正如恩格斯所指出的："随着自然科学领域中每一个划时代的发现，唯物主义也必然要改变自己的形式。"② 钱学森在哲学与科学技术之间搭起一座桥梁，正是要表明马克思主义哲学与科学技术的相互联系与相互促进是通过哲学与科学之间的桥梁来实现的。

第二，坚持与发展唯物辩证法。从唯物主义观点看来，科学技术的研究对象是客观世界的运动、变化及其规律性。进入20世纪，科学技术对客观世界认识的深度与广度，是19世纪所无法比拟的：今天人类正探索着从渺观、微观、宏观、宇观直到胀观这五个层次时空范围的客观世界；特别是在宏观层次地球上，经过几十亿年从无机物演化出生物；再经过几百万年出现了人类和人类社会；然后在仅仅两百多年内人类社会就发生了翻天覆地的变化。进入20世纪科学技术更是突飞猛进，产生了许多新的科学技术领域，衍生出成千上万新的科学技术分支。新时代提出了科学技术分类的新问题。

钱学森从科学研究对象是同一个客观世界，但研究角度不同的观点出发，提出科学技术研究的区分在于研究问题的角度不同，如自然科学是从物质运动的角度，社会科学是从社会发展的角度，数学是从质和量对立统一及质和量互变的角度，系统科学是从部分与整体、局部与全局以及层次关系的角度去研究客观世界的，如此等等。

第三，坚持与发展实践论。钱学森根据20世纪科学与技术的最新发展，特别是"科学—技术—工程"一体化的发展趋势，在实践论的指导下，按照从实践到认识的过程，把现代科学技术的体系结构分为六个层次，即前科学、工程技术、技术科学、基础科学、桥梁与哲学。它鲜明地体现了实践的观点：大量前科学知识是在实践的基础上产生的经验知识，是认识的源泉，而成文的、明言的科

① 钱学森，等. 论系统工程. 长沙：湖南科学技术出版社，1982：216.

② 马克思恩格斯全集（4卷）. 北京：人民出版社，1977：224.

学技术知识则是从其中提炼与概括出来的；最高层次的哲学知识是以前科学与科学技术的知识为基础的。

二、钱学森现代科学技术体系思想的理论创新

钱学森现代科学技术体系在马克思主义立场上，从系统的观点出发，对人类认识世界、改造世界的知识总体，进行了高度的理论概括，这是继19世纪马克思、恩格斯的科学分类之后极为重要的理论创新。“体系”的思想内容博大精深，这里限于作者的水平，主要谈以下几个方面：

1. 科学技术发展模式——马克思主义认识论的丰富与发展

钱学森现代科学技术体系，以实践论为指导，按照从实践到认识的发展，将现代科学技术的认识过程划分为三个层次：工程技术—技术科学—基础科学。

这个现代科学技术发展模式，超越了科学哲学的科学发展模式，丰富与发展了马克思主义认识论。

1）现代西方科学哲学的科学发展模式

19世纪末形成与发展起来的科学哲学，从逻辑实证主义的观点出发，总结了康托数学革命、弗莱格与罗素逻辑学革命，特别是普朗克与爱因斯坦物理学革命，提出了科学发展模式。到20世纪70年代，得出了如下的代表性成果：

卡尔纳普的科学发展模式　经验——理论——证实

波普尔的科学发展模式　问题——猜测——证伪

库恩的科学发展模式　前科学——常规科学——（反常、危机）——科学革命

拉卡托斯的科学发展模式　科学研究纲领　进化阶段——退化阶段

新的科学研究纲领　进化阶段——退化阶段

2）钱学森的现代科学技术发展模式

钱学森从实践论的论点出发，总结了19世纪后期以来“科学—技术—工程”发展的新经验、新动向，创造性地提出了现代科学技术发展模式：基础科学—技术科学—工程技术。

这是在现代科学技术条件下马克思主义认识论的丰富与发展。

第一，它坚持与发展了马克思主义的认识论、方法论。

在20世纪现代科学技术革命前，哥白尼-牛顿科学革命和普朗克-爱因斯坦革命，使得人类在认识自然界方面取得了辉煌的成果，正是在这个基础上，19世纪末形成与迅速发展起哲学的一个新的分支——科学哲学，它专门研究科学的认识论与方法论问题。

从实践论的观点看来，西方科学哲学的科学发展模式，只是研究了整个认识过程中的第一个飞跃，即实验—理论—实验（科学理论的证实或证伪）。

现代科学技术革命以后，一大批技术科学兴起，各种各样的工程技术涌现，人类在改造自然，创造物质文明方面取得了空前的成就，正如马克思所说：工业和科学的力量成为以往人类历史上任何一个时代都不能想象的力量[①]。钱学森根据现代科学技术认识过程的新进展，提出了一个完整的现代科学技术发展模式：

基础科学——技术科学——工程技术

第一次飞跃　　　　　　第二次飞跃

在现代科学技术认识过程中，基础科学解决认识世界的问题是第一次飞跃；工程技术解决改造世界的问题是第二次飞跃。在现代科学技术认识过程中，三个环节的任务是不同的。

基础科学的任务是探索客观世界的本质，寻求物理、化学、生物、社会等领域的变化过程的规律，揭示其中的事物从一种形式转化为另一种形式的机制。基础科学是认识客观世界的知识体系，是潜在生产力。

技术科学的任务，是将工程技术中带有普遍性问题的设计原理组织成一门学科，运用自然科学、工程技术、高等数学和计算数学的知识，利用和自然界的物质、能量、信息，寻求控制、应用和改进工程技术的手段和方法。技术科学是基础科学（潜在生产力）向工程技术活动（现实生产力）转化的中间环节，它有定向的目标。

工程技术的任务是根据基础科学理论，运用技术科学原理，开发新技术、新工艺，并将它付诸实施的过程。手段是工程技术，操作是工程实施。工程师的职责就是在社会、经济和时间的约束条件下，研究工程技术，并在工程活动中付诸实施。工程技术活动是改造客观世界的实践活动，是现实生产力。

第二，它将大大加速“科学—技术—工程—产业”一体化的进程。

19 世纪末以来，科学技术的发展过程出现了新的动向——“科学—技术—工程—产业”一体化与双向互动，在发达国家表现得尤为明显：

① 一个是“科学→技术→工程→产业”的发展方向。

这是从通信业开始的。无线电通信是人类通信技术史上一次伟大的飞跃，最初是 1865 年麦克斯韦《电磁场的动力学理论》从理论上预言了电磁波的存在；然后是 1888 年赫兹用实验证明电磁波的存在；最后才是 1896 年马可尼利用电磁波发明无线电。此后在社会经济发展的强烈要求下，无线电通信业迅速发展成为一门产业，加速了经济全球化的进程。无线电通信业发展史表明：基础科学走在技术科学与工程技术前面；基础科学研究决定了技术科学与工程技术的发展方向。

进入 20 世纪，以 1942 年曼哈顿工程（原子弹研制工程）的建造为标志的大

---

① 马克思恩格斯全集（2 卷）. 北京：人民出版社，1977：78.

科学、大技术、大工程的出现，大大深化了对科学技术发展模式的认识。如表 1-1-2所示。

表 1-1-2　科学技术发展模式

研究	发展	生产
基础研究—应用研究—技术研究	可行性研究—设计—模型—试验—计划	产品或服务

这就把从理论到实践的第二次飞跃、它必须经过的中间环节、实现飞跃的转化条件，都科学地阐明了。

② 另一个是“产业→工程→技术→科学”的发展方向。

可以说，工业革命发展史就是这一方向形成的历史。在工业革命蓬勃进行的进程中，为了发展产业的需要，科学技术研究的一个新事物工业研究实验室应运而生。以工业发达国家中的后起之秀美国为例：

1876 年伟大的发明家爱迪生创立了“发明工厂”，开始了经验型的工业实验研究时期。爱迪生通过反复实验的方法，摸索技术发明和创新的经验。

1900 年通用电气公司建立，标志着应用现有的科学知识于工业研究的时期的开始。从此，工业型的实验研究转变到从科学知识出发，把技术与工程的发展建立在科学知识的基础上。

1925 年美国和世界最大的工业研究实验室——贝尔电话实验室成立，它标志着一个新的工业实验研究时期的开始。这时期工业试验研究的方向是进行基础科学的创造性研究，将研究成果转变为新技术与新产品的发明与创造。工业企业的发展，按照产品满足社会需要的方向，首先从基础科学研究上进行前沿突破。

1954 年贝尔实验室、通用电气公司、国际商用机器公司（IBM）和英特尔公司等大型企业的发展，表明了以基础科学研究领先的科学技术发展模式已臻于成熟，但一大批中小型企业的发展却相形见绌。这些企业由于资金少、科技力量弱和设备落后，无法应付高技术带来的挑战，因此产生了以硅谷为发源地的科技发展园区。这个时期的特点是大、中、小企业，传统技术与高新技术企业分别按着自己的特点和长处，并行发展，各得其所，推动了科学技术的迅速发展和经济的腾飞。

“产业→工程→技术→科学”的发展，从相反的方向上把从产业到科学技术的飞跃、它经过的中间环节以及转化条件，给予了科学的充分的论证。

2. 科学技术业——国民经济结构学的创新

20 世纪的现代科学技术革命改变了人类历史进程，充分证明了马克思的光辉论断：科学技术是推动历史前进的有力的杠杆，是推动经济社会发展的革命力量。30年代，科学学创始人贝尔纳在《历史上的科学》中指出：由于科学在历史上的重要地位，科学已经成为一种社会建制，一门职业，有千千万万人参加，对国家的发展至关重要。面对当代国际之间激烈竞争的新形势，钱学森从科学技术是第一生产力的观点出发，从社会主义现代化的关键是科学技术现代化的考量出发，创造性地提出：当前国际之间的竞争主要依靠的是科学技术，中国的发展必须把科学技术摆到一个非常重要的位置上。为此，他向党中央建议："建立我国的一种第四产业——科学技术业，作为今天的一项重大的战略决策。"[①] 这是事关我国发展的重大理论创新。

1）钱学森认为，科学技术业不同于信息产业

产业分类是国民经济结构学的重大问题，它涉及产业结构的升级换代与产业结构的合理调整。在国外关于产业结构分类的研究主要有：

（1）三次产业分类法

1935年英国经济学家费希尔在《安全与进步的冲突》中，从社会生产发展史的角度，把人类生产活动分为如下的三个历史阶段：

农业阶段——工业阶段——服务业阶段

与此相应，按照历史的发展形成了三次产业：

农业——工业——服务业

1957年英国经济学家克拉克在《经济进展的条件》中，从社会经济结构的角度，把现存的国民经济分为上述三大部门。所以一般认为，费希尔和克拉克是三次产业分类法的创始人。

（2）四次产业分类法

20世纪中叶兴起的新产业革命突破了工业革命时代的产业结构，出现了信息产业。新产业革命是以计算机工业为龙头，以信息业为核心，包括新材料、新能源、生物、海洋、空间等产业在内的产业革命。国外经济学家、社会学家从人类社会经历三次技术革命，即

农业技术革命——工业技术革命——信息技术革命

由此出发，提出四次产业，这就是：

农业——工业——服务业——信息业

关于四次产业的论述，其主要代表人物有：

1962年，美国经济学家马克卢普在《知识产业》一书中，首次分析了知识的生产和分配在美国国民生产总值中所占的比例。他所说的知识产业实际上就是信息业，其中包括教育、研究与发展、通信媒介、信息机器、信息服务等。

1977年，美国经济学家波拉特在《信息经济学》一书中，进一步阐明了信

① 中央组织部等五部委. 迎接新的技术革命. 长沙：湖南科学技术出版社，1984：19.

息活动在美国经济中所处的地位，他把美国国民经济结构分为六大部门，即第一信息部门、第二信息部门、民间管理部门、公共制造部门、民间制造部门与家庭经济部门，其中有三个部门是专门从事信息活动的。

1982年，美国社会预测学家奈斯比特在《大趋势》一书中，通过广泛的调查研究指出，从1950年以来，在美国经济发展中真正增长的是信息业。到1981年，美国从事信息方面工作的人已经超过60%，另外还有许多人在制造厂商公司里从事信息工作。据此他认为，美国社会发生了从工业社会向信息社会的转变；信息社会是一个以创造和分配信息为基础的经济社会。

钱学森不愧为战略科学家，对西方经济学家、社会学家的观点独持异议，认为新产业革命带来的新产业，不单纯是信息业，而是以现代科学技术为基础的产业，即科学技术业。科学技术业的范围更广，内涵更深，影响更大。钱学森从“科学技术是第一生产力”的观点出发，认为要大力发展生产力，科学技术业理所当然是战略产业，因为科学技术业的形成与发展必然带来“物质资料生产方式的变革，（它必然）影响到整个社会发生飞跃。”①

2）钱学森明确提出，科学技术业是事关中国发展全局的战略产业

根据当代世界发展的新形势选择战略产业，这是事关发展的全局问题。1953年我国“一五”计划借鉴苏联的经验，把重工业作为经济发展的重中之重。1956年毛泽东在《论十大关系》中，从我国的实际情况出发，提出了按农、轻、重的适当比例发展重工业，并且提出“以农业为基础，以工业为指导”的方针。

从20世纪50年代到90年代，汹涌澎湃的世界新技术革命强烈地改变着人类历史进程，现代科学技术成为新的社会生产力中最活跃的和决定性的因素，成为推动社会前进的强大动力。中国发展肩负着既要着重推进传统产业革命，又要迎头赶上世界新技术革命的双重任务。正是根据新的国际形势，钱学森及时总结国际国内的经验，以其敏锐的洞察力，高瞻远瞩地提出，要大力建立带动中国发展的战略产业——科学技术业。并向党中央建议：发挥社会主义制度的优越性，把全国科技工作者的成果组织起来；用组织起来的手段协调全国的科学技术工作；建立各种科研院、研究所，各种科技专业公司，组织开发各种新技术，建立各种综合系统设计中心等。

钱老从战略科学家的高度预见到，在科技革命新时代，科学技术业必将成为我国发展中的一项战略产业，他选择科学技术业作为我国发展的战略产业的新思路，是对我国社会主义现代化建设的重大理论贡献。这一新思路从理论与实际结合上，坚持与发展了邓小平“科学技术是第一生产力”的观点：

第一，实现邓小平“发展高科技，实现产业化”、“中国必须在世界高科技领

① 中央组织部等五部委. 迎接新的技术革命. 长沙：湖南科学技术出版社，1984：7.

域占有一席之地”的战略措施。首先必须明确高科技究竟包括哪些部门？钱老从系统学的整体观与发展观出发，把现代科学技术概括总结成一个体系，即在认识的内容上，包括自然科学、社会科学与思维科学等11个部门；在认识的过程上，包括基础理论、技术科学与应用技术三个层次。因而高科技的产业化应包括全部现代科学技术的产业化。显然这绝不只是信息业一门产业，而是以整个现代科学技术为基础的一大类产业，这一大类产业就是科学技术业。

第二，科学技术业不同于信息产业的特点表现在：一是物质、能量与信息三大科学技术互相联系、互相促进，缺一不可，单独是信息业并不能构成现代人类文明；二是自然科学与社会科学融合的潮流势不可挡。列宁早就指出从自然科学奔向社会科学的强大潮流，在20世纪将更加强大。和这股潮流相适应的以整个现代科学技术知识为基础的一大类新兴的知识密集型产业必将陆续涌现，如生态农业、生态工业、生态服务业、医疗卫生业等。

第三，根据现代化的需要，根据我国人口80%在农村的特点，在科学技术业中知识型农业占有特别重要的地位。钱学森提出的知识型农业，就是利用现代科学技术知识（包括对地球表层的系统认识）、利用信息革命成果（包括系统管理的最新成果）和利用新材料与新工艺建立起来的现代农业。这是“一个高度知识密集的、技术密集的、高效能的大农业，综合农业体系。”① 钱学森认为，这种知识密集型农业依靠人工能源，不受气象限制，可常年在工厂大规模生产，节土、节水，不污染环境，资源可循环利用，是我国农业改革中切实可行的路子。它必将在21世纪我国的大地兴起，并将大大消除工农差别、城乡差别，加速我国农业现代化的进程。

3. 系统工程——管理科学的创新

系统工程是钱学森、许国志、王寿云等同志吸收了国外关于系统工程的研究成果，根据钱学森领导和主持我国科学技术与国防建设的经验，用系统学的理论与方法加以提炼与综合，创建的管理科学技术。它的迅速推广与应用，对我国现代化建设发挥了极为重要的作用。钱学森的系统工程是管理科学上具有中国特色的自主创新。

1）西方管理科学的发展

西方管理科学主要是由于资本主义生产发展的需要，特别是由于企业的生产、经营与管理的需要而发展起来的，它经历了三个阶段：

第一阶段，物的管理即科学管理。19世纪末以泰罗为代表，应用科学实验方法，测定机器大生产过程中工人的“标准作业方法”、“标准作业时间”和“标

---

① 许国志．系统研究．杭州：浙江教育出版社，1996：12.

准工作量”。泰罗的科学管理大大提高了劳动生产率，改进了劳动组织，对管理科学是一大贡献。不过，资本主义制度下的科学管理，正如马克思所指出的，它把工人看作“机器的附属物”。因而，科学管理虽然一方面资本家增加了利润收入，工人获得了超额奖励，可以缓和资本家与工人之间的矛盾，但是另一方面却提高了工人的劳动强度，加强了资本家对工人的剥削。

第二阶段，人的管理即行为科学管理。20 世纪 20 年代中期，西方管理思想从“物”的因素转移到“人”的因素，主要有梅奥和罗特里斯伯格的人际关系学说，用“社会人”代替“经济人”；马斯洛的人类基本需要等级论，把人类的基本需要按其重要程度，分成生理、安全、感情和归宿、地位或受人尊敬和自我实现五个等级；麦格雷戈的 X 理论-Y 理论，把领导者为企业成员的才智和发展创造条件，提供机会，并将个人目标和企业目标协调统一起来，作为管理的头等重要的大事。

第三阶段，事的管理主要是决策管理。20 世纪 40 年代中期，以西蒙为主要代表，他从系统论出发，把信息观点与计算机技术结合起来，提出管理就是决策；强调把数学及电子计算机在组织管理上的应用；把信息论与系统论的观念引进管理方法。西蒙承认人的决策作用，但他侧重的是自然科学的方法，并没有考虑人的世界观、人生观和价值观在管理中的决定性作用。

2）钱学森的系统工程对管理科学的创新

钱学森的系统工程理论与方法对管理科学有重大创新，主要表现在：

第一，系统工程是具有普适意义的管理科学技术。系统工程中的“系统”不限于企业，它包括一切由相互作用和相互依赖的若干组成部分结合成的、具有特定功能的机构，特别是现代大型工程。由于科学技术迅猛发展，现代工程大型化、复杂化，单凭原有的管理科学、个人的经验和艺术，已远远不能满足要求。系统工程中的“系统”由下列要素组成[①]：人、物（物质、设备与资金）、事（任务指标与信息——数据、图纸、报表规章、决策等）。如此复杂的系统其组织管理如果没有系统工程便寸步难行。系统工程是钱学森在现代科学技术的基础上，概括总结国外的研究成果，特别是他亲自组织领导中国航天系统工程的经验，对管理科学技术的新概括。

第二，系统工程是“工程”概念的深化与发展。在传统的“工程”概念中，主要是指硬工程（“物理”），即把自然科学技术的原理应用于工程实践，设计、制造出新产品或新工艺的过程。系统工程中的“工程”不仅包括“物理”，而且包括“事理”，特别是还包括“人理”，它是中国特色的组织管理工程实践的科学方法。

1957 年古德和麦克雷尔在《系统工程》中，曾经把“工程”的概念扩大为

---

① 钱学森，等. 论系统工程. 长沙：湖南科学技术出版社，1982：12.

三个方面，即工程实施过程、工程研究过程与工程所需的知识背景。1969 年霍尔进一步把这“三个方面”发展为“三维结构”，即时间维、逻辑维与知识维。其中，时间维是关于“物”的，是硬工程；逻辑维与知识维是关于“事”的，是软工程。他们把“硬工程”和“软工程”合在一起，称为系统工程。

钱学森系统工程的独创之处在于：它不仅包括“物”和“事”，更重要的是还包括“人”。钱学森坚持历史唯物主义观点，重视人民群众的创造力，认为在组织管理中核心的问题是：如何调动与发挥人的积极性与主观能动性？钱学森的“系统工程”概念，把从事工程事业的人员的精神放在极为重要的位置上，认为这是工程的灵魂。1955 年归国后，在帝国主义封锁、经济困难、科技落后的情况下，钱学森领导和主持的“两弹一星”工程之所以取得辉煌的成就，令世界震惊，令全国人民意气风发、斗志昂扬，就是由于在中国共产党的领导下，工程的建造与管理过程中工程人员形成的“爱国、创业、求实、奉献”精神，参加工程的全体人员不怕苦、不怕累、迎困难而上，铸造了“特别能吃苦、特别能战斗、特别能攻关、特别能奉献的精神”。

刘源张教授对钱学森的系统工程思想有极为深刻的体会。他说：“系统的复杂性全在于有人。没有人在其中的系统，不管它在结构上有多复杂，它也不能是复杂系统，因为没有人的复杂结构总可以用‘物理’最后说明，而有人的真正复杂系统要用‘人理’去说明。”① 在组织管理中，人尤其是人的思想、方法、价值观念起着十分重要的作用。

第三，系统工程是科学转化为现实生产力的关键。系统学是从系统的观点去研究客观世界，系统工程则是运用系统技术去改造客观世界，它为从基础科学（潜在生产力）向工程技术（现实生产力）转化提供方法论。如表 1-1-3 所示。

表 1-1-3　科学技术认识过程

认识世界	中间环节	改变世界
基础科学	技术科学	工程技术
一般系统论	运筹学	系统建模
耗散结构论	控制论	系统仿真
协同学	信息论	系统分析
突变论	计算科学	系统评价与决策
超循环论	各种工程的学科	

系统工程的技术科学中的运筹学，包括线性规划、非线性规划、博弈论、排队论、库存论、决策论、搜索论等。各种工程的学科，包括教育学、行政学、法学、社会学、环境科学、科学学等。

① 赵光武. 思维科学研究. 北京：中国人民大学出版社，1999：216.

在运用系统工程方法时要综合考虑，采取五个结合的方法，即还原论与整体论结合；定性描述与定量描述结合；局部描述与整体描述结合；确定性描述与不确定性描述结合；系统分析与系统综合结合。

在钱学森的倡导下，系统工程的应用几乎遍及中国现代化建设的各个领域与各个方面，其中最令人注目的有：

(1) 社会系统工程

由国务院发展研究中心牵头，西安交通大学等国内重点高校和科研单位参与，运用系统工程方法共同对“2000年的中国”进行了系统的研究。

(2) 经济系统工程

在国家“863”智能计算机组的支持下，中国航天工业总公司710所、中国科学院自动化所、华中科技大学系统工程研究所三方联合进行了宏观经济智能决策支持系统的研究与开发。

(3) 环境生态系统工程

在三峡工程论证过程中，应用系统工程方法，对这一工程建设对我国经济发展的影响、国家财政承受能力、水土保持、环境保护、人口迁移、工程项目建设组织等方面进行了系统的分析研究，为三峡工程的最终决策提供了丰富现实的决策参数报告。

此外，还有区域规划、能源、人口、教育、科技、军事、农业、企业、交通运输等系统工程的研究与开发。

4. 大成智慧学——新时代创造学的方法论

20世纪是科学技术空前发展和灿烂辉煌的时期：现代科学技术一方面不断分化，新学科层出不穷；另一方面不断综合，一大批交叉学科、边缘学科蓬勃兴起，各门学科相互渗透、相互结合，科学技术整体化的趋势日益增强。在现代科学技术革命新形势下，如何进行科学技术创新、跨进“创新型国家”的行列，成为中国发展的重大课题。

20世纪初，科学技术最发达的美国开始把人类创造力作为专门的研究领域，称之为创造力研究（creativity research)。1950年吉尔福特的《论创造力》和1953年奥斯本的“头脑风暴法”或“智力激励法”是公认的最有影响的成果。此后，在脑神经科学、认知心理学以及人工智能等新兴科学技术带动下，创造学迅速发展成为一门全球关注的重大研究领域。

钱学森创建的大成智慧学正是新世纪的需要，关于如何尽快提高人们的智能，以适应知识创新时代的要求，成为钱学森极为关注并着力探索与思考的课题。他所倡导的“大成智慧学”就是希望引导人们尽快获得聪明才智与创新能力，使人们面对新世纪各种变幻莫测、错综复杂的问题时，能够迅速做出科学而明智的判断与决策。他认为这是件大事，其意义不亚于当年“两弹一星”的研制与发射。大成智慧学是钱学森的又一项重大的理论创新。

1）大成智慧学是新时代的创造学

创造学的核心是创造性思维，特别是科学研究中的创造性思维。这是创造学中比较成熟并取得公认的成果的部分。

在思想史上对思维的研究有三条途径：逻辑思维（概念、判断、推理）始自亚里士多德的《工具》；形象思维（形状、声音、模型）由黑格尔《美学》作了系统的研究；辩证思维（观点、理论、范畴）由马克思、恩格斯奠定其科学基础。创造性思维的研究最晚，它滥觞于近代自然科学的研究与创新。

17～19 世纪，近代自然科学基本上是按照培根的方法发展起来的，它从观察实验事实出发，运用归纳、分析等方法，得出具有普遍意义的科学原理或科学定律。然后，或者用于解释其他事实，或者通过进一步的实验来检验原理的真理性。自然科学理论的创造最初就是由此产生的。可以把这近代科学时期科学知识创新的过程如下：

$$\text{经验事实}\xrightarrow{\text{归纳逻辑}}\text{基本定律}\xrightarrow{\text{演绎逻辑}}\text{演绎推论}\xrightarrow{\text{实验}}\text{解释或证实}$$

19～20 世纪，赫尔姆霍兹、彭加勒、阿达玛等著名科学家根据他们自己进行科学研究的经验，总结出在科学研究过程中新概念、新假说的提出与形成过程。他们都把问题的提出放在创造性思维过程中的首位，认为确定了问题就确定了求解的目标，预设了求解的范围和方法，因而问题贯穿着科学理论创新过程的始终。这几位著名科学家对科学理论创新过程的总结，经过后人进一步的研究与发展，把科学研究中的创造性思维过程概括为四个阶段：

① 准备阶段——问题的提出。首先是明确问题，围绕问题进行周密的调查研究，搜集与问题有关的研究成果，用已有的理论进行逻辑分析，主要用比较、分析、综合、概括、演绎、归纳等逻辑方法。这是有意识地积累有关背景知识（主要是基础理论、专业理论和相关学科的理论以及有关的事实根据）的阶段。

② 酝酿阶段——问题的求解。针对问题，根据已有的理论和搜集到的事实，提出各种可能的解决方案，也就是提出新概念、新假说，然后据以进行逻辑推理与实验检验。这实际上是试错过程，它往往要经过多次甚至无数次的失败，从而促使问题中的矛盾越来越尖锐化。在“山重水复疑无路”的情况下，研究者仍然日思夜想，进入“如醉如痴”的境界。这是有意识的思维（逻辑思维与形象思维）和潜意识的思维（直觉、灵感、顿悟）交替作用的阶段。

③ 豁朗阶段——问题的突破。解决问题的方案（假说）是在这个阶段形成的，这是创造性思维过程的关键阶段，在这个阶段上突破陈旧的观念，摆脱思维定势的束缚，创造性地提出新观念、新思想、新方法。新观念、新假说提出时开始只是思想的闪光，或者是模糊不清的，或者是带有错误成分的，还必须经过进

一步整理、修改和完善的逻辑加工过程才能形成。应该指出，新观念的产生时间往往很短，甚至只是一瞬间，而逻辑加工的过程却需要很长的时间，只有经过逻辑加工，对问题的解决方案才能明朗，问题的症结才能揭露无遗，只是在这个时候，新假设才成为可以检验、评价的方案。这个阶段也是有意识的逻辑思维和潜意识的思想交替作用的阶段。

④ 验证阶段——解决问题成果的证明和检验。解决问题的方案是否能成功、是否有价值，只有经过实践检验、评价才能确定。这个阶段主要是设计、安排实验与观察，检验由新假说逻辑地推演出来的新结论是否正确。在检验新假说时，新的实验与观察的执行人可以不同，时间的长短也有差别，检验的结果可以是新方案的证实，或证伪，或一部分被证实而另一部分被证伪。这一阶段基本上属于逻辑思维，是有意识地进行的。

2）大成智慧学提供创造学的方法论

创造学的核心是提高创造性思维能力。钱学森在现代科学技术体系中，从人类认识世界、改造世界的任务出发，把思维科学列为一个重要的门类，并明确提出思维科学的对象是研究如何加工信息，得到正确的认识和知识，以便进行创造性的思维，使人们在改造客观世界的过程中有所创造，有所前进。[①] 大成智慧学在创造性思维的方法论问题上，提出了极为深刻的见解，并进行了深入的论述。

第一，理论思维是前提。“一个民族想要站在科学的最高峰，就一刻也不能没有理论思维。”[②] 而理论思维“是一种历史的产物，在不同的时代具有非常不同的形式，并因而具有非常不同的内容。”[③] 马克思主义哲学是我们时代的理论思维，它提供世界观、认识论、方法论与价值论的立场、观点与方法。因而钱学森将马克思主义哲学放在现代科学技术体系中的最高位置。但是，马克思主义哲学不是僵化的，与时俱进是它的应有之义，随着时代的发展，通过 11 座桥梁与现代科学技术相互联系、相互作用和相互促进。作为理论思维的马克思主义哲学，它与现代科学技术相结合，是大成智慧学的核心，是创造性思维的前提。

第二，形象思维是关键。按照马克思的观点，人的科学研究过程[④]如表 1-1-4 所示。

表 1-1-4　人的科学研究过程

实在和具体	整体的表象	抽象的规定	具体的再现
现实世界	形象	概念	理论

① 丹尼尔·贝尔. 后工业社会的来临. 北京：商务印书馆，1984：89.
② 马克思恩格斯全集（20 卷）. 北京：人民出版社，1971：384.
③ 马克思恩格斯全集（20 卷）. 北京：人民出版社，1971：382.
④ 马克思恩格斯全集（2 卷）. 北京：人民出版社，1977：102～104.

因为，人们认识世界一般总是从具体的事物开始，借用生动的、直观的形象把握事物的整体，然后从具体上升到抽象。在这个过程中，艺术思维侧重于形象思维，是借助形象认识世界的方式，属于“性智”。科学思维侧重于逻辑思维，它从形象（完整的表象）上升为概念（抽象的规定），是借助概念进行思维的方式。逻辑思维是抽象思维，它抽象出事物的本质，属于“量智”。钱学森现代科学技术体系中的“性智”与“量智”之分，表明在科学研究过程中，艺术与科学技术之间的密切联系。

形象思维是创新的关键。在解决问题的过程中，形象思维与抽象思维总是交织在一起的，科学家、技术专家的研究经验表明，对新问题经过长时间的艰苦探索后，由于形象思维的启发作用，迸发灵感，突然顿悟，新观点、新概念与新方法清晰地呈现在脑际，这就是创新。所以，钱学森把思维科学的基础科学加以扩大，在思维学之外加上信息学；在思维学的研究对象中又划分为逻辑思维、形象思维与创造性思维①。

第三，信息网络是知识库。20 世纪科学技术知识迅猛增长，科学计量学创始人普赖斯认为“科学研究的总量自牛顿以来每 15 年翻一番。”② 他根据有关的研究数据，得出知识的指数增长规律。科学研究过程的一般程序是：问题的提出—调查有关资料—收敛性思维与发散性思维—假设或方案。其中，第一步与第二步都涉及与问题有关的大量信息与知识。在知识爆炸时代，在犹如汪洋大海的知识库中，如何收集与问题有关的信息与知识？这是解决问题的先决条件。钱学森现代科学技术体系从实践论与系统论的观点出发，在纵向上把知识划分为哲学、桥梁、基础科学、技术科学、工程技术与前科学六个层次；在横向上按研究角度的不同，把知识划分为自然科学、社会科学、数学科学等 11 个部门，这就为庞大的知识库提供一个搜索引擎，是不同于旧时代的、现代化的集大成工作。

第四，人—机结合是手段。知识经济是以信息和知识的生产、交换、传递与使用为中心，采用计算机为劳动工具的经济。知识正在不断地通过计算机和通信网络被编码化和传播。在知识经济中的知识包括两大部分：编码化知识（codified knowledge）与隐含经验类知识（tacit knowledge）。后者是经验的，大多是只可意会，不可言传，需要有人来处理。特别是面对开放复杂巨系统的问题，大成智慧学提出“人—机结合”、以人为主，把人的“心智”（“性智”与“量智”）与计算机的高性能信息处理结合起来，达到定性的（不精确的）与定量的（精确的）处理互相补充，从而大大提高人的思维能力。

---

① 丹尼尔·贝尔. 后工业社会的来临. 北京：商务印书馆，1984：91.

② 北京大学现代科学与哲学研究中心. 钱学森于现代科学技术. 北京：人民出版社，2001：189，190.

钱学森在现代科学技术体系结构的基础上提出的“集大成得智慧”的方法论，给研究我们时代创造学方法论提供了宝贵的启示。

三、钱学森现代科学技术体系思想对科学技术发展的重要意义

钱学森现代科学技术体系几乎概括了现代人类认识世界、改造世界的全部知识，“体系”的观点、理论与方法，具有前瞻性、独创性、战略性与可操作性，它对现代科学技术的发展和我国社会主义现代化建设，有着极为深远的意义。这里仅就当前的热点问题，论述其在“体系”的基础上提出的开放复杂巨系统概念的科学意义。

1. 钱学森对系统科学的贡献

1）创建系统科学的体系结构

20 世纪 40 年代，继普朗克与爱因斯坦科学革命之后，酝酿着一场新的科学革命，它以贝塔朗菲提出的“一般系统论”为标志，从此“系统”迅速上升为新的科学研究范式，新范式根本的变革在于：用生命科学的有机论观点与整体论方法，克服物质科学的机械论观点与还原论方法的局限性。

20 世纪 70 年代，普利高津耗散结构理论、哈肯协同学、艾根超循环理论等自组织理论的建立，深入地揭示了系统“复杂性”的重要特征，如开放性、规模的巨型性、组分的异质性、结构的层次性、关系的非线性、行为的动态性、内外的不确定性等，把一般系统的研究推向复杂性系统的研究。

20 世纪 80 年代起，钱学森就致力于系统科学的基础科学——系统学的建立[①]，他以马克思主义实践论为指导，从认识发展的过程，按照现代科学技术体系结构的框架，总结近几十年系统科学的发展，创建了系统科学的体系结构。如表 1-1-5所示。

表 1-1-5　系统科学的体系结构

	桥梁	基础科学	技术科学	系统工程
马克思主义哲学	系统观	系统学 耗散结构论 协同学 超循环论	运筹学 控制论 信息论	各门系统工程 自动化技术 通信技术

2）创建研究复杂性问题的科学方法

随着这场新科学革命的深入发展，复杂性研究成为当前世界科学技术发展前

① 钱学森. 人体科学与现代科技发展纵横观. 北京：人民出版社，1996：138.

沿的重大问题，钱学森敏锐地把握时代的新动向，创造性地提出开放复杂巨系统的理论与方法：

(1) 开拓与深化了开放复杂巨系统的概念

①“开放的”不仅意味着系统与环境进行物质、能量、信息的交换，还意味着系统对环境的适应与进化，因而在分析、设计与使用系统时要注意系统行为与环境的相互作用。就是说，开放的系统是动态的并且是不断变化的。

②“复杂性”不能单纯用还原论的定量化、形式化方法来描述，必须从演化的、生成的、自组织的观点来理解，例如在演化过程中“涌现”出来的等级层次结构，单纯用定量的方法来描述是远远不够的。

(2) 创建了开放复杂巨系统的方法论

现代科学技术发展的特点是既高度分化又高度综合：一方面学科不断分化，新学科、新领域层出不穷；另一方面不同学科、不同领域之间相互交叉、相互融合。钱学森认为，交叉科学（研究的大多是复杂性问题）是一个非常有前途、非常广阔而又重要的科学领域，如何综合运用现代科学技术知识，提高我们认识世界、改造世界的能力和水平，这是十分重要的方法论问题。

钱学森以其敏锐的洞察力，预见到现代科学技术发展的新动向，以近40年的时间集中精力概括总结了国外系统科学最新研究成果，加工提炼他组织领导国防科学的经验，提出了独树一帜的开放复杂巨系统的理论与方法，其要点如下：

① 坚持以唯物辩证法为指导。钱学森认为，开放复杂巨系统的研究是新科学革命时期的核心问题，必须用唯物辩证法来指导。唯物辩证法“是最重要的思维形式，因为只有它才能为自然界中所发生的发展过程，为自然界中的普遍联系，为从一个研究领域到另一个研究领域的过渡提供类比，并从而提供说明方法。”① 所以，钱学森明确提出，开放复杂巨系统的研究，“首先是要唯物的，不要唯心的”；其次要辩证地看问题，而不是机械唯物论，就是说在方法论上“是整体论和还原论的辩证统一”②。

② 创建系统科学的哲学——系统论。哲学的发展从来都是与科学技术的发展紧密地联系在一起的，必须建立马克思主义哲学与系统科学相互贯通的桥梁——系统论，使得一方面马克思主义哲学通过系统论，来指导系统科学的理论探索和实践活动；另一方面系统科学的理论与实践的哲学概括与总结的直接成果是系统论，它必然深化与发展马克思主义哲学。

③ 创建研究开放复杂巨系统的方法。钱学森以马克思主义哲学为指导，根据系统科学的新发展，深入地探索“开放的复杂巨系统”的方法论，独创地提出

① 马克思恩格斯全集（20卷）. 北京：人民出版社，1971：383.

② 马蔼乃. 地理科学导论. 北京：高等教育出版社，2005：361，430.

了“从定性到定量综合集成方法”，把两百多年来简单性科学的研究方法提升到一个新的、更高的层次——复杂性科学的研究方法。

简单性科学的研究方法一般是：

第一步，问题的提出。主要是三类问题：事实与事实的矛盾、事实与理论的矛盾、理论与理论的矛盾。

第二步，调查研究与问题有关的资料。主要是科学技术的理论、方法和相关的经验知识。

第三步，针对问题进行分析与验证。主要是进行逻辑思维、形象思维与创造性思维，并通过反复多次的实验，寻找解决问题的方案或途径。

第四步，形成与提出经验性假设，如判断、猜想、方案、思路等。

这一方法体现了从定性到定量的特点，但是进入 20 世纪，新科学技术革命提出的大多是开放复杂巨系统问题，如社会系统、地理系统、人脑系统等，它们的经验性假设在开始时往往是思辨的和定性的描述，如何解决从定性到定量的难题?

钱学森根据计算机科学和人工智能技术的发展，提出人—机结合、以人为主的方法。它充分利用计算机处理信息的能力，发挥人特有的智慧，实现信息与知识的综合集成。通过人-机交互、反复对比、逐次逼近，实现从定性到定量的认识，从而能对经验性假设的正确性做出明确的结论。

从定性到定量综合集成方法的方法论特点是：还原论与整体论结合、定性描述与定量描述结合、局部描述与整体描述结合、确定性描述与不确定性描述结合、系统分析与系统综合结合。

④ 提出综合集成研讨厅体系。在工程建设中，对机构的组建、人员的调配、方案的选择等问题进行科学的决策是成功的关键。钱学森在复杂巨系统的理论与方法的基础上，总结了管理科学技术最新的成果，提出综合集成研讨厅体系，它包括三部分：一是以计算机为核心的现代高新技术的集成所构成的机器体系；二是专家体系；三是知识体系。这三者构成高度智能化的人—机结合体系，它不仅具有知识与信息采集、存储、传递、调用、分析与综合的功能，更重要的是具有产生新知识和智慧的功能，既可以用来研究理论问题，又可以用来解决实践问题。通过综合集成研讨厅体系把决策过程规范化、结构化、科学化。

⑤ 建立执行决策的总体设计部。应用综合集成法，必须建立它的执行机构——总体设计部。它从我国研制“两弹一星”的总体设计部演化而来，由有关的专家组成，并由知识面较宽广的专家领导，应用综合集成法对系统工程进行总体研究，拟订出总体方案和实现途径。总体设计部的任务首先要从总体的角度来考虑，对系统工程进行总体分析、总体论证、总体设计、总体协调、总体规划，提出科学性、可行性和可操作性的总体方案，实现决策的科学化、民主化、程序化

和管理现代化。

⑥ 把复杂巨系统的理论与方法应用于社会主义建设。钱学森从科学革命、技术革命与社会形态革命出发，提出了社会主义建设体系结构[①]。如表 1-1-6 所示。

表 1-1-6 社会主义建设体系结构

政治文明建设	物质文明建设	精神文明建设	地理建设
民主建设	经济建设	思想建设	城镇建设
体制建设	人口素质建设	科教建设	基础设施建设
法制建设	人口体质建设	文化建设	生态环境建设
			资源建设
			环境污染防治
			灾害应急机构建设
			生态产业建设

这是开放复杂巨系统具有广阔应用前景的领域，它必将促进这一理论的大发展。因为，在社会主义建设中，表中所列各项工程都是开放复杂巨系统工程，必须应用复杂巨系统的理论与方法，以综合集成研讨厅体系来保证决策的科学化、民主化、程序化，并通过执行决策的总体设计部来具体实施。

2. 钱学森开放复杂巨系统的重大科学意义

1）关于中医存废问题

（1）中西文化大论战的历史回顾

“五四”时期的中西文化大论战是事关中国发展的命运与前途的大问题。关于文化内涵中的政治制度与经济制度层面的分歧，已由中国共产党领导的革命成功做出了科学的回答与解决。至于哲学与科学层面的中西文化论争，其核心是如何处理中学（中国的学问）与西学（自然科学与社会科学——近代史上严复被公认为“中国西学第一”）的关系。由于问题的复杂性目前还在延续并深入地展开，当前这一问题以如何看待中国文化的重要组成部分、博大精深的中医学与西医学的关系，突出地摆在国人的面前。

“五四”时期新文化运动的领军人物高举“科学与民主”的大旗，反对宋朝理学家朱熹为代表的、以儒家为道统的封建文化[②]。正是在这个时代背景下，由余云岫发难，得到陈独秀、胡适、鲁迅等赞同的“中医不科学”、废止中医之说，成为时代的最强音。80 多年后的今天，学界一些人士重新挑起的“中医存废之

① 北京大学现代科学与哲学研究中心. 钱学森与现代科学技术. 北京：人民出版社，2001：14.

② 南怀瑾. 论语别裁（上）. 上海：复旦大学出版社，1996：6～9.

争”，实质上是一百多年来中西文化论战、现代化与西方化论战在新的历史条件下的继续，它关系到中国传统文化的继承与发扬、中医现代化的命运与前途，尤其关系到科学技术现代化的方向。

（2）从开放复杂巨系统论看中、西医的理论与方法

现在看来，中医学是科学，是中学的一个重要组成部分，“五四”时期的重要人物误把它连同封建文化一起批判，这个误判应该重新清理。

运用钱学森的开放复杂巨系统的观点与方法来看，中医学与西医学是不同的理论与方法。

西医学从“物本主义”的观点出发，把人体看成是一个自然物，采取自然科学的实验研究、还原分析、定量求证等方法，研究人体的物质基础、结构与功能，并把医学的目标定位在寻找人体发生疾病的病因、病理与病位上。

作为自然科学一部分的西医学，随着自然科学的发展，它研究的观点与方法（医学模式），也随之发生了变化，主要是以下几次重大的转变。

① 16～17 世纪在解剖学与生理学的基础上形成机械论医学模式。

② 18～19 世纪在物理学、化学，特别是 19 世纪生物学发展的基础上，产生了生物医学模式。西医学取得了举世公认的巨大成就，但是西医学仍然是把机械论观点与还原论方法奉为圭臬。

③ 20 世纪初，现代科学技术革命在一系列领域取得突破性的成就，如分子生物学的产生与发展，使得生命科学研究深入到分子层次；生态学与人类生态学的发展，提出了人的生存与发展的环境问题；特别是系统科学的发展，突破了机械论与还原论数百年来的统治，促进了西医学从生物医学模式向生物—心理—社会医学模式转变。这时候，西医学开始受到系统论的影响，但是总的看来，它的整体论是构成论的整体论，它的系统方法是简单的加和方法（1＋1＝2）。

由于两百多年来以机械论自然观占统治地位的自然科学取得巨大的成就，在西方形成了一种影响很大的观点——实证主义观点。它的创始人孔德认为，科学是实证的（经验的），哲学是形而上学的（思辨的）。20 世纪逻辑实证主义者在康托数学革命、弗雷格与罗素逻辑学革命以及普朗克、爱因斯坦物理学革命的基础上，把孔德的实证主义观点发展为科学主义（scientism）思潮。其核心思想是：以物理学为基础的自然科学是一切知识的典范。科学理论的典型形式是公理系统，它由基本概念、基本假设与逻辑推理组成，而理论与经验之间的关系则由实验来判定；“经验证实”是区分科学与形而上学的标准。

从科学主义的科学观与医学观出发，就不难理解为什么“五四”新文化运动主将胡适说：西医能说清楚得的是什么病，诊断病在什么地方、什么性质、什么原因，而且可以看得见——显微镜下可以看得见。中医能治好病，但就是说不清楚得的是什么病，所以中医不科学。

中医学从天地人的大系统出发研究①：

① 天地人和通的大道。人应该顺应自然之道，而不能违背、忤逆、破坏自然。

② 人的形、气、神。形为有形的生命运动方式，是生命的载体；气为无形的生命运动方式，是生命的实现；神为主导的生命运动方式，是生命的根本。生命之道离不开神气形。

因此，中医学乃是健康医学，是健康之道，它涵盖养生之道（“上工治未病”）、保健之道（“中工治将病”）与治病之道（“下工治已病”）。中医学不同于西医学的地方在于：它特别强调人自身的自我健康能力、预防能力、抗病能力与自我调节能力；在治病方面则是通过调整整体的功能达到治疗局部疾病的目的。这是中医学不同于西医学的最大特色，也是中医学比起西医学来最大的优势。

钱学森正是从开放复杂巨系统理论出发，指出了研究中医学的观点与方法应该是系统观与系统科学，提出了中医学现代化的方向与任务，就是在继承与发扬中医学原有的特色与优势的基础上，充分利用现代科学技术的最新成就“从多学科攻关，将传统的中医真正变成现代科学”②。钱学森强烈地感到，在西方科学主义思潮猛烈冲击下，迫切需要复兴伟大的中国文化，当前特别是它的重要组成部分中医学。有鉴于此，钱学森创造性地提出创建人体科学，用现代科学技术的最新成果系统观与系统科学去研究中医学的对象——人体。这对于继承与发展中国优秀的传统文化具有十分重要的意义。按照我的理解，把钱学森关于中医学的思想概括如下：

① 人体是一个开放复杂巨系统③。人体除了是物质能量系统即形态结构系统（“形”）外，更重要的是还有信息控制系统即功能活动系统（“气”）和心理精神系统（“神”）。在中医学中，人体是“形、气、神”的统一体，而西医学研究的重点是人体结构（“形”），是物质形态系统。

② 人与环境是一个更为复杂的开放巨系统。自然生态环境与社会文化环境是一个开放的复杂超巨系统，人生活在这个环境中，与之相互作用。在人类健康长寿的影响因素中，WHO 调查统计所获得的数据如表 1-1-7 所示。

表 1-1-7　人类健康长寿影响因素的统计数据

医疗	遗传	气候	社会及环境	生活方式、心理状态
8%	15%	7%	10%	60%

其中，气候与社会及环境的因素占 17%，中医非常注意饮食起居和生活环境。

① 傅景华. 中医是天地人和通的大道. 北京：中国协和医科大学出版社，2007.

② 钱学森. 人体科学与现代科技发展纵横观. 北京：人民出版社，1996：297.

③ 钱学森. 人体科学与现代科技发展纵横观. 北京：人民出版社，1996：149，187.

中医的理论与方法。中医学既然是关于人体复杂巨系统的理论，因此中医学的理论不同于西医学的理论[①]。按照现在的认识，开放复杂巨系统的理论体系为

$$S = \boxed{f(I,R,s,t)} \qquad \overset{B}{\underset{F}{\Longleftrightarrow}} E$$

其中，S 是系统；I 是系统 S 中全部子系统构成的集合；R 是子系统之间的关系的集合；s 表示空间；t 表示时间；f（ ）表示系统的结构，由系统中的子系统、关系、时间与空间组成；□表示系统的边界；E 表示系统边界以外的环境；B 表示系统在环境中的行为；F 表示系统的功能，反映系统对环境的作用。

中医学的方法是哲学、自然、社会、人文相交叉的科学方法。西医学关于人体的理论是简单性系统理论。20 世纪初以前，简单性科学的理论体系基本上是以公理体系的形式展示出来的，即基本概念、基本定律、逻辑推理与数学演算。它的方法是简单性科学的方法，主要是力学、物理学、化学、生物学等方法。

③ 中医学与西医学应该相互补充、相互融合，而不是相互排斥。钱学森认为，从辩证法的观点看来，“还原论是不行的，但是不要还原论去考虑整体也不行；西方的东西，大概还原论的观点是比较多的，而中国古代的东西整体观是比较多的。任何一个方面都有片面性，一定要综合，用辩证法”[②]。因而，中、西医学的方法是互补的，但是在吸取西医学的成果时，钱老特别强调，必须坚持中医学的特色、发扬中医学的优势。

2）关于现代科学技术发展的道路与方向问题

运用钱学森开放复杂巨系统论分析中医学与西医学之间的异同，可以对困扰着科技界的两大难题作出科学的分析与回答，从而为现代科学技术发展指明方向与道路。

第一个难题，“李约瑟难题”：中国古代科学技术曾在世界上处于领先地位，为什么近代科学技术未能在中国产生?

从开放复杂巨系统的观点看来，中国传统医学视人体为一个开放的复杂巨系统，从天地人巨系统、从形气神复杂系统出发，研究人的生命运动之道，是中华民族文明光彩夺目的瑰宝。文艺复兴以后，西医学从古希腊视人体为自然物，用自然科学的方法研究人体的结构与功能，形成并发展出一套机械论的、还原论的分析方法，在短短几百年内取得了辉煌的成就，在现代医学中霸占了主流医学的地位。

运用钱学森创建的系统观与系统科学的高度来看，中医学从宏观、动态上研究人体这一复杂巨系统，西医学从微观、动态上研究人体的结构与功能，视人体

---

① 钱学森. 人体科学与现代科技发展纵横观. 北京：人民出版社，1996：148，149，322.

② 钱学森. 人体科学与现代科技发展纵横观. 北京：人民出版社，1996：157.

为物质系统，因而中医学与西医学各有所长、各有所短。二者是互相补充的，应该彼此融合：一方面，中医学优于西医学，优在它的整体论观点与非线性相互作用的方法，所以可以毫无愧色地说中国古代科学技术（医学、建筑学、军事学、冶金学等）在世界上处于领先地位；但是另一方面，西医学胜过中医学，胜在它的机械论观点与因果的线性相互作用，中国传统科学技术缺乏这种分析，所以近代以来由此兴起的解剖学、细胞学、细菌学、实验生理学等未能在中国产生。

时下的一些学者打着“科学”的旗号，原封不动地照搬“五四”时期从科学主义的科学观立场上批判中医的言论，显然他们无视了 21 世纪科学的发展已经从简单性研究进入到复杂性研究了。他们站在简单性科学立场上来指摘中医不科学，如果说在“五四”时期还有一定的道理的话，在九十年后的今天则是大大落后于时代的错误。

第二个难题，为什么 20 世纪西方一些著名的、极富创造力的科学家，对中国文化、中国古代哲学怀有浓厚的兴趣？

20 世纪科学技术发展出现了新的形势，世纪之初萨顿、约翰森、摩尔根对遗传学的微观研究促进了分子生物学的发展，20 年代中期麦肯齐首次把生态学运用到对人类群落和社会的研究，推动了“从自然科学奔向社会科学的强大潮流”（列宁语），社会科学紧跟着走上飞速发展的道路。进入 21 世纪，将如马克思所预言的：关于人的科学将包括自然科学，自然科学也将包括关于人的科学，这将是一门科学①。

正是在 20 世纪科学技术从物质科学向生命科学、社会科学、关于人的科学发展的新形势下，适应时代的需要，30 年代贝塔朗菲从理论生物学家的角度，提出了科学研究的新范式——系统的观点、理论与方法。他认为在生物学的研究中只有坚持有机论，才能克服机械论的局限性，并明确指出：“系统问题实质上是科学中分析程序的局限性问题。”② “系统”作为新的科学研究范式的提出，吹响了新一场科学革命的号角。50～80 年代系统科学的大发展，更充分暴露了长期以来在自然科学研究中占统治地位的机械论观点、还原论分析方法的局限性。

在两种自然观、两种方法论的激烈冲撞下，不少著名科学家产生了对中国古代哲学浓厚的兴趣。其中最著名、最有影响的是李约瑟，他通过几十年中国科技史的研究，以大量确凿史料，展示了中国古代科学技术的繁荣，证明中国是科学技术创造与发明的发祥地。与此同时，一大批西方科学家对中国古代哲学感兴趣，自觉地接受中国文化的启迪，有些是受了李约瑟的影响，如普利高津，他赞

---

① 马克思. 1844 年经济学-哲学手稿. 北京：人民出版社，1979：82.

② 冯·贝塔朗菲. 一般系统论：基础、发展和应用. 林康义、魏宏森，等译. 北京：清华大学出版社，1987：16.

同李约瑟关于中、西方两种不同的自然观与方法论的观点，认为："正如李约瑟在他的论述中国科学和文明的基本著作中经常强调的，经典的西方科学和中国自然观长期以来是格格不入的。"① 普利高津断言，以往的科学是简单性科学，现在正处于科学发展的历史转折点上，复杂性科学正在产生之中。有些则是独立的发现，如哈肯说："协同学含有中国基本思维的一些特点。事实上，对自然的整体理解是中国哲学的一个核心部分"。他指出，现代科学在研究生命科学、社会科学等不断变得更为复杂的过程和系统时，才认识到还原论分析方法的局限性，他创建的协同学就是"试图在纯粹分析思维与整体思维。换言之，在微观世界与宏观世界的过程之间架起一座梁：协同学阐明部分与整体之间的关系"②。

3）关于建立地理科学与建设生态文明的问题

马克思主义哲学认为，在人与自然的关系问题上，自然界始终处在优先地位，因为自然界是人类赖以生存和发展的基础③。钱学森坚持和发展马克思主义哲学观点，在现代科学技术体系结构的框架中列入地理科学这一大门类，他认为社会主义社会存在与发展的基础是地理环境（自然界）。一方面社会发展受地理环境的制约；另一方面社会发展同时也对地理环境产生影响。但是，社会主义现代化进程中地理环境的建设是一项开放复杂的系统工程，必须运用系统科学的观点与方法去解决。

（1）地理科学深化了科学发展观

2003年10月党的十六届三中全会，总结了半个世纪中国发展的经验教训，提出了科学发展观，强调全面、统筹、协调的发展实际上就是强调系统的发展。按照马克思主义自然界是第一性的观点，在五个方面的统筹中，统筹人与自然和谐发展是发展的基本前提。

地理科学的研究表明，人与自然的关系，实际上是人与其活动的地球表层的关系。地球表层是"人类生产与生活能够作用到的地球陆地与海洋表面以上和表面以下的空间"④。在地球演化的历史过程中，地球表层经历了许多阶段。如表1-1-8所示。

30万年前渔猎时期，人类依赖采集直接从自然界取得生活资料，在依赖自然、服从自然的状况下，还没有出现人与自然的矛盾。

1万年前农业革命，人类开始进行农业生产，虽然刀耕火种破坏了森林，农业的单一品种破坏了生物的多样性，但由于当时人口少，生产力水平低下，农业

① 普利高津. 从存在到演化. 上海：上海科学技术出版社，1986：3.
② 哈肯. 协同学——自然成功的奥秘. 上海：上海科学普及出版社，1988.
③ 马克思恩格斯全集（3卷）. 北京：人民出版社，1985：48～51.
④ 马蔼乃. 地理科学导论. 北京：高等教育出版社，2005：26.

表 1-1-8 地球表层经历的历史阶段

150 亿年左右	大约 60 亿年	大约 38 亿年	200 万～30 万年	30 万年前	10 000 年前	200 年前	60 年前	21 世纪
宇宙的形成	地球的形成	单细胞的产生	人类的起源					
天文期	地文期	生文期	人文期	自然人	社会人			
		生地关系	人地关系	人类生态系统	社地生态系统		天地人机关系	
				渔猎文明	农业文明	工业文明	信息文明	生态文明

生产对自然界的影响还没有超过自然界的承载力，因而人与自然的矛盾处在萌芽状态。

200 年前的工业革命是物质生产史上的一场革命，马克思和恩格斯对它进行了深刻的分析与批判：一方面他们充分肯定了工业生产伟大的历史作用，指出了工业生产力“比过去一切世代创造的全部生产力还要多，还要大”①，打破了与它不相适应的封建的所有制关系。另一方面他们深刻地指出建立在工业生产力与资本主义制度基础上的工业生产方式对自然界的破坏，如水土流失、土壤肥力下降、森林破坏等。

（2）地理系统工程为建设生态文明提供科学技术支撑

① 地理环境建设是破解发展难题的根本对策。从物质生产史看，工业生产是破坏地理环境的根源，因而破解发展难题的根本出路在于变革现存的、占统治地位的工业生产方式。对中国的现代化来说就是要落实科学发展观，建设生态文明。

为了实现这一伟大目标，必须利用信息科学技术，建设以生态产业为基础的国民经济体系，改造工业的运营方式，统筹人与自然的发展，确立符合中国国情的生态文明观。这样才能从根本上解决“人类—自然—社会—经济”这一开放复杂巨系统的可持续发展问题。

在国民经济体系中，生态产业是“以人与自然协调发展为中心”，以“自然—社会—经济”复杂巨系统的动态平衡为目标，以生态系统中物质循环、能量转化与生物生长的规律为依据，进行经济活动的产业。它的产业结构为生态农业—生态工业—生态信息业—生态服务业。

由于整个产业活动是在地理环境中进行的，所以地理环境的建设是建设生态

① 马克思恩格斯全集（1 卷）. 北京：人民出版社，1971：256.

产业的基本前提。

② 地理环境建设是地理系统工程的建设。从系统论看来，地理环境建设就是地理系统工程的建设。它包括生态产业系统工程（生态产业生产力）的建设，以及与之相互关联、相互制约、相互影响与相互作用的生态、环境污染、基础设施、资源、灾害、人口等系统工程的建设。这是一个开放复杂巨系统：

首先，建设生态产业系统工程，包括生态化的农业、工业、服务业、信息业、基因业等系统工程。

其次，建设与生态产业系统工程相关的系统工程，主要是：

生态系统工程，包括植物、动物、微生物等系统工程；

环境污染系统工程，包括点源污染（废气、废水、废物、噪声）、面源污染（农村中的土壤侵蚀、化肥与农药对水土的污染、城镇的污水、空气污染，地区的酸雨、居民的排泄物、废弃物等）系统工程；

基础设施系统工程，包括交通、通信、能源、水利等系统工程；

资源系统工程，包括气候、淡水、生物、土地、矿产等资源系统工程；

灾害系统工程，包括自然灾害（暴雨、洪水、干旱、虫灾、地震、火山、海啸）与人为灾害（矿山灾难、交通事故）化工厂事故、突发性传染病、恐怖袭击的系统工程；

人口系统工程，包括人口数量与年龄结构、人口素质与劳动力结构、人口分布于城镇体系；人口流动与产业结构等系统工程；

城镇系统工程，包括城市政府、工业园区、科技园区、大学城区、商业社区、金融社区、通信社区、医疗卫生社区、娱乐园区、居住社区、文化园区、动物与植物园区、自然与人文景观公园、体育园区、旅馆社区、生物技术园区、农业园区等系统工程。

③ 地理环境建设的关键是管理。1987 年世界环境与发展委员会向联合国提出报告“我们共同的未来”，向世界各国提出了呼吁：全世界进行的工业生产正在从根本上改变着地球系统，各国必须共同行动，对（地理）环境进行监控与管理，建设人类居住的家园，保证可持续发展。

管理的任务是指挥、控制、协调与沟通，执行管理的任务丝毫离不开信息科学技术。对地理环境进行管理的地理信息系统是“以地理复杂现象的规律为核心，以最新的数据库系统与网络技术为工具，研究地理信息系统的功能与相应的数据结构”①。它是研究地理现象规律的计算机网络系统，其内容包括“‘脑件’（设计的智慧—严密的逻辑—操作的能力）、硬件（计算机—服务器—网络—外设）、软件（包括软件硬化）、地理信息（地理位置编码—地理属性编码-复杂信

① 马蔼乃. 地理科学导论. 北京：高等教育出版社，2005：170.

息模型等)、可更新的数据源（遥感—遥测—定位—地面实测数据等)”①。

④ 用开放复杂巨系统的理论与方法建设地理环境。按照历史唯物主义的观点，建设生态文明首先要建设它的物质基础——生态产业。这就是说，要建设以生态产业系统（生态生产力系统）工程为中心的、实力环境系统工程。为此，就必须建立地理环境信息系统②，以便进行科学的管理。

从系统科学的体系结构看，地理环境信息系统是建设地理环境系统工程的技术科学。在当代空间科学与航天技术、计算机科学与网络技术、地理科学与信息技术三者结合的基础上，地理信息系统已经发展成为天地人机信息一体化网络系统。②它包括两大子系统：

第一，对地观测信息子系统，包括遥感、遥测、定位、通信等卫星信息系统，对地观测信息子系统建立太空计算机信息网络与地面新型网络的连接。

第二，人地信息子系统，包括遥感、地理、专家、管理、决策等信息系统。

综上所述，运用钱学森创建的开放复杂巨系统的观点、理论与方法，概括总结地理科学技术认识过程的规律性：地理科学—地理信息科学—地理系统工程。

利用与发展信息科学技术，实现从地理科学到地理系统工程的转化，必将为建设生态文明、落实科学发展观，提供可靠的理论依据和强大的科学技术支撑，这对社会主义现代化建设无疑将产生不可估量的作用。

四、展望

在1985年首届交叉科学学术讨论会上，钱学森、钱三强、钱伟长三位著名科学家已经预见到，从20世纪末开始，将是一个交叉科学时代，科学技术将结合为一个伟大整体的联系的科学，各门科学技术之间的相互联系、相互渗透与相互促进将日益加强。钱学森敏锐地洞察到科学技术历史转型时期的新特点，孜孜以求地探索转型时期发展科学技术的新理论与新方法，创建了现代科学技术体系和开放复杂巨系统理论。这一成果可以和近代自然科学革命时期培根、笛卡儿与牛顿科学研究的方法与理论在人类文明史上的贡献相媲美。钱学森在科学技术迅猛发展的时代奉献给祖国这份宝贵的精神财富，其内容博大精深，文化积淀深厚，发展前景远大光明，可以预料，它对中华民族的伟大复兴所产生的作用将是无法估量的，我们有责任努力予以发扬光大。

为此特建议：由国家出面，组建专门研究钱学森科学技术思想的机构，构成一个平台，凝聚高等院校和相关研究力量，进行跨领域、跨部门、跨科学技术层次的研究工作，完善符合现代科学技术发展规律的科学技术体系，深化超越还原

---

① 马蔼乃. 地理科学导论. 北京：高等教育出版社，2005：174.

② 马蔼乃. 地理信息科学. 北京：高等教育出版社，2006.

论，发展整体论，实现还原论与整体论优势互补、辩证统一的现代科学技术研究方法，迎接我国科学技术发展的新局面，加快我国跻身创新型国家行列的步伐。科学地、有效地解决社会主义建设中不断遇到的新的复杂性问题，为人类做出更大的贡献。

第二节　钱学森对现代科学技术体系的探索、认识历程*

人类在与自然界斗争的历史长河中，不断思考、探索、创新，产生了认识客观世界的科学理论，改造客观世界的工程技术，使人们对自然界、人类社会的认识不断深化，改造社会与自然的能力不断增强，一步一步地走向现代文明。钱学森的现代科学技术体系是对人类认识和改造客观世界成果的概括反映。当然，钱学森关于现代科学技术体系的思想也不是一开始就是现在这个样子，而是有个近20年的认识发展过程。追溯钱学森探索科学技术体系的认识发展历程，既可以加深我们对这一深刻思想的理解，也对我们研究、把握科学方法论的演变、发展有重要启示。

一、钱学森现代科学技术体系产生的历史背景

钱学森现代科学技术体系的产生不是偶然的，而是以人类认识、改造客观世界的实践为基础，以人类对科学技术发展史的认识成果为前提的。纵观20世纪以前的人类科学与技术发展史，可以概略地绘成图1-2-1所示的基本图景：人类对自然界的认识，在有限认识能力的制约下，从原始自然观开始，由无知、盲目崇拜神灵到一步一步形成科学的自然观，从宏观世界的探索逐步走上微观世界的研究，从微观世界的研究，发展到更高层次的宏观与微观世界的科学探索，走过了漫长的发展历程。

图1-2-1　20世纪前人类科学技术发展简况

1543年“天体运行论”问世，1665年开始形成了“牛顿经典力学”，1770年产生了炼铁术，1840年出现了蒸汽机，在此基础上逐步建立了自然科学。自然科学经过两百多年分门别类的研究，19世纪迅速成长出许多新的部门，于是研究整个科学的总体结构成为指导科学发展的一个具有战略意义的问题。最早从事这项工作的是圣西门和黑格尔。

---

* 本节执笔人：卢明森，北京联合大学；赵少奎，第二炮兵装备研究院。

圣西门用发展的思想去考察自然界和人类社会，把自然现象分成天文现象、物理现象、化学现象和生理现象，与此相适应，自然科学划分为天文学、物理学、化学和生理学；把社会划分为三个阶段：神学阶段、形而上学阶段和实证阶段，与此相适应人类认识进程划分为：神学、形而上学与实证科学。

黑格尔的巨大功绩是第一次“把整个自然的、历史的和精神的世界描写为一个过程，即把它描写为处在不断的运动、变化、转变和发展中，并试图揭示这种运动和发展的内在联系”。在《自然哲学》中，黑格尔依据自然界的发展过程对自然科学进行分类。如图 1-2-2 所示。

绝对观念的发展	存在 —— 本质 —— 概念
自然界的运动	质量的运动 —— 分子的运动 —— 生物的运动 原子的运动
自然科学的分类	机械论 —— 化学论 —— 有机论 天体力学 物理学 植物学 地球上的力学 化学 动物学

图 1-2-2 黑格尔的自然科学分类

黑格尔的“自然界的运动”与“自然科学的分类”，有一定的合理性，但将这些纳入他的“绝对观念的发展”框架，则是完全错误的。

恩格斯以唯物辩证法的观点为依据，批判地吸取了圣西门和黑格尔的合理思想，概括地总结了 19 世纪自然科学的重大成果，法拉第电磁感应理论、分子运动论、元素周期律，生理学、胚胎学、古生物学以及地质学。特别是细胞学说、能量守恒定律和进化论三大发现等领域的最新成果，将宇宙间的物质运动形态分为五大类，以此为研究对象对当时的自然科学进行了如下的分类：

机械运动——天文学——固体力学、力学——流体力学；

物理运动——物理学（分子的力学）——力学、热学、电学、磁学、光学；

化学运动——化学（原子的物理学）——无机化学、热化学、电化学、有机化学；

生命运动——生物学（蛋白质的化学）——植物学、动物学、人类学；

社会运动——社会科学。

社会科学是恩格斯和马克思一道创建的，他们以生产力与生产关系的矛盾运动为主线，找到了人类社会历史运动的客观物质基础，从而使人类的社会发展也成为一种自然历史过程。

20 世纪的科学技术有了突飞猛进的发展，早已突破了恩格斯提出的以物质运动形态为研究对象的分类方法。中国科学院院长路甬祥 1999 年说：“由于客观世界的统一性、多样性和相关性，也由于科学的发展和深化，科学在继续分化的同时，更多地呈现交叉和综合的趋势。未来的科学一方面将继续沿着原有的科学结构进一步分化和深入，另一方面则将向着综合和系统的方向发展。”钱学森正是从现代科学技术的现实情况和发展大趋势出发，融汇东西方科学思想的优势，研究并创建现代科学技术体系的。

二、钱学森对近代科学技术体系的认识

1980年，钱学森在《科学管理》创刊号上发表了“关于建立和发展马克思主义的科学学的问题”，对近代科学技术体系发展状况用下列四张图做了很好的概括：“从1780年情况的图4（图1-2-3）到1850年情况的图3（图1-2-4），再到1890年情况的图2（图1-2-5），最后到现在的图1（图1-2-6），这是科学技术体系的发展、演变，所以科学技术体系不但研究一个时期的情况，即‘现象学’，还要研究不同时期的变化，即‘动力学’，科学技术体系学也包括科学技术近代史”。

1780年，“那时没有马克思主义的哲学，也没有科学的社会科学，科学技术就只有一个部类，即自然科学”。如图1-2-3所示。

自然科学

图1-2-3　18世纪前的科学技术部类

1850年，“那时工程技术也没有成为学问，改造客观世界的能工巧匠只被认为是有才能的人，而他们的才能还没有总结成为学问，特别是能在高等院校里讲授的学问，所以列不进科学技术的体系中。……大约如图3（图1-2-4）所示，是三大部类的科学技术体系”。

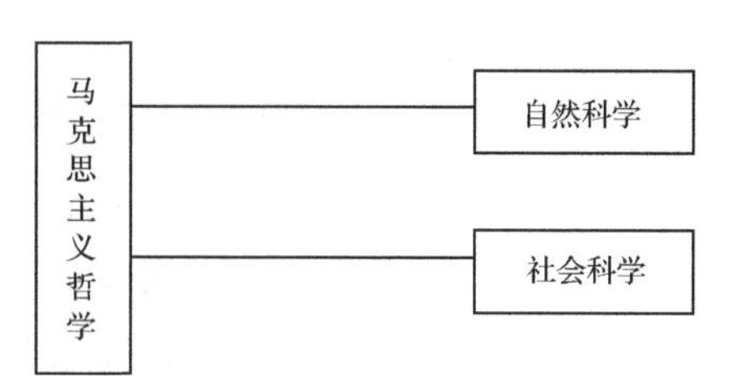

图1-2-4　19世纪中叶的科学技术体系

1890年，“大约在20世纪初，科学技术的体系中就没有技术科学这一大类，因为它尚在建立之中，那时数学也只是作为自然科学的一个部门，没有划出来，因为那时即便是科学的社会科学也还没有用数学方法，数学似乎为自然科学所独有。所以在20世纪初，科学技术的体系大致如图2（图1-2-5）所示，是四大部类所组成”。

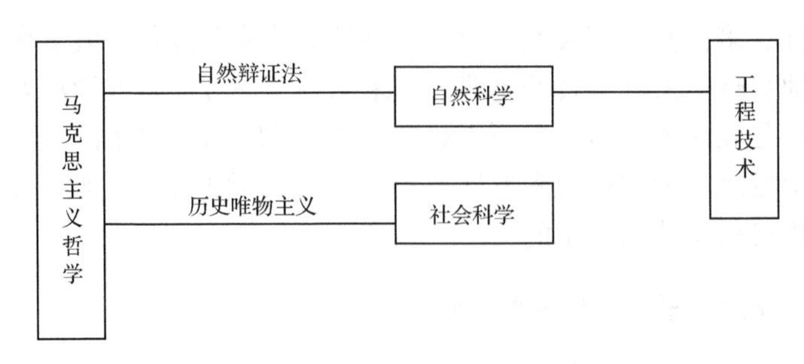

图 1-2-5　19 世纪末的科学技术体系

1979 年，“我们现在的科学技术体系有六个组成部分（图 1-2-6），概括一切的是哲学，哲学通过自然辩证法和历史唯物主义（社会辩证法）这两个桥梁和自然科学、数学科学和社会科学相连接。自然科学研究自然界，社会科学研究人类社会，数学科学则是自然科学和社会科学都要用的学问。在这三大类学科之下，介乎用来改造客观世界的工程技术之间的是技术科学，那是针对工程技术中带普遍性的问题，即普遍出现于几门工程技术专业中的问题，统一处理而形成的，如流体力学、固体力学、电子学、计算机科学、运筹学、控制论等。在工程技术问题中新起的一大类是各门系统工程。”

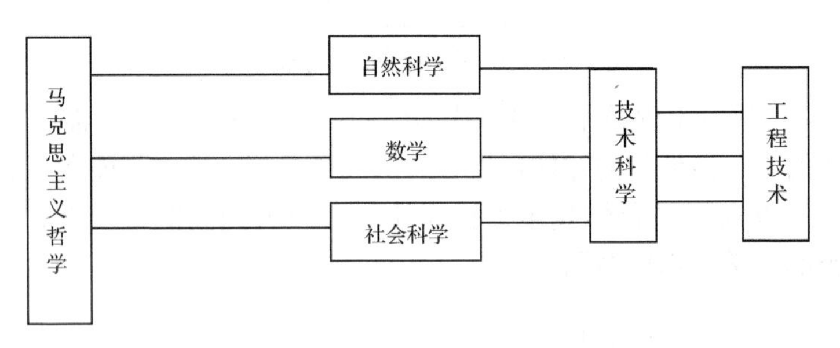

图 1-2-6　1979 年钱学森明确的科学技术体系

其实，早在 1947 年初，36 岁的钱学森就已经成为近代力学、航空和火箭技术的世界一流科学家，积 10 多年前沿科学研究和教学的实践经验，深切地领悟到当时以普朗克和冯·卡门为代表的应用力学学派的精髓，敏锐地认识到在自然科学与工程技术之间已经形成了一个独立的工程科学，因此开创性地走上了推进科学与技术紧密结合，发展工程科学的道路。1947 年夏回国探亲，在浙江大学、上海交通大学和清华大学作“工程与工程科学”报告，就工程科学的内涵和特点、研究内容和方法、当前的研究领域以及对中国发展的重要性等问题进行了演讲。1948 年在美国完成并发表了“工程与工程科学”论文，系统地介绍了工程科学的内涵、工程科学家的任务以及工程科学家的教育和训练等问题。回国以后，1957 年 2 月，为了进一步推进工程科学的发展，推进我国的现代化建设事业，在《科学通报》上发表了“论技术科学”（按照国内的习惯，把“工程科学”改为“技术科学”）的论文，进一步全面地论述了“技术科学”的概念、范围、方法论和培训等问题，为推进我国技术科学的发展指明了方向。

三、钱学森对现代科学技术体系的认识历程

1979年，钱学森在《哲学研究》第1期上发表的“科学学、科学技术体系学、马克思主义哲学”一文中，引述、分析一段恩格斯关于近代自然科学的重要论断后明确地说：“我们当前的任务是如何把恩格斯提出的‘伟大的整体的联系的科学’完整起来，它要包括自然科学、科学的社会科学和工程技术，也就是建立科学技术体系学，研究其组成部分的相互联系和关系，学科的产生、发展和消亡，体系的运动和变化。”从此开始了他对现代科学技术体系的研究。

1980年，在《哲学研究》第4期，钱学森发表了“自然辩证法、思维科学和人的潜力”，提出：“思维科学是一大类科学，除了已经讲到的人工智能、认识科学、神经生理学（神经解剖学）和心理学之外，还有语言学、数理语言学、文字学、科学方法论、形式逻辑、辩证逻辑、数理逻辑、算法论等。和思维科学有密切关系的还有数学、控制论和信息论等。这样，长期以来分散而又不相直接关联的学科就可以有机地结合成为一个体系了，而且从数理逻辑引入了精确性。这是由于电子计算机技术革命带来的现代科学技术体系结构的一个发展动向。如上所述，它把现在作为哲学的一个部门的辩证逻辑分化出来纳入思维科学，把现在有人作为自然辩证法一部分的科学方法论也纳入思维科学，而哲学的又一个部门，辩证唯物主义的认识论就作为联系马克思主义哲学和思维科学的桥梁了。这可以说是科学技术体系的一个重大改组。”“现代科学技术的实践，正预示着更重大的变革：思维科学的出现。”

1981年，在《自然杂志》第1期，钱学森发表“系统科学、思维科学与人体科学”，提出：“在自然科学、数学科学和社会科学这三大部门之外，现在似乎应该考虑三个新的、正在形成的大部门：系统科学、思维科学和人体科学。”“正是由于国内外广大科技人员的协同劳动，我们才有可能在这里一下子提出三个崭新的科学技术大部门：系统科学、思维科学和人体科学，从基础科学到技术科学到应用技术。而它们在1978年的全国科学大会上，还没有占重要位置，八个当时认为是影响全局的综合性科学技术领域、重大新兴技术领域和带头学科，是农业科学技术、能源科学技术、材料科学技术、电子计算机科学技术、激光科学技术、空间科学技术、高能物理和遗传工程，而这里讲的新学科仅出现于单项研究中。这三个新的科学技术部门都有强大的生命力：推动系统科学研究的是现代化组织和管理的需要，推动思维科学研究的是计算机技术革命的需要，而推动人体科学研究的是开发人的潜力的需要。”

1981 年，在《系统工程理论与实践》第 1 期，钱学森发表了“再谈系统科学的体系”，提出：“系统科学的体系可以表达如图那样，分工程技术、技术科学、基础科学和哲学四个台阶。”“系统科学体系的成立也必将影响现代科学技术的发展。它与现代科学技术的另两个大部门——人体科学和思维科学的关系前文[①]已经讲到。它当然也将反过来促进比较早建立的科学技术部门，如自然科学和社会科学。……所以系统学的建立和研究是现代科学技术进一步发展中的一个重点”。系统科学的体系如图 1-2-7 所示。

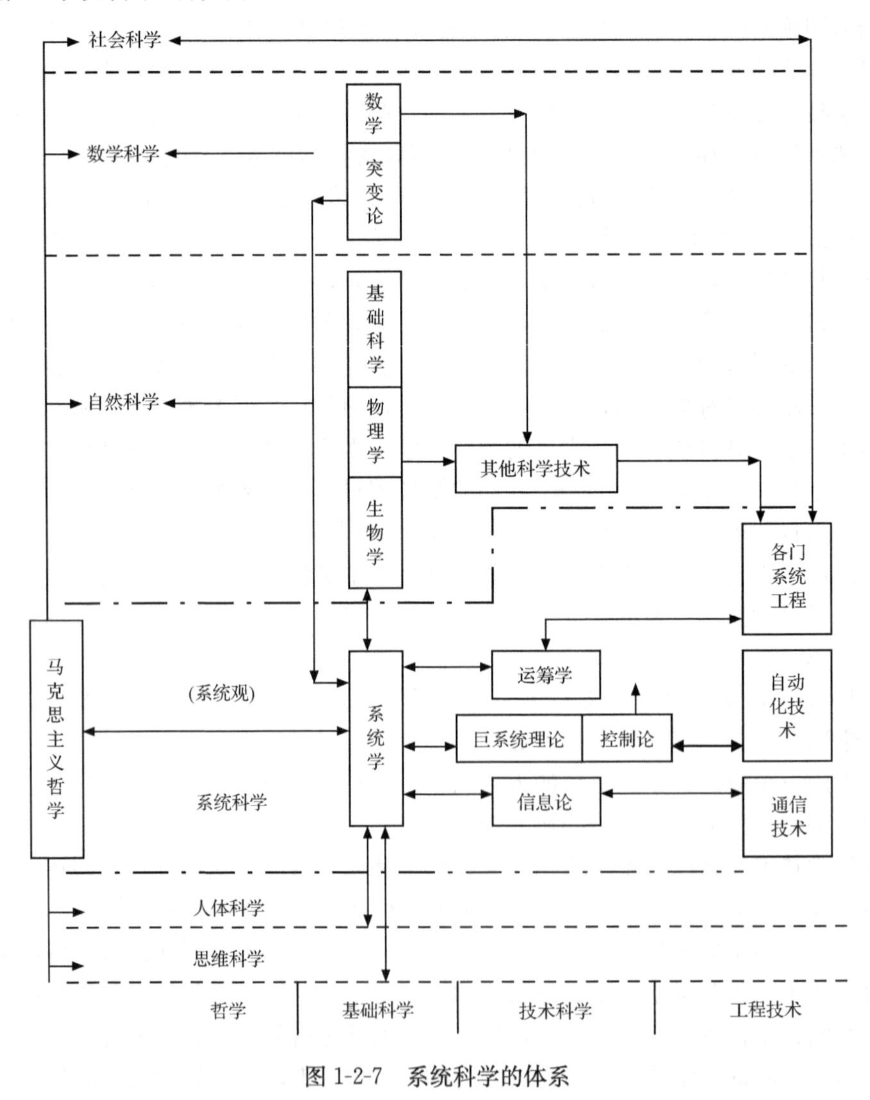

图 1-2-7　系统科学的体系

① 钱学森. 系统科学、思维科学和人体科学. 自然杂志，1981，1：3～9.

1982 年，钱学森在《哲学研究》第 3 期，发表了“现代科学的结构——再论科学技术体系学”，指出：“我认为如果考虑到今天科学技术的现况和今后的发展，科学技术纵分的大部门应该是自然科学、社会科学、数学科学、系统科学、思维科学和人体科学这 6 个大部门。怎样看待这 6 个部门？它们是以什么界限来划分的？总的来说，当然都是人通过实践所认识到的关于客观世界规律的知识。以前传统的观点是：科学部门以对象领域划分，自然科学研究自然界，社会科学研究人类社会。但如此也产生了一个毛病：数学归入自然科学，社会科学就不大用数学。这一缺点已为不少人们认识到了①，这引起我重新探讨这个现代科学技术的结构问题：6 大部门是怎么划分的，是以对象领域来划分的吗？还是其他的划分法？”“从物质运动这个角度、这个着眼点，可以把自然科学这一大部门与其他大部门区别开来。也因为同一原因，我们应该把自然辩证法作为从自然科学通向马克思主义哲学的桥梁。”“可以说社会科学是从人类社会发展运动的着眼点或角度来研究整个客观世界的，从社会科学通往马克思主义哲学的桥梁是历史唯物主义。”“数学科学是从质和量对立统一、质和量互变的着眼点或角度去研究整个客观世界的。”“系统科学是从系统的着眼点或角度去看整个客观世界。所以，系统科学处理的问题有自然界的，如生物学中的有序化现象；也有社会的，如经济系统、法治系统等②。因为统一在系统的观点，所以如果说系统论是从系统科学到马克思主义哲学的桥梁，那么系统观就是马克思主义哲学的组成部分。”“思维科学的目的在于了解人是怎样认识客观世界的，人在实践中得到的感觉信息是怎样在人的大脑中，存储和加工处理成为人对客观世界的认识的。也因为这个缘故思维联系到整个客观世界，而从思维科学到马克思主义哲学的桥梁就是认识论。”“人体科学是通过人体这个着眼点或角度去考察整个客观世界，不但不能把人体各组成部分隔离开来考察，也不能把人体和外界隔离开来考虑。人天观也会成为马克思主义哲学的组成部分，而从人体科学进一步发展综合提炼的‘人天论’，就是从人体科学到马克思主义哲学的桥梁”。“以上是对现代科学结构的看法，自然科学、社会科学、数学科学、系统科学、思维科学和人体科学 6 大部门都各自认识整个客观世界，只不过从各自的着眼点或角度去考察：自然科学从物质运动，社会科学从人类社会发展运动，数学科学从量和质的对立统一、量和质的互变，系统科学从系统观，思维科学从认识论，人体科学从人天观。从不同着眼点或角度的考察，最后由各自的桥梁汇总到马克思主义哲学——人类认识的最高概括。所以只有马克思主义哲学才是科学的哲学。它当然要指导科学技术研究。现代科学也就这样形成一个紧密、坚实的统一体系，现代科学技术的体系。”

---

① 钱学森．论人体科学与现代科技．上海：上海交通大学出版社，1998.

② 钱学森．大力发展系统工程，尽早建立系统科学的体系．光明日报，1979-11-10（2）.

1982年7月10日，在系统论、信息论、控制论中科学方法与哲学问题学术讨论会上，钱学森在报告中谈到现代科学技术的体系结构时说："最近我还把它扩大了，包括文学、艺术。……这两个大部分，现代科学技术和现代文学艺术，都是我们人在实践中认识客观世界的结果，都是我们建设社会主义的精神财富。最后都要概括到马克思主义哲学。"他把文学艺术分成6大部门：小说、杂文，诗词歌赋，建筑艺术，书画造型艺术，音乐，综合艺术。文学艺术通往哲学的桥梁就是美的哲学。"在人通过社会实践认识客观世界的规律中，还有一个部门没有包括在前面讲的科学技术和文学艺术这些成就之内，这就是军事科学技术。军事科学技术自有史以来，就是一个非常重要的部门。在当今世界中也还是一个非常重要的部门。在这个部门中，如果按我们以上用的说法分台阶，最接近实际战争活动的是军事技术，即军事工程、军事装备的技术和近几十年发展起来的军事系统工程，这是第一个台阶。第二个台阶是军事科学。从军事科学技术到马克思主义哲学的桥梁是军事哲学。""我所说那些桥梁：自然辩证法、历史唯物主义、数学学、系统论、认识论、人天论、美的哲学和军事哲学，这八个桥梁实际上就是马克思主义哲学的基础，在这八个基础的基石上，存在着一个大厦——辩证唯物主义。"①

1983年3月28日，在人体科学讨论班上作"现代科学技术的体系结构Ⅱ"报告时，钱学森画出了包括八大科学技术部门的现代科学技术体系图②。如图1-2-8所示。

在《自然杂志》1983年第8期上发表的"关于思维科学"中说："现代科学技术已经发展成为学科林立，分工越来越细，但又同时相互关系密切，形成一个整体。是整体就不能不研究整体中的结构、学科之间的联系和相互关系。是整体，就是一个系统，而系统一定有清晰的层次和部门性的分系统。所以我们研究现代科学技术的体系结构就要注意找出其中横向的层次和纵向的部门分系统，不然就认不清其中梗概；而如果连体系的梗概都没弄清，又怎么能真正理解学科之间的相互关系呢？……这里我想讲一讲横向层次的划分。我们作这种划分的原则是：由于人认识客观世界是为了改造客观世界，我们划分层次可以按照是直接改造客观世界，还是比较间接地联系到改造客观世界来划分。其实这种分层法早已在自然科学的近一百多年的实践中逐渐形成。因此也是经验的总结，不是凭空的臆想。在自然科学中，最先形成是理论的层次，即基础科学。至于直接改造客观世界的工程技术，先是作为工艺，不作为科学的；大约在19世纪末、20世纪初才成为科学，在高等院校中讲授了。至于介乎基础科学和工程技术之间的技术科

① 钱学森，等. 论系统工程（新世纪版）. 上海：上海交通大学出版社，2007：372～378.

② 钱学森. 论人体科学与现代科技. 上海：上海交通大学出版社，1998：312.

	桥梁	基础科学	技术科学	工程科学	科学部门
马克思主义哲学	自然辩证法	理、化、天、地、生	应用力学、电子学	水利工程、土木工程	自然科学 Natural Science
	历史唯物主义	……	?	?	社会科学 Socil Science
	数学科学	……	计算数学		数学科学 Mathematical Science
	系统论	系统学	运筹学(控制论)	系统工程	系统科学 Systems Science
	认识论	思维学 抽象(逻辑)思维 形象(直感)思维 灵感(顿悟)思维 信息学	模式识别 科学方法	人工智能等	思维科学 Cognitive Science
	人天观				人体科学 Anthropic Science
	军事哲学	军事科学		军事系统工程	军事科学
	美学				文学艺术

图 1-2-8　1983 年钱学森提出的科学技术体系图

学，它一方面是基础科学的应用，一方面又是不止一门工程技术的理论基础，形成得更晚一些，大约在本世纪二三十年代。我认为这种层次划分是有道理的，是普遍适用的，六个大部门都分基础科学、技术科学和工程技术三个层次。三个层次之上，作为人认识客观世界的最高概括，当然应是马克思主义哲学。”如图 1-2-9 所示。

这张现代科学技术体系图，在钱老对现代科学技术体系的认识中占有重要地位。同 3 月 28 日的那张图（图 1-2-8）比较，有了明显的进步，基本定型：纵向上包括已经认识到的自然科学、数学科学、社会科学、系统科学、思维科学、人体科学、军事科学与文学艺术八大科学技术大部门；横向上包括工程技术、技术科学、基础科学与哲学四个层次。其中，关于人体科学与思维科学，还具体地列出了各个层次中所包含的分支学科。这是非常重要的进展，思维科学的体系结构图大多就是以此图为依据的。后来随着认识的提高与深入所新增加的行为科学、地理科学与建筑科学就是在此图中纵向上增加一些栏目而已，结构上变化不大。

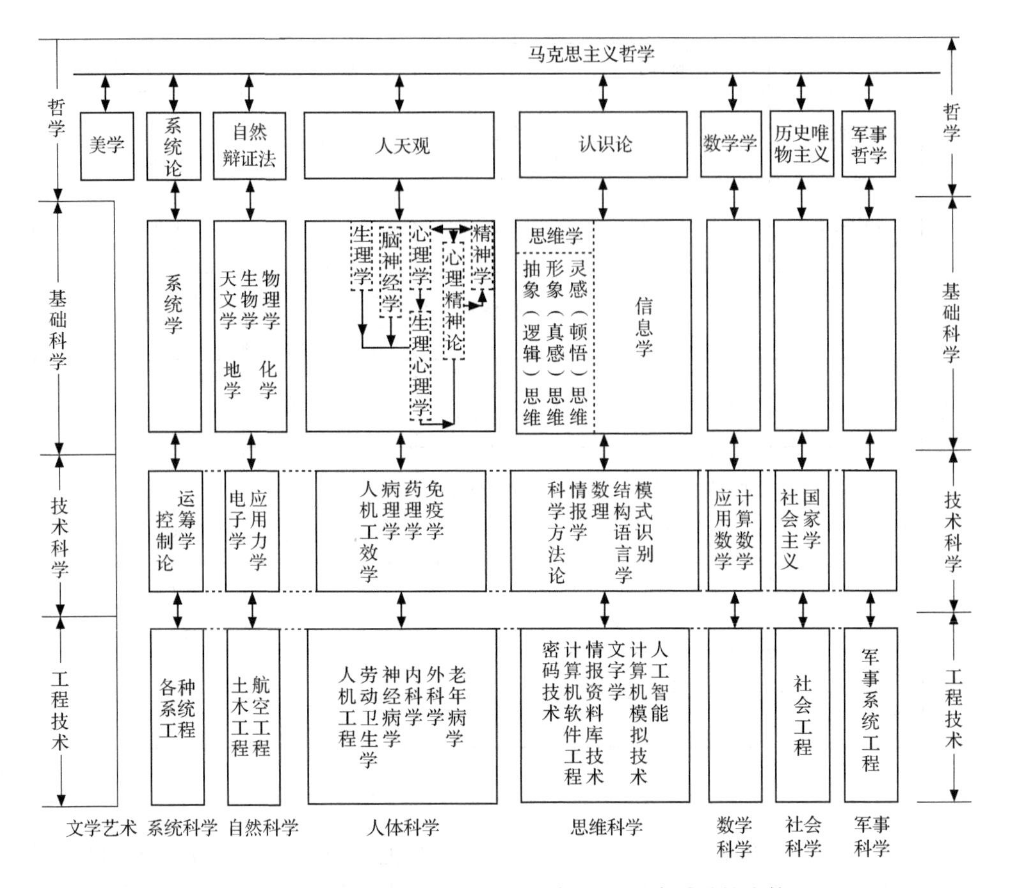

图 1-2-9　1983 年后期钱学森进一步提出的现代科学技术体系

钱老在“对技术美学和美学的一点认识”① 一文中说：“我以前曾把文学艺术分成六大部门：小说杂文、诗词歌赋、建筑艺术、书画雕塑等造型艺术、音乐，以及戏剧电影等综合性的艺术。现在看，这 6 大部门包括不了。出了一个把科学技术产品和造型艺术结合起来的部门——技术美学。……当然这种分法也只是一种认识，认识过程并没有结束，还会有发展。例如，我最近也在考虑：有我国特色的园林艺术应不应包括在建筑艺术之内？因为园林艺术是一种改造生活环境的艺术，比建筑艺术综合性更高。如果这样，那文学艺术又要再加一个大部门——园林艺术，成为 8 大部门了。”“按以上的设想，建立马克思主义的、科学的美学，要开展三个方面的工作：一是从部门艺术美学中提炼，而部门美学又是从总结不同文学艺术大部门的实践建立起来的。二是从思维科学以至人体科学吸取

① 钱学森. 科学的艺术与艺术的科学. 北京：人民文学出版社，1994：192～196.

营养。三是从文艺学，特别从社会主义文艺学中找美的社会实践的规律。”这个结构如图 1-2-10 所示。

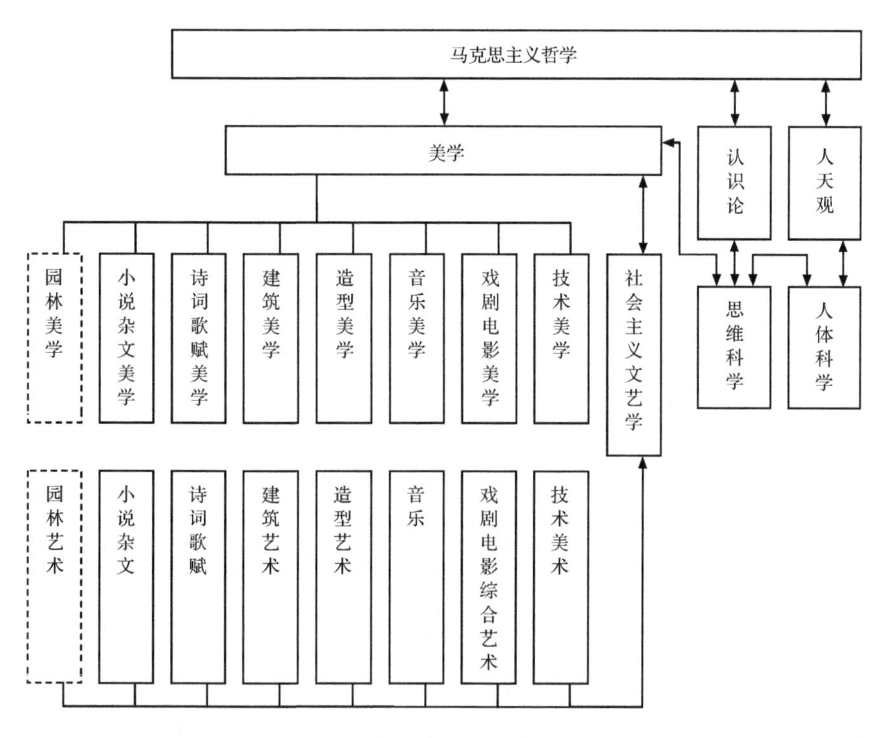

图 1-2-10　钱学森对美学体系的探索

1984 年，钱老与吴世宦在《法制建设》第 3 期上联名发表“社会主义法制和法治与现代科学技术”，倡导利用电子计算机和系统工程方法建立我国的法制系统工程和法治系统工程，建立社会主义法制体系与法治体系，在现代科学技术体系的社会科学中建立马克思主义法治科学体系。如图 1-2-11 所示。他说：“我们的马克思主义法治科学体系又是一个开放的体系，它本身就是整个以马克思主义哲学为最高概括的科学技术体系的一部分，特别是社会科学的一部分。法治科学与其他科学技术有许多密切联系，要从其他科学技术吸取营养。”

1985 年 4 月 17～19 日，钱学森在全国首届交叉学科学术讨论会上的讲话“交叉学科：理论和研究的展望”中，把行为科学纳入现代科学技术体系，使现代科学技术增加为 9 大部门。后来他在“谈行为科学体系”① 一文中说：“现在科学技术体系分为 8 大部门了。一增再增，几次更改的经验也教育了我，到 1984 年底我预见到不免还会有变动”，所以在一篇短文中预先声明：这 8 大部门

① 钱学森，等. 论系统工程（新世纪版）. 上海：上海交通大学出版社，2007：245～250.

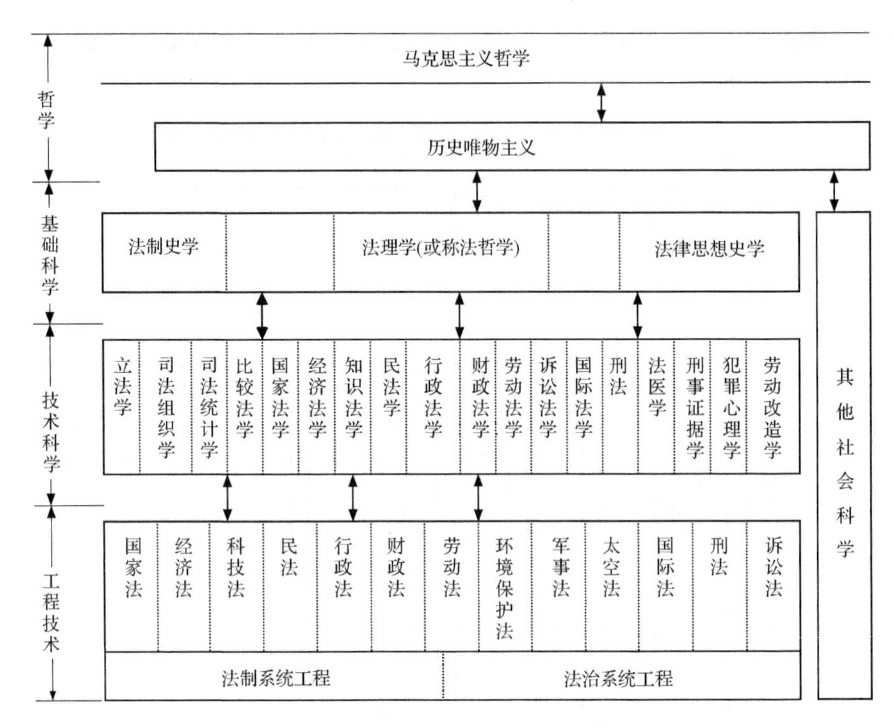

图 1-2-11　钱学森对行为科学体系的探索

的现代科学技术体系不能看成是不可变动的，事物是发展的，人的认识也是发展的。果不其然，今年 2 月 7 日《经济日报》以一组短文报道了中国行为科学成立大会暨学术讨论会，大家提出了建设有中国特色的行为科学问题。能把行为科学纳入以前讲的 8 大部门中的一个部门吗？看来困难，都不那么合适。所以在 5 月中旬中国科协召开的交叉学科讨论会上，我说现代科学技术还要再加一个大部门：行为科学。这引起了一些同志的兴趣，与我有书信来往，使我感到有责任把我现在的认识比较系统地讲出来，向同志们请教，所以写这篇短文。”“既然行为科学的目的是为了解决个人行为与社会发展之间的矛盾，那也就是要为了国家和集体的利益管好人。怎样管呢？有两个方面：一是诱导，或说开导、指导；二是诱导不成，必须绳之以法，才能限制其不良后果。这就是说在我们社会主义制度下，管理、伦理和法理三者是统一的，一个目的，两项措施。……按照这个道理，全部法科学就纳入行为科学这个现代科学技术的大部门中了。这比我在不久前讲的观点又前进了一步：那时我只是说从社会系统的观点看，法制建设是与行为科学密切相关的，要使用行为科学的成果。现在不只是密切相关，是结合在一起了。这样全部法科学的体系就从社会科学移到行为科学。也很自然启示我们：行为科学有三个层次，基础科学、技术科学和工程技术，因为法科学就有这三个层次。”因此，他又重新绘制了行为科学的体系图，如图 1-2-12 所示。

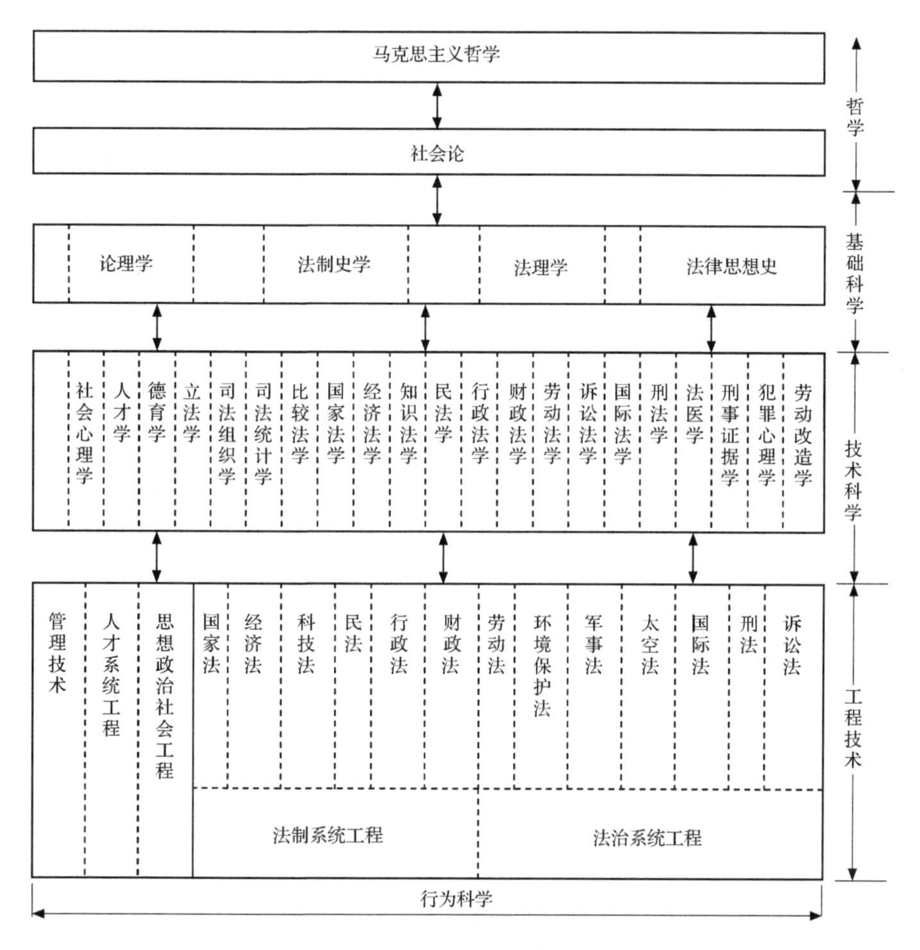

图 1-2-12　行为科学体系

1986 年 11 月，在第二次全国天地生相互关系学术讨论会上的发言“发展地理科学的建议”①，正式提出要建立地理科学，把它纳入现代科学技术体系，成为现代科学技术的第 10 个大部门。他说：“我刚才用了‘地理科学’这个名词，为什么呢？这是由于在今年 6 月中国科协的‘三大’之后，我收到了今天在座的黄秉维同志的来信。看了他的来信，我受到很大启发，觉得‘地理科学’这一古老的名词，现在应该把它很好地用起来。我认为，‘地理科学’就是一门综合性的科学，地理科学研究的对象就是地球表层。……具体地讲，上至同温层的底部，下至岩石圈的上部，指陆地往下 5～6 公里，海洋往下约 4 公里。地球表层对人的影响，对社会的发展有密切的关系，地球表层往外的部分和地球表层更深

① 钱学森. 创建系统学（新世纪版）. 上海：上海交通大学出版社，2007：13～18.

的部分是地球表层的环境。”“‘地理科学’是包括内容很多的一大门科学，根据现代科学近一百年来的发展，可将它分成三个层次：最理论性的层次，就是基础理论学科，我认为就是‘地球表层学’，尚待建立；第二个层次，就是应用理论学科，这发展得较快，有的还需建立，像数量地理学；第三层次，直接用于改造客观世界的应用技术，现在已经很多。”

1989 年 2 月 20 日，在致中国社会科学院哲学研究所哲学与文化课题组的信①中说：“我认为现代含义的哲学，即马克思主义哲学，是现代科学技术的最高概括，是居以下现代科学技术 10 大部门之首的，又通过一架‘桥梁’与一个部门联系。”如图 1-2-13 所示。

桥梁	部门
自然辩证法	自然科学（工程技术）
历史唯物主义	社会科学（工程技术）
数学哲学（元数学）	数学科学
系统论	系统科学
认识论	思维科学
人天观	人体科学
美学	文艺理论
军事哲学	军事科学
社会论	行为科学
地理哲学	地理科学

图 1-2-13 哲学与部门科学的桥梁

在现代科学技术 10 大部门之外还有未整理成科学实践经验知识库和更大范围的、不能形成文字的实践感受，都与人认识世界的思维和马克思主义哲学有关。如图 1-2-14 所示。这张图有些前所未有的内容：第一，把“人认识世界的思维”摆在最上边，把“马克思主义哲学”摆在下面并作通栏处理。第二，在“10 大科学技术部门”的外围加上“实践经验知识库”作为环境或基础。第三，在“实践经验知识库”的外面又加上“不成文实践感受”作为其环境或基础。

其实，钱学森历来都非常重视实践经验的意义与作用。1984 年 8 月 7 日在全国首届思维科学讨论会上所作的“开展思维科学的研究”中就指出：“人从实践中认识到很多东西，其中有些东西还没有进到科学的结构里面去，是经验”。“人类的精神财富，包括两大部分：一部分是现代科学体系；还有一部分是不是

① 钱学森书信（4 卷）. 北京：国防工业出版社，2007：426～430.

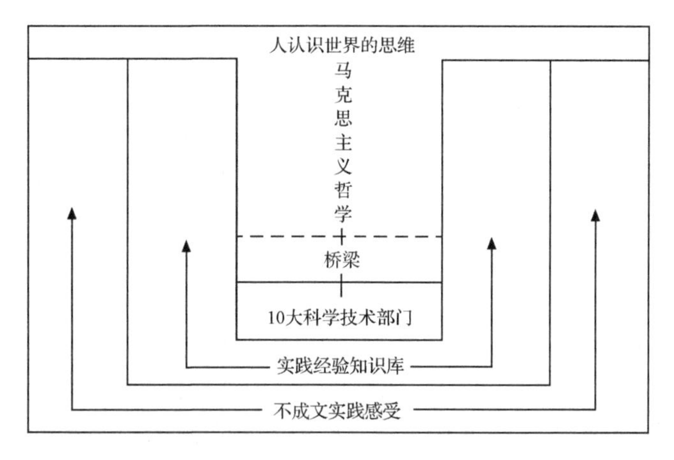

图 1-2-14　现代科学体系与前科学的关系

叫前科学，即进入科学体系以前的实践经验。”“一部分前科学，将来条理化了，纳入到科学的体系里，那么前科学的内容是否减少了一点呢？不会的，因为人类还在不断地总结自己的实践经验”[①]。他在 1995 年 9 月 23 日再次明确地指出：“不能纳入现代科学技术体系的知识是很多很多的，一切从实践总结出来的经验，即经过整理的材料，都属于这一大类。我称之为‘前科学’，即待进入科学技术体系的知识。”“科学技术的体系绝不是一成不变的，马克思主义哲学也在不断充实、发展、深化。……人认识客观世界的过程：实践—前科学—科学技术体系。所以我们决不能轻视前科学（经验科学），没有它就没有科学的进步；但也不能满足于经验总结出来的科学而沾沾自喜，看不到科学技术体系还要改造和深化，因此要研究如何使前科学进入科学技术体系。”[②]

1991 年 10 月钱学森在中共中央、国务院授予他“国家杰出贡献科学家”受奖会上的讲话中说：“我认为今天的科学技术不仅仅是自然科学工程技术，而是人认识客观世界、改造客观世界整个的知识体系，这个体系的最高概括是马克思主义哲学。我们完全可以建立起一个科学体系，而且运用这个科学体系去解决我们中国社会主义建设中的问题。……我在今后的余生中就想促进这件事情”[③]。在这么隆重的场合做这样的表态，表明现代科学技术体系问题在他的心目中占有多么重要的地位，明确地显示，这不是一个单纯的学术问题而是同中国社会主义建设紧密相关的重大问题。

① 钱学森. 关于思维科学. 北京：人民出版社，1986：128，129.
② 钱学森. 论宏观建筑与微观建筑. 杭州：杭州出版社，2001：400.
③ 钱学森. 感谢、怀念与心愿. 人民日报，1991-10-17.

1992 年 11 月 13 日钱学森发表的“关于大成智慧的谈话”[①] 中说：熊十力认为人的智慧有两个方面：文化、艺术方面的智慧叫“性智”；科学方面的智慧叫“量智”。这样看来，我过去说的科学技术体系属“量智”；而文化体系属“性智”。由此使我想到，过去我说，要发展、深化马克思主义哲学，需要引入中国古代哲学的精华。现在看，这个精华就是人类的“性智”，即人根据自己的实践经验，从整体上来看世界。这也是综合集成嘛！从前我只从科学技术方面来讲人的智慧是不够的，还要看到智慧的另一个来源，即传统文化艺术。所以，我过去讲的科学技术体系的概念还要再扩大，变成智慧的体系。

1993 年 6 月 10 日，钱学森在致钱学敏的信中说：“前上一函说到认识世界的思维体系、性智与量智，以及大成智慧学作为马克思主义哲学发展深化的一个新阶段。现将我们那张老图增补了一下，另绘新图附上，请看还有什么毛病。”如图 1-2-15 所示。

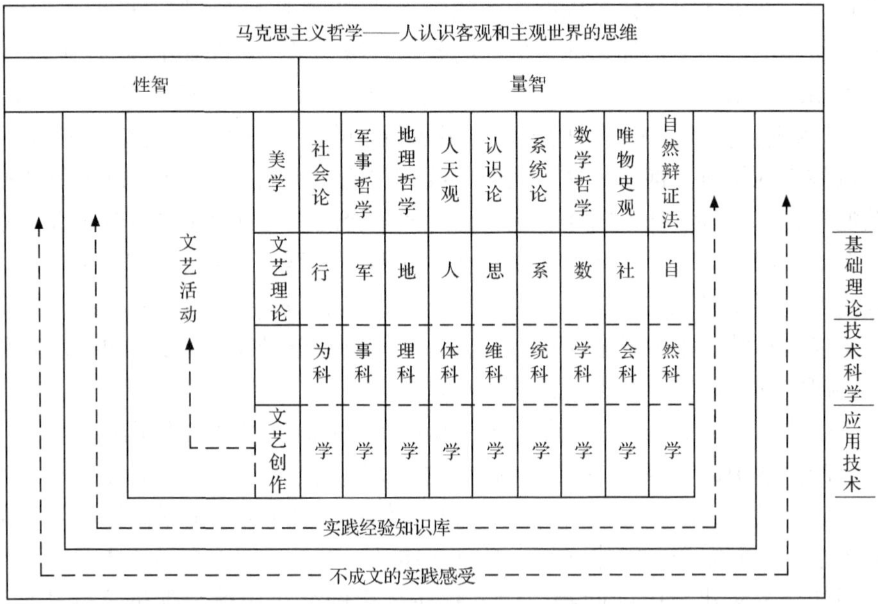

马克思主义哲学——人认识客观和主观世界的思维
性智　量智
美学　社会论　军事哲学　地理哲学　人天观　认识论　系统论　数学哲学　唯物史观　自然辩证法
文艺活动　文艺理论　行为科学　军事科学　地理科学　人体科学　思维科学　系统科学　数学科学　社会科学　自然科学
文艺创作　学　学　学　学　学　学　学　学　学
基础理论　技术科学　应用技术
实践经验知识库
不成文的实践感受

图 1-2-15　1993 年 6 月钱学森提出的科学技术体系图

这张现代科学技术体系图同之前所见到的图相比较，有很大的不同：第一，在“马克思主义哲学”后面用“——”加上“人认识客观和主观世界的思维”的解释，这是对前一张图的含义作了进一步的明确，说明他已经把马克思主义哲学与现代科学技术体系都当做人类的思维成果来看待；第二，引进我国著名哲学家

① 钱学森．创建系统学（新世纪版）．上海：上海交通大学出版社，2007：175～180.

熊十力的“性智”与“量智”概念，把科学技术当做量智，把文学艺术当做性智，二者都是人类认识的精华；第三，在科学技术与文学艺术的外边，加上“实践经验知识库”与“不成文的实践感受”两个层次，作为科学技术与文学艺术的环境或基础。这具有非常重大的意义，体现出钱老一再强调的实践是一切认识的源泉：人类在实践中最初得到的只是一些不成文的实践感受，在此基础上才逐渐提高到实践经验知识库，科学技术与文学艺术是在实践经验知识库的基础上进一步总结、提高才能提炼出来的认识精华，而完成这个任务的正是人认识客观和主观世界的思维。由此可见，在钱老对人类认识的历程中思维的重要性是多么的重视。7 月 16 日在致戴汝为的信中说：“您从中国传统文化中的‘意’与‘象’的关系，把它们都作为整体宏观的思维来考察，把‘意’作为最高的理性认识，‘象’则成为感性认识。这就注入了从定性到定量综合集成的思想，好极了!”“我们的大成智慧工程与大成智慧学就是这个思想。您把形象思维和抽象思维融为一体了。用此理论培养学生，就可以适应我前次给您去信提出的问题：如何迎接即将到来的多媒体技术和灵境技术世界，当然讲辩证统一，还靠马克思主义哲学。”(图 1-2-15)。两天之后的 7 月 18 日，在致钱学敏的信中对“性智”与“量智”做了进一步的解释：“事物的理解可分为‘量’与‘质’两个方面。但‘量’与‘质’又是辩证统一的，有从‘量’到‘质’的变化和‘质’也影响‘量’的变化。我们对事物的认识，最后目标是对其整体及内涵都充分理解。‘量智’主要是科学技术，是说科学技术总是从局部到整体，从研究量变到质变，‘量’非常重要。当然科学技术也重视由量变所引起的质变，所以科学技术也有‘性智’，也很重要。大科学家就尤有‘性智’。”“‘性智’是从整体感受入手去理解事物，中国古代学者就如此。所以是从整体，从‘质’入手去认识世界的。中医理论就如此，‘望、闻、问、切’到‘辨证施治’；但最后也有‘量’，用药都定量的嘛。”“我们在这里强调的是整体观、系统观。这是我们能向前走一步的关键。所以是大成智慧学。”“前附知识体系图中，‘性智’与‘量智’用实践隔开不妥，要加个双箭头，如附图（图 1-2-16），以示科学技术与文艺是相通的”[①]。

从钱老的解释中可以看到，这两张图的区别只是一个双箭头的差异，但意义却不一般，表明钱老把科学技术与文学艺术在人类认识客观世界上看成是同等重要、相辅相成的。

1994 年 5 月 4～5 日，中国科协学会部、中国马克思主义哲学史学会、中国历史唯物主义学会等 10 个全国性学（协）会，召开“钱学森现代科学技术体系研讨会”，认为钱学森关于现代科学技术体系的构想，揭示了马克思主义哲学与各门现代科学技术的内在联系。5 月 17 日在致钱学敏的信中说：“学术思想的发

① 钱学森书信（7 卷）. 北京：国防工业出版社，2007：242，244，266，269～271.

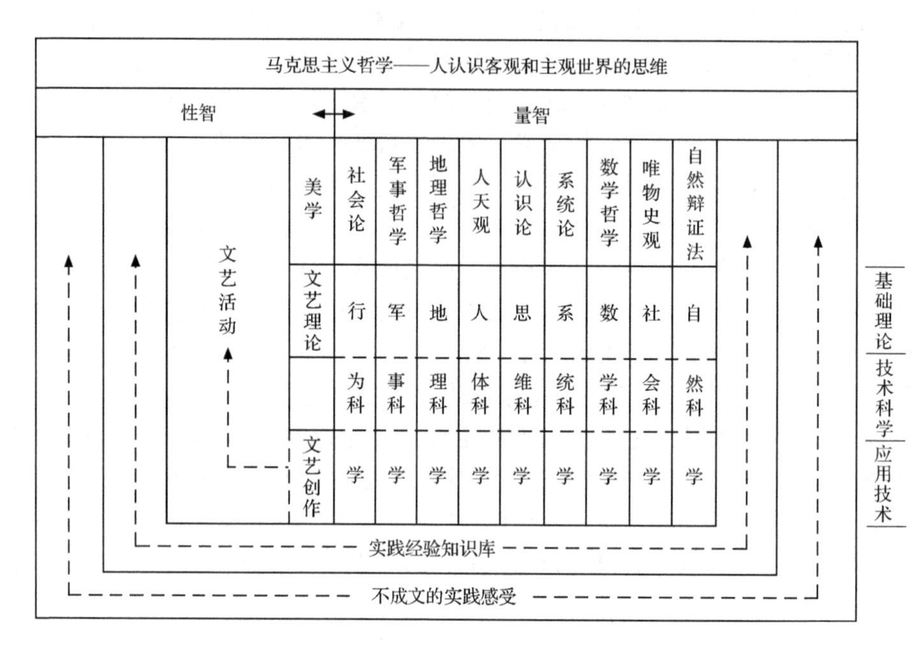

图 1-2-16　1993 年 7 月钱学森提出的科学技术体系图

展往往不同于社会实践的发展。社会实践是讲功利作用的。从这次大学生的反映看，不就清楚了？他们首先感兴趣的，不是现代科学技术体系，而是‘大成智慧教育’。”“因此我们可以说，到 30～50 年后，我国社会主义建设进入现代中国的第三次社会革命时，真正要实现‘大成智慧教育’，实现‘人—机结合’工作体制时，现代科学技术体系才成为一门必修课。所以，只有到那时现代科学技术体系这门学问才会成熟，因为有实践要求了嘛。”①

钱学敏在《国防大学学报》1996 年第 2、3 期上发表的“钱学森的科学观与方法论初探”一文中，引用了钱老 1994 年 5 月 17 日给她的信里的一段话：“从我个人思想发展过程来说，我在大约十年前，因为看到新学科群起，老的自然科学、社会科学、哲学三大件是不够用了，所以从系统思想的概念提出现代科学技术体系的想法。后来又逐步完善，终于形成现在十大部门的结构。”文中并配了一张图（图 1-2-17，原信中并没有这张图）。

与图 1-2-16 比较有四点不同：

① 把“马克思主义哲学”后面用“——”连接或解释的“人认识客观与主观世界的思维”改成“人认识客观与主观世界的科学”。

② 在“实践经验知识库”后面加上“和哲学思维”。

① 钱学森书信（8 卷）. 北京：国防工业出版社，2007：156，157.

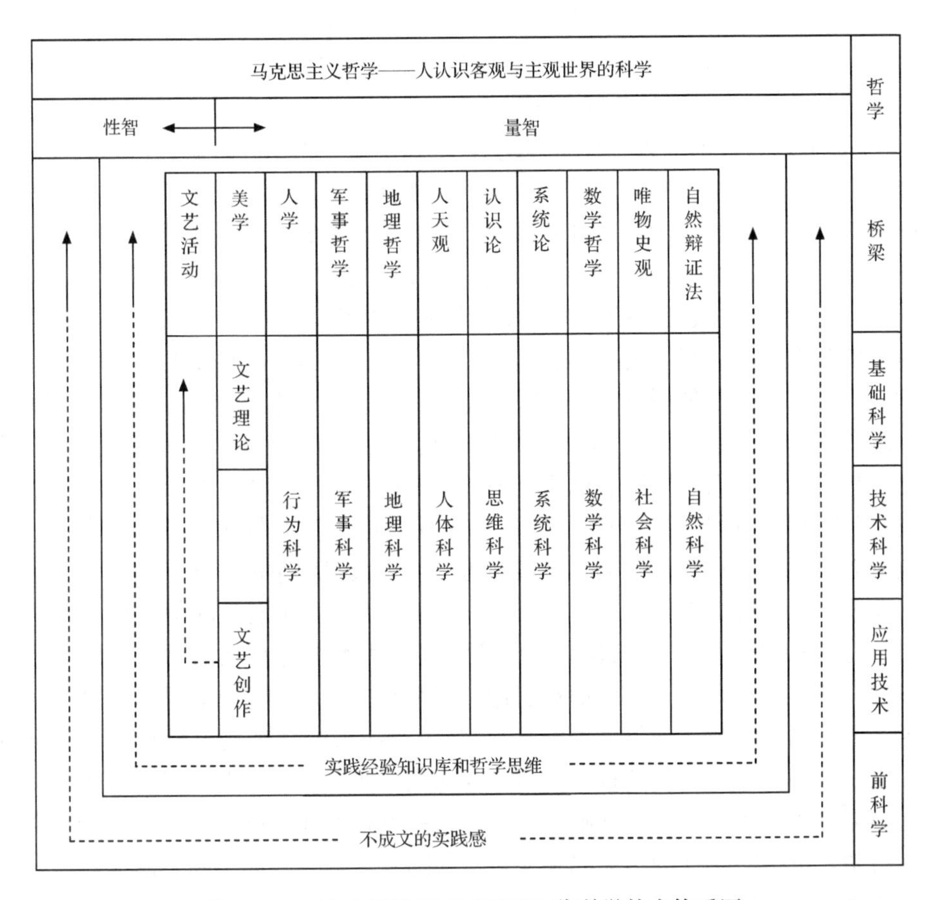

图 1-2-17　1996 年钱学森引用的现代科学技术体系图

③ 把“实践经验知识库与哲学思维”与“不成文的实践感受”两个层次概括为“前科学”。

④ 把“行为科学”与“马克思主义”之间的桥梁由“社会论”改为“人学”。钱学森关于“人学”的认识是有个曲折过程的。

在 20 世纪 80 年代初倡导人体科学时曾经提到过‘人学’，后来放弃，采用了“人体科学”。针对哲学界兴起的“人学”研究热，1995 年 6 月 25 日在致钱学敏的信中开始发表一些重要看法：“我初步想：我们前几年就提出过行为科学这一现代科学技术体系中的大部门，当时对这一部门到马克思主义哲学的桥梁，只暂名为‘社会论’。现在看，这架行为科学（包括法学）的哲学概括的（桥梁）就是人学。”9 月 4 日在致钱学敏的信中又说：“我们要把本来就有中国味的‘人学’定位在我们构筑的现代科学技术体系，不能让它游来游去，冲击捣乱；要定位在马克思主义哲学、辩证唯物主义之下，不能代替马克思主义哲学、辩证唯物主义。也要明确‘人学’不能代替人体科学的哲学概括，人天观；‘人学’也不能代替社会科学的哲学概括，历史唯物主义”。“我们是取‘人学’议论中可为我用的部分作为行为科学的哲学概括”。9 月 14 日在致钱学敏的信中进一步说：“我读了黄楠森教授的《人学导言提纲》，感到他说‘人学’是研究整体的人，所以涉及自然因素、社会因素和精神因素。自然因素如用我们的话说，就涉及人体科学和地理科学；社会因素就涉及社会科学；精神因素会涉及思维科学。其实还不止于此，研究整体的人还会涉及其他科学技术大部门。当然，我看黄楠森教授‘人学’的核心还是我们说的行为科学，特别是其哲学概括；所以从现代科学技术体系的观点来说，最合适的提法还是把人学作为行为科学的概括，作为行为科学到马克思主义哲学的桥梁，有量智，也有性智”。“我们这样安排也把‘人学’纳入现代新技术体系中了，这也是黄楠森教授愿意的。”可见，这里的“人学”与哲学界讨论的“人学”随有联系，但并不等同。12 月 10 日在致黄顺基的信中又说：“从前我把行为科学的哲学概括称为社会论，我近与钱学敏同志商量，向黄楠森教授学习，行为科学的哲学概括可以改为大家熟悉的人学。”①

关于“哲学思维”问题，1995 年 11 月 26 日在致任恢忠的信中认为：他的《物质·意识·场——非生命世界、生命世界、人类世界存在的哲学沉思》和章韶华的《宇宙精神——人类生命观引论》，“都在探索新的哲学思维”，“因为对我来说，要区别‘哲学’与哲学思维：‘哲学’对我来说是现代科学技术的最高概括，也因此要指导一切科学技术的研究与探索。实践已经指明这样的‘哲学’只能是马克思主义哲学——辩证唯物主义。这一点在毛泽东同志的《实践论》中早已讲清楚，也指明这样的马克思主义哲学是随着人类实践而不断发展深化的——永无止境。最重要的一点，是要从实践来，又要指导实践。所以这样的‘哲学’，马克思主义哲学（辩证唯物主义）是现代科学技术体系之中的，居于最高位置，但是整体系的一部分。在这个体系的外围，还有大量的知识，点滴经验，各种想法，它们都还没有纳入现代科学技术体系本身——未经实践考验，所以只能在外围。哲学思维也现处于外围，它是‘一种精神意境’，有待将来实践的考验”。1995 年 12 月 10 日致黄顺基的信中明确地指出：“从前我说在这个 10 大部门体系之外还有不少不能纳入的知识及点滴经验体会，最近我想这其中还应包括我国古代的哲学思想，还有今人的哲学探索。这都在现代科学体系的外围，是现代科学技术体系的后备素材。这些古代哲学思想和今人哲学探索可以称为哲学思维，也很重要”②。

1996 年 6 月 4 日，钱学森在会见鲍世行、顾孟潮、吴小亚时提出：“各位考

---

① 钱学森书信（9 卷）．北京：国防工业出版社，2007：267，334，340，341，402，403.

② 钱学森书信（9 卷）．北京：国防工业出版社，2007：394，395，403.

虑，我们是不是可以建立一门科学，就是真正的建筑科学，它要包括的第一层次是真正的建筑学，第二层次是建筑技术性理论包括城市学，然后第三层次是工程技术包括城市规划。三个层次，最后是哲学的概括。这一大部门学问是把艺术与科学糅在一起的，建筑是科学的艺术，也是艺术的科学。……建立一个大的科学部门，不只是一两门学科。这么看来，我原来建议建立10大部门，现在是11大部门了。这些部门请大家考虑”。6月18日《文汇报》以“哲学·建筑·民主”为题全文刊出，得到建筑界学者的高度重视，支持把建筑科学列入现代科学技术体系中。

为祝贺钱学森同志85寿辰，由许国志主编了《系统研究》。其中钱学敏的“钱学森关于科学与艺术的新见地”一文中有一张现代科学技术体系图。如图1-2-18所示。这里的“1993年7月8日”似应为“1993年7月18日”。钱学敏在1996年11月6日《人民日报》上发表的“钱学森论科学思维与艺术思维”中也有这张图，只是图下注中只有年份，没有月日。这里的关键问题是，1995年12月8日修改的具体内容有哪些？因为没有见到公开发表的文件，因此无法确定。如果包括关于“人学”、“哲学思维”的解释，那么其内容可以前面引用过的资料作为旁证；如果包括将“人认识客观世界和主观世界的思维”改为“人认识客观世界和主观世界的科学”的解释，那么就无法知道其具体内容了，因为公开发表的文献中没有相关的材料。这个改动极其重要，如果没有充分的根据和理由，按照对科学的一般含义，那就很难理解这一改动的合理性。我们希望掌握相关资料的专家能够给我们提供帮助，以便理解钱老这一改动的根据和用意。

图1-2-18是目前钱学森现代科学技术体系最新、最全的图，引用得最多，影响最大。

四、几点认识与体会

钱老关于现代科学技术体系总体框架的顶层设计是在他年逾七旬之后完成的，是他一生第三个创造高峰中的重要内容。其中有许多是值得我们认真领会、研究的科学思想，为我们现代科学技术的发展提供了十分宝贵的经验和启示。

第一，在科学技术发展的探索过程中，他敢于运用科学技术的最新成果去突破权威，包括马克思主义经典作家的权威观点，丰富、深化，并发展马克思主义哲学。1989年1月，在钱老致葛全胜同志的信中明确指出：“我讲现代科学技术体系就是根据现实，打破老框框，面向21世纪而提出来的。……我前几年就说过，马克思主义，辩证唯物主义哲学不能背叛，但老经典著作说的可不见得字字是真理，死抱不放。这个精神可用五个字来形容：‘离经不叛道’”。这种敢于突破权威，特别是突破马克思主义经典作家的勇气是一般人所不敢为的。

恩格斯提出的以物质运动形态为研究对象的科学划分标准，至今仍然占据统

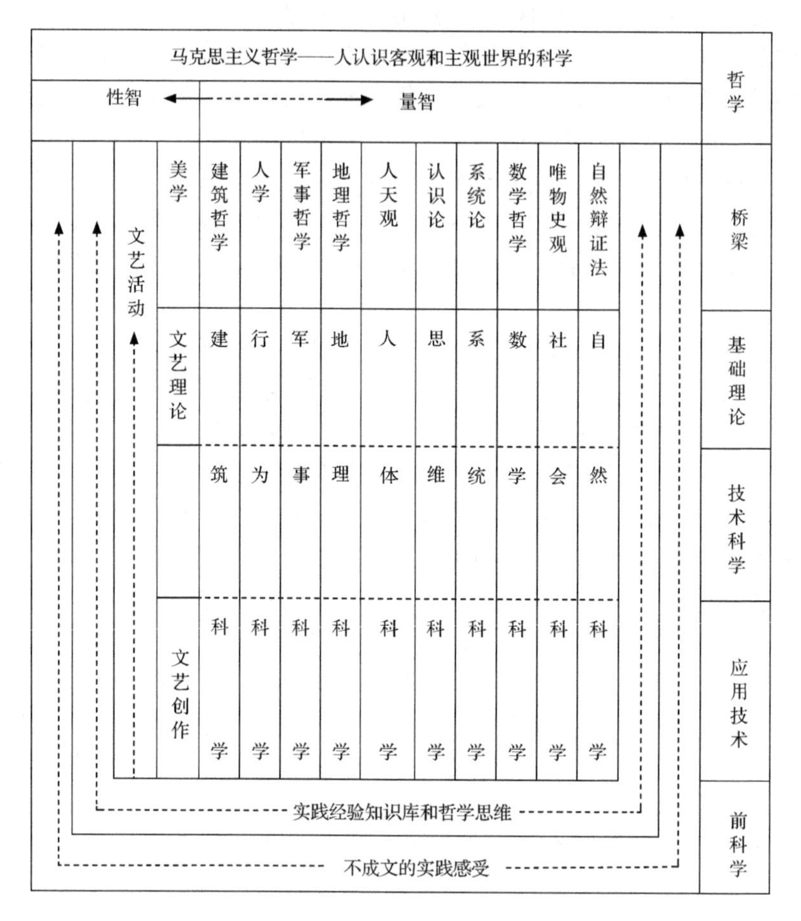

图 1-2-18　钱学森现代科学技术体系图

此图系钱学森 1993 年 7 月 8 日绘，1995 年 12 月 8 日略作修改，1996 年 6 月 4 日增补

治地位。只有钱学森敢于向这种权威观点提出挑战，认为这已过时，应当根据现代科学技术的现状来重新考虑，并提出以对客观世界研究角度的不同作为划分科学技术类别的标准。他把马克思主义哲学与现代科学技术体系紧密相连，作为最高概括和智慧，这是一般科学家和哲学家都难以做到的。

第二，精深的专业基础，广博的科学技术知识，深厚的艺术修养，丰富的工程实践经验，使他能够以战略眼光从整体、全局的角度看待人类的一切认识世界与改造世界的成果，用他独创的现代科学技术体系把人类一切认识与改造世界的成果统统概括进去，形成一个体系完整、排列有序、全面系统的知识宝库。这是一般科学家难以做到的，表明他是一位真正具有远见卓识的战略型科学家，是我国科学技术发展难得的帅才。

第三，近 30 年来，他虽老年，非但不守旧，反而科学探索的勇气不减当年，一直紧密地关注着世界科学技术发展的最新动态，并以敏锐的眼光及时地发现科学技术的新的生长点。尤其难能可贵的是，他能够不停歇地运用世界上最新的科学技术成果不停顿地提高自己的认识，勇敢、公开地承认原来的不足，修改自己从前不成熟、甚至是错误的看法，充分展现了一位把个人完全交给了国家和人民，在科学技术的探索征途中不计个人得失的科学大师的坦荡胸怀。

第三节　把钱学森开创的科学探索推向前进*

一、抓住总纲

钱学森一生的科学技术事业大体分为两个时期。20 世纪 70 年代中期以前是第一时期，又分两个时段：在美国的他主要是力学家和控制科学家，同时作为火箭专家参与开创美国航天科技；回国后的他主要是技术科学家和工程学家，精力和才华主要用于组织指导中国航天科技的创建和发展。70 年代后期是第二时期，钱学森大步跳出领域专家的圈子，学术触角几乎伸向现代科技的所有领域，作全方位的探索，发表了大量振聋发聩、同时也招致激烈非议的新见解。而作为他这个时期全部学术探索总纲的是关于现代科学技术体系的构想，有关系统科学、思维科学、人体科学、复杂性研究以及沙产业、草产业等方面的探索，都应放在这个总纲下才能准确而全面地理解。

对于钱学森的现代科学技术体系，中国科技界有相当多的人不理解或不接受。这原本是正常的，理论创新的命运一般都如此。中国学界的毛病之一是有意见不公开发表，只作私下议论，不作正面的质疑和交锋，使新见解无法经过锤炼而发展和完善，往往在无人理睬中被淡忘。这是学术理论创新的最大悲哀。钱学森的体系结构观点也面临这种局面，发起召开这次会议的目的就是为了防止这一点。据笔者了解，只有何祚庥公开发表过不同意见。他的说法是："钱教授的这一体系结构却是缺乏内在逻辑联系的科学技术分类体系，我以为应以恩格斯提出的五种运动形式理论为科学技术分类的理论基础。"这个难得一见的公开批评提供了理解钱学森观点的新视角，使人们看到部分反对意见的问题所在。

钱学森对现代科学技术体系的认识，是基于他在科学技术前沿拼搏数十年的成就和体会、总结世界科技发展的经验而形成的。要真正理解他的思想，不能仅就文本字面来解读，应该像陆机（晋）所说的那样"得其用心"，理清他的心路历程。或者用毛泽东的说法，弄清钱学森建构这一体系时所持的立场、观点、方法。这样做即可发现，钱学森的现代科学技术体系并非缺乏内在逻辑联系，而是

---

* 本节执笔人：苗东升，中国人民大学。

具有一种何祚庥等尚未理解的内在逻辑联系。

把钱学森开创的科学探索推向前进是这次香山会议与会者的共识。至于如何具体实行，事实上存在两条路径：一是不问他的根本立场、观点、方法，一味固守他的每句话、每个命题，不许质疑、讨论；二是对他的具体概念和论断加以仔细推敲，深入分析辨识，但必须坚持他的根本立场、观点、方法。窃以为，第二条是正确的路径。

二、从工程技术走向科学论、知识论、智慧论

“我是从搞工程技术走向科学论的，技术科学的特点就是理论联系实际”[①]。这句话是钱学森对于如何理解他的现代科学技术体系所作的提示，有两个重要内涵。一是他的体系构想属于科学论。他讲的科学论属于科技哲学、特别是科学学的新见解，而非科学技术层面的内容；不上升到科学论高度，局限于科技层面讨论，仅仅从自己的专业去解读，不可能正确理解这个体系。二是暗含了他构筑这个体系的思想发展历程。在美国时期的钱学森已经看到科学与技术的联系日益密切，远非19世纪的情形可比，萌发了技术科学的概念（据朱照宣说，1947年回国期间他曾做过有关工程科学的报告）。回国不久迎来1956年向科学进军的运动，作为首席科学家的他参与规划和创建中国航天科技，加深了对现代科学技术的独特理解。1957年正式提出技术科学概念，并撰文加以论述[②]，此乃钱学森走向科学论历程上的重要驿站。而关于现代科学技术体系的构筑标志着他完成了从工程技术向科学论的升华。

从工程技术走向科学论的钱学森并未止步，而是进一步走向知识论。他对整个人类知识进行梳理，分为科学技术知识和非科学技术的知识两大部分，后者又包括没有概念化的经验知识和概念化的非科学知识，如思辨哲学知识、宗教知识等。体系即系统，如果把人类全部知识作为系统，其核心是现代科学技术体系，外围是两类非科学知识，呈现出中心—边缘式结构；如果把现代科技作为系统，两类非科学知识是其环境，而关于11大部门的划分、每个大部门的层次结构是钱学森科学论的核心内容。但知识论也不是钱学森思想发展的终点站。到1990年代，他又从知识论走向智慧论，提出大成智慧概念，主张建立大成智慧学，认为智力发展的最高目标是成为大成智慧者。

贯穿于这个体系中的一条基本原则是强调理论联系实际。单纯着眼于科学技术的分类，单纯从事理论研究或单纯从事实际工作，都不能真正理解钱学森的体系。有人或许觉得强调理论联系实际已经沦为一个套语，其实不然，钱学森重提

---

① 钱学森. 创建系统学（新世纪版）. 上海：上海交通大学出版社，2007：215.

② 钱学森. 论技术科学. 科学通报，1957，4：97.

这一原则是有很强针对性的：

第一，联系中国教育现代化的实际。回国后的钱学森对照搬苏联教育模式持有异议。在美国工作期间的他就有独立见解，强调科学与技术结合，重视技术科学。回国后的他力主创建中国科技大学，体现出一种新的办学思想：希望培养一大批新型人才，他们既有理论敏感性，善于从工程技术实际中提出科学理论的新课题和新观点；又具有开发工程系统的创造性，善于把最新科学理论应用于工程技术。1990 年代的钱学森更进一步倡导大成智慧教育。

第二，联系中国科学技术现代化的实际。钱学森是战略型科学家，其视野远不限于自己的研究领域，他思考的是中国科学技术整体上如何发展的问题。构筑现代科学技术体系的目的就是为规划、部署中国科学技术整体发展提供理论根据。

第三，联系中国社会全面现代化的实际。晚年的钱学森不仅仅是自然科学家和工程家，不仅思考中国的科技现代化，而且思考中国文化、军事、经济、政治、社会全方位的综合的现代化，主张创立关于社会主义国家建设的学说。现代科学技术体系的构筑是为建立和应用这种学说提供理论根据这一目的服务的，非同小可。

概言之，现代科学技术体系的构筑表现了钱学森作为战略型科学家独有的思想境界。没有这样的思想境界，就提不出、甚至看不懂这个体系。把钱学森的科学新探索推向前进，就应当联系这三方面的实际，力求做出成效。

三、从整体上把握现代科学技术的发展

数百年来，每一项具体的科学研究都是研究者或研究机构自觉的他组织行为，但人类的科学研究整体上是一种自发的自组织运动。随着大科学、大技术、大工程在 20 世纪的兴起和发展，科学与技术、技术与工程不再界限分明，不同学科相互渗透，出现了数不清的交叉科学、边缘科学、跨学科研究，纵横交错地组织成为一个有机联系的系统。任何时候都需要领域专家，但新时代更需要通才、帅才，新时代的领域专家也应有开阔的学术视野，了解本领域在现代科学技术体系中的地位，了解左邻右舍的其他领域，打通专业壁垒。用钱学森的话说："现代科学是一个完整的系统"，每个学人对它都"要有一个完整的认识"[①]。

欲整体地把握现代科学技术体系，须理清它的整体结构。系统（体系）结构最基本的内涵有二，一是子系统划分，二是层次划分。在回国后的头 20 年中，钱学森以中国航天科技的创业实践为基础，吸收美苏经验，形成自己的一套航天系统工程。到 1970 年代后期，随着逐步淡出领导岗位，他又跳出系统工程，发

---

① 钱学森. 人体科学与现代科技发展纵横观. 北京：人民出版社，1996：111.

展了一套独特的系统科学思想。用之于观察知识系统，形成他所说的“学科系统观点”①。用这种观点考察整个科学技术的历史、现状和未来，形成现代科学技术体系结构的概念，经过反复修改补充，最终形成由11大部门（子系统）、各部门由三个层次一架桥梁构成的体系结构，我把它称为钱学森框架。

关于现代科学技术体系的结构，钱学森重点谈的是每一大部门的纵向层次划分及层次间的关系，基本没有涉及11大部门之间的关系。马蔼乃试图弥补这一缺陷，把地理科学看作沟通自然科学与社会科学的桥梁，是一个创新见解。但作者有两点异议跟她商榷：其一，能够沟通自然科学和社会科学的不止地理科学；其二，钱学森的体系结构理论的术语集中已包含桥梁一词，有专门的所指，不宜重复使用。此外，按照我的理解，11大部门的划分还不够细，经济科学介于自然科学与社会科学之间，自身又有庞大的子学科体系，宜从社会科学中划分出来；信息科学是另一类横断科学，应该从系统科学和思维科学中划出来。这样一来，现代科学技术体系就由13大部门组成。如果用柱体作类比，13大部门可划分为柱心、柱面、心面中介、横截面四个子类。如图1-3-1所示。

柱心：自然科学

柱面：社会科学

心面中介：人体科学，思维科学，地理科学，建筑科学，经济科学；行为科学，军事科学，文艺科学（文艺理论）

横截面（横断科学）：数学科学，系统科学，信息科学

上述人体科学：与国际上日渐兴旺的生命科学不同，人体科学不完全是自然科学。人是社会的存在物，社会因素通过心理活动等途径对人体产生不可忽视的影响，是人体科学必须研究的重要课题，而生命科学不考虑这种问题。医学是人体科学的一门技术科学，与社会现实密切相关。例如，所谓职业病、富贵病、文明病就是社会因素造成的，必须把自然科学与社会科学结合起来才能解决问题。

现代科学技术体系可用图1-3-1所示的柱式模型来描述。

贯穿于钱学森科学论中的另一个基本原则是：超越还原论，走向系统论，坚持从整体上认识和解决问题。不能自觉履行这一原则，就不可能把钱学森开创的科学新探索推向前进。这并非杞人忧天，现实的危险就摆在面前。

（1）关于人体科学

人体科学与生命科学有十分密切的联系，必须充分利用生命科学的成果。但生命科学至少目前仍然以还原论为主导，着重探索生命的微观机理，不大在意生命的宏观整体涌现性。人体科学则应该以系统论为主导，强调把握人体作为系统的整体涌现性。如果轻视甚至放弃这个原则，把人体研究完全归属于生命科学，

① 钱学森书信（3卷）．北京：国防工业出版社，2007：1.

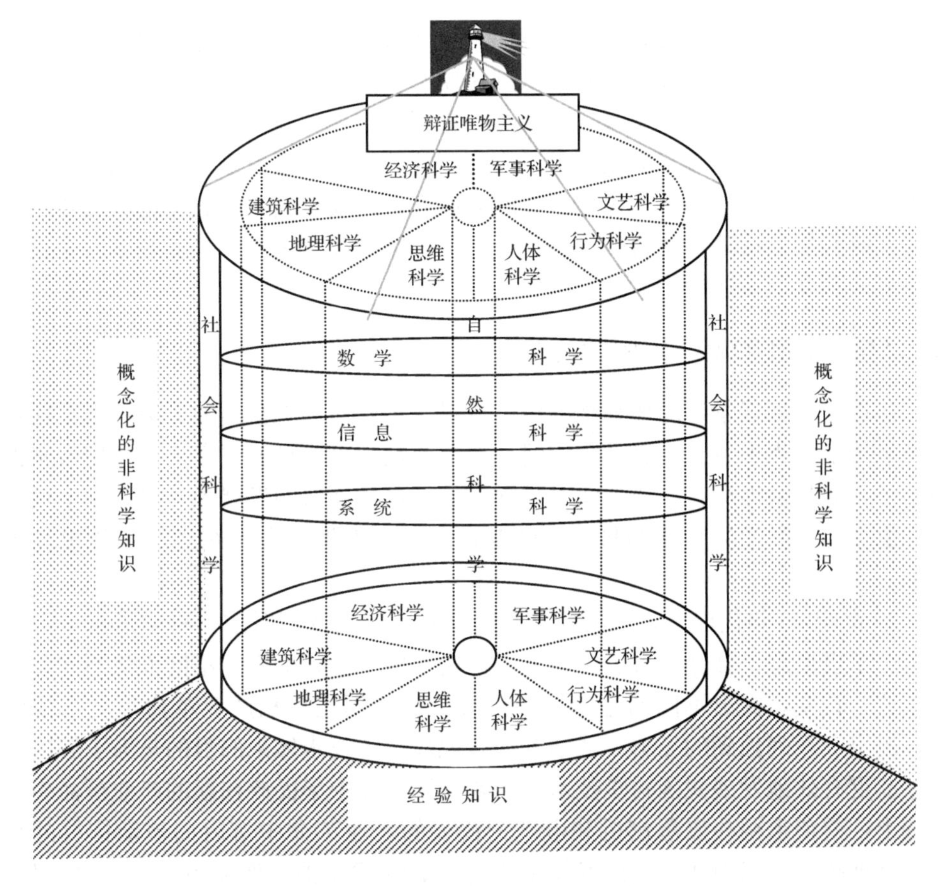

图 1-3-1 现代科学技术体系的柱模型

就没有人体科学了。这种危险目前是存在的，如不采取措施，人体科学将会在中国科学术语体系中消失。

(2) 关于思维科学

国外一种相关的研究领域是认知科学，钱学森反复讲过两者的区别。按照我的理解，最主要的区别是认知科学很大程度上仍然是还原论的，主攻方向是揭示认知活动的微观机制；思维科学则明确强调系统论，重在把握思维作为系统的宏观整体涌现性。所以，如果你仍然在还原论框架下工作，关心的主要是思维活动的微观机制，那就是认知科学。思维科学 20 年来进展不大，窃以为原因之一是没有跳出还原论的圈子，在思维科学的旗帜下，实际走的基本还是认知科学的路，过分依赖人工智能，寄希望于通过人工智能而在形象思维的探索中取得突破。如此走下去，弄不好中国学术界迟早也会扔掉思维科学这面旗帜，完全投到认知科学的麾下。

(3) 关于系统科学

系统科学是以超越还原论为旨归而产生和发展的，但时时有退回还原论的危险。综合和集成是早已存在的两个抵制还原论的概念，钱学森把二者整合为一个词，提出综合集成这个新概念，目的是在更高层次上超越还原论。但目前的实际情况不容乐观，在综合集成旗帜下，实际搞的往往还是还原论。比如说，如果一项关于综合集成的课题分为三个子课题来研究，却没有真正形成课题的总体，各自写出研究报告就算大功告成，不进行整个课题的综合集成，其实基本上是在综合集成的名义下搞还原论。这种情况是存在的。

四、从整体上把握现代科学技术的发展

何祚庥批评钱学森的体系结构没有逻辑，主张回到恩格斯的分类，似乎这样做既坚持了马克思主义，又合乎逻辑，击中了钱学森观点的要害。在我们看来他却错了，而且错得厉害。错就错在哲学上违背了辩证法的发展观，科学观上没有实现由存在的科学到演化的科学的转变，滞后于人类社会正在经历的历史性大变革。

20 世纪 40 年代以来，人类社会全面进入新的大变革时期，科学形态、产业形态、军事形态、社会形态、文明形态都处于历史性转变中。不同人从不同角度观察这一转变，提出不同的理论解释。钱学森特别注意从产业革命角度观察问题，提出一系列独到的见解。钱学森探索现代科学技术体系的目的是为了解决如何才能更有效地发展我国科学技术的问题，以确保中华民族在新的产业革命中迎头赶上，避免重蹈在以蒸汽机和电气为代表的产业革命中落后而被动挨打的覆辙。欲理解钱学森现代科学技术体系思想，必须联系他对产业革命、军事转型、社会形态转变的论述。

跟产业形态、军事形态、社会形态、文明形态转变相伴随的，还有科学形态的转变。科学作为一种社会存在，也是不断演化着的复杂巨系统，不同历史阶段有不同的表现形态，存在新旧形态的历史性转换。正如普利高津所说："我们确实处于一个新科学时代的开端。我们正在目睹一种科学的诞生，这种科学不再局限于理想化和简单化情形，而是反映现实世界的复杂性"①。以往 500 年的科学是还原论主导的科学，可以简略地称为简单性科学，其社会历史功能是为主要由少数发达国家享用的工业文明提供智力和技术支撑。正在兴起的新型科学的主干是复杂性科学，要求超越还原论，建立以系统论为主导的科学方法论，其社会历史功能是为建设全人类共享的新型文明（信息—生态文明）提供智力和技术支撑。

---

① 伊利亚·普利高津. 确定性的终结. 上海：上海科技教育出版社，1998：5，6.

作为两种不同历史形态，简单性科学与复杂性科学必然有不同的分类标准。恩格斯生活的年代，蒸汽机产业革命早已完成，电力产业革命正在迅猛发展。与此相适应的科学形态的基本特征之一是还原论在科学方法论中占据支配地位，尚未暴露其局限性。因此，即使站在社会历史变革最前沿、最具革命批判精神的马克思和恩格斯，也未能看清还原论的局限性，他们对简单性科学固有的机械论作出入木三分的批判，却从未质疑还原论。恩格斯按照物质运动基本形态把科学分为五类[①]，准确地反映了还原论科学的基本面貌，但也仅仅是还原论科学的分类，而非永远适用的科学分类。这是那个时代无法避免的历史局限性，不能苛求他们。但在一百多年后的今天，科学作为系统已进入历史性的转型演化过程中，科学创新的主战场正在转向复杂性研究，仍然坚持还原论科学的分类，岂不谬哉！

稍作对比即可发现，何祚庥讲的逻辑是还原论科学的逻辑，钱学森框架不符合这种逻辑是自然的。但逻辑学也在与时俱进，复杂性科学需要并且正在催生新的逻辑，即处理复杂性的逻辑。从大方向看，钱学森体系结构是按照复杂性科学的逻辑构筑的。他的体系无疑还有缺陷，很可能只是复杂性科学的分类方式之一。但他的体系框架跟上了历史发展的步伐，至少为人们提供了一个深入研究的出发点或参照物，很有价值。

在现代科学技术体系的柱式模型中，自然科学是其硬核，永远需要还原方法，但它的所有分支几乎都开辟了自己的复杂性研究，开始引入系统思想，要求突破还原论，跟自然科学的经典形态（简单性科学的大本营）已有重要区别。社会科学本质上属于复杂性科学。8个心面中介学科程度不等地都是自然科学与社会科学交叉的产物，必须把复杂性当做复杂性来对待。人体科学、思维科学、行为科学、军事科学、经济科学属于复杂性科学自不待言。地理科学、建筑科学传统上划归自然科学，实际上它们都必须考虑人文社会因素，呈现出复杂性科学的诸多特征。系统科学和信息科学原则上属于复杂性科学。现有的数学主要服务于简单性科学，崇尚简单性美是其一大特色，而复杂性研究需要新的数学，这是数学未来发展最重要的方向。所有这些特点在恩格斯的分类或国外现今流行的科学分类中是看不到的，而没有这些特点就不能反映现代科学技术的新特点、新走向。钱学森的体系则是一种反映复杂性研究特点的科学分类。

有必要专门说说钱学森体系中的第10大门类。文学艺术显然是最具复杂性的现象之一，能否形成一门相应的科学，一直存在尖锐的分歧，且学界主流只讲它是学科，不承认它是科学。钱学森的构思相当谨慎，他的用语是文艺理论，没有使用科学一词，可能就是考虑了这种情形。把文艺理论放在现代科学技术体系

---

① 自然辩证法. 北京：人民出版社，1959：203～209.

中，语言表述却跟其他10大部门不一致（现代科学技术体系中的每一部门都应该称为科学，而不仅仅说理论），是被人诟病的原因之一。我的看法是，尽管目前还谈不上有一个叫做文艺科学的科学部门，但这种科学迟早会问世是没有疑问的。在还原论主导的时代，尽管从文艺作品中常常发现有关天文、地理等科学知识，但科学的概念、方法、原理等原则上不能解释文艺现象，无法阐释文艺创作和赏析的规律，故文艺理论只是学科，而非科学。系统科学、信息科学、非线性科学、复杂性科学的兴起开始改变这种状况，系统、结构、信息、反馈、开放性、非线性、动态性、模糊性、不确定性、虚拟现实等概念正在很自然地进入文艺理论，打通科学文化与人文文化之间的千年壁垒已晨曦可见，文艺问题有望成为科学研究的对象。拿中国来说，古代的文论、诗论、画论、戏剧论极其发达，大量概念和原理经过复杂性科学的提炼，可以转化为现代科学的概念和原理，形成关于文艺现象的科学理论。文艺创作早已积累了丰富的软技术，信息高新技术的发展正在通过影视、动漫等制作进入文艺领域，文学艺术领域特有的工程技术正在萌发之中，而相应的桥梁——文学艺术哲学已经获得认可。这些事实预示：一个以文艺活动为研究对象的、同样具有三个层次一座桥梁结构模式的新科学部门终究是会出现的。

五、坚持马克思主义哲学的指导

钱学森强调他的现代科学技术体系“以马克思主义哲学为最高概括”，认为“外国人不懂”这个体系的原因，在于他们没有马克思主义哲学的指导①。同样，国内那些一提马克思主义哲学就反感的人也无法理解钱学森的这个体系，并由此而指责他思想僵化。但钱学森不为所动，在转向复杂性研究之后反而更加自觉，旗帜鲜明地发表了题为“基础科学研究应该接受马克思主义哲学的指导”的文章，不厌其烦地提醒他的学生和合作者“请注意运用马克思主义哲学”，责备他们“提到哲学，怎么不提马克思主义哲学?”② 应该说，在我们需要向钱学森学习的基本立场、观点、方法中，这一点是最关键的。

细心浏览一下文献就可发现，前期的钱学森一般地讲学习马克思主义哲学，1990年代则一再提倡学习毛泽东著作，特别是《实践论》和《矛盾论》。他明确地申明：“我们之所以能搞出 metasynthesis（也指出 metanalysis 之不足），就得益于马克思主义哲学、《实践论》、《矛盾论》”③。在钱学森看来，毛泽东思想是中国在世界范围的科技竞争中取胜的巨大“优势”，应当珍惜，年近九十的他还

---

① 钱学森书信（3卷）. 北京：国防工业出版社，2007：506.

② 钱学森书信（4卷）. 北京：国防工业出版社，2007：487，494.

③ 钱学森书信（6卷）. 北京：国防工业出版社，2007：380.

在反复学习、研究、应用《实践论》和《矛盾论》。这既是晚年钱学森学术活动中的一大亮点，也是一些人拒绝接受其学术观点的原因之一。这一现象很值得吾辈深思。社会是特殊复杂的巨系统，还原论在这里最难奏效，最需要把复杂性当复杂性来对待。20 世纪上半期的中国社会乃世界各种重要矛盾的交汇处，其复杂性是其他系统无与伦比的。始终站在中国革命最前沿的毛泽东等从来没有、也绝不可能应用还原论来认识和解决中国革命问题。这种实践环境使他们对复杂性获得极其深刻的体悟，并凝结成毛泽东思想。以《实践论》和《矛盾论》为核心的毛泽东哲学思想是指导复杂性研究的锐利武器。转向复杂性研究的钱学森最先领悟到这一点，在讲演、文章、书信中大力宣传，倾其全力开辟新的应用途径。对于毛泽东哲学思想在复杂性研究中的指导作用，钱学森理解的深刻和广博在当代中国人中无人能够与他相比，因而难觅知音。这实在是一种不幸！

钱学森之所以能够提出这个极具特色的现代科学技术体系，也是他自觉运用毛泽东思想的结果。他本人是这样说的："这个现代科学技术体系是我们经过实践经验的积累，用马克思主义哲学作指导总结出来的，是毛主席《实践论》的结果。"[①] 钱学森构筑的这个体系与《实践论》有什么关系，他如何运用《实践论》，学界迄今为止有关这个体系的研究几乎没有涉及这些问题。这只能说明我们对钱学森体系的理解跟他本人的思想还有相当距离，不研究这些问题，就不能完全理解他的现代科学技术体系。

在国内某些人贬低毛泽东的同时，钱学森独具慧眼，发现毛泽东著作中有大量有益于复杂性研究的思想财富，期待国人努力发掘。按照笔者的认识，关于在干中学习的论述就是一项。"干就是学习"是毛泽东在 70 年前提出的一个著名命题[②]，近 30 年来被某些中国人讥讽为经验主义。但圣塔菲大将霍兰的著作显然包含这个思想。复杂适应系统（CAS）理论是圣塔菲学派的创新成果，受到国人热捧。它胜于耗散结构论和协同学之处，首先在于 CAS 的组分 agent 有自主性，能够通过学习而适应复杂的环境。学习的基本方式有二：一是离线学习，即脱产学习；二是在线学习，即在干中学习。霍兰以免疫系统为例，指出复杂适应系统"保存了付出代价的、但又非常宝贵的'在线'学习过程"[③]。霍兰深知，一切复杂适应系统都是、也只能是在干中学习如何适应环境的，干就是学习。然而，同样的思想，美国人讲出来的就是科学真理，毛泽东讲出来的就是经验主义，真不知是何道理。

有志于把钱学森开创的事业推向前进的人，必须像他那样珍视毛泽东思想，

① 钱学森书信（10 卷）. 北京：国防工业出版社，2007：123.

② 毛泽东选集. 北京：人民出版社，1966：174.

③ 约翰·H·霍兰. 隐秩序——适应性造就复杂性. 上海：上海科技教育出版社，2000：6.

相反的做法只能是南其辕而北其辙。

六、接着钱学森往下说

如何对待钱学森开创的科学新探索，大体有四种态度。

（1）不评说

对钱学森的观点不讨论，不争论，不否定，也不肯定，让这些观点在无人理睬中无声无息地被淡忘。

（2）否定说

反对钱学森的基本观点，斥之为年迈人说的糊涂话，甚至给扣上伪科学的帽子，企图从政治上一棍子打死。

（3）照着说

视钱学森的言论句句是真理，人们只有传达和解释的资格，不允许提出质疑、进行争论，否则就轻率地给人扣上“歪曲钱老思想”的帽子。

（4）接着说

首先要坚持说，摒弃不评说。如何说？不是另起炉灶，更不是否定地说，而是在坚持钱学森思想大方向的前提下说，跟他的基本说法接得上。但也不是一字不改地照着说，应该对他的一些具体提法有所分析，有所扬弃，最重要的是发现他尚未说到的新问题，提出新概念，引出新观点，有新说法才算接着说。

我们的态度是：摒弃不评说，否定否定说，莫止于照着说，致力于接着说。

对于持不评说和否定说者，我们必须说：不要小看钱学森的大智慧，当代中国学界还很少有人能够与他相匹敌。钱学森的许多具体论述值得仔细辨别，不可迷信。但他关于科学技术的重大判断都饱含真知灼见，就是某些有明显片面性的看法中也包含重要智慧，不可在泼脏水时连小孩子一起泼掉。例如，那个令中国学界谈虎色变的特异功能问题，固然也可能被某些人利用来宣传封建迷信，应该警惕，但它同时也是一个有重大理论和实用意义的科学问题，以反对伪科学为旗号不允许研究是无知而霸道的。难道非得等到美国人研究成功后，再跟着人家讲才是科学的吗！

对于持照着说者，我们必须说：钱学森也是人而非神，是人就会有思虑不当之处，科学前沿的探索尤其如此。任何创新如果听不到质疑声、争论声，就不能深入持久地发展，创新者的思想也会因此而枯竭。复杂性科学还处于发展初期，包括钱学森在内的所有复杂性科学大师都没有也不可能结束真理，他们仅仅是开辟了让后人接着说的道路。人间正道是沧桑，唯有接着说才是学术发展的正道。

欲使接着说说得科学和富有成效，还必须坚持走自己的路这一原则。由于一个多世纪的落后挨打，中国知识界弥漫着浓厚的文化自卑感，总觉得我们不如外国人，只能跟在人家后面跑。一种流行的观点认为，外国学界的新动向必定代表新潮流，从外国文献中找题目才能跟上科学前沿，受到外国学者肯定才算做出成绩，而现在的中国人，包括回国后的钱学森，不可能有独创性的科学思想。在这种文化心态下，钱学森的现代科学技术体系必然被当成不伦不类的东西。钱学森对这种现象痛心疾首，高呼中国人不要老是跟在洋人后面跑，要树立科学技术创新的自信心。钱学森自己是这样做的，他也希望中国学者都能这样做。要把钱学森开创的科学新探索推向前进，必须接受他的这一教导。

参考文献

北京大学现代科学与哲学研究中心. 钱学森与现代科学技术. 北京：人民出版社，2001.
丹尼尔·贝尔. 后工业社会的来临. 北京：商务印书馆，1984.
恩格斯. 自然辩证法. 于光远，等译. 北京：人民出版社，1959.
冯·贝塔朗菲. 一般系统论：基础、发展和应用. 林康义，魏宏森，等译. 北京：清华大学出版社，1987.
傅景华. 中医是天地人和相通的大道——捍卫中医. 北京：中国协和医科大学出版社，2007.
哈肯. 协同学——自然成功的奥秘. 载鸣钟，译. 上海：上海科学普及出版社，1988.
何祚庥. 致辽东学院学报的信. 辽东学院学报，2007，4.
刘文. 社会科学也要现代化. 光明日报，1981-12-8.
路甬祥. 科学技术百年的回顾与展望. 科学时报，1999-10-18.
马蔼乃. 地理科学导论. 北京：高等教育出版社，2005.
马蔼乃. 地理信息科学. 北京：高等教育出版社，2006.
马克思. 1844年经济学一哲学手稿. 北京：人民出版社，1979.
马克思恩格斯全集. 北京：人民出版社，1971.
马克思恩格斯全集. 北京：人民出版社，1985.
马克思恩格斯选集. 北京：人民出版社，1977.
毛泽东选集. 北京：人民出版社，1966.
南怀瑾. 论语别裁（上册）. 上海：复旦大学出版社，1996.
钱学森，等. 论系统工程（新世纪版）. 上海：上海交通大学出版社，2007.
钱学森，等. 论系统工程. 长沙：湖南科学技术出版社，1982.
钱学森. 创建系统学（新世纪版）. 上海：上海交通大学出版社，2007.
钱学森. 大力发展系统工程，尽早建立系统科学的体系. 光明日报，1979-11-10.
钱学森. 感谢、怀念与心愿. 人民日报，1991-10-17.
钱学森. 关于思维科学. 北京：人民出版社，1986.
钱学森. 交叉学科，理论与研究的展望. 光明日报，1985-5-17.
钱学森. 科学的艺术与艺术的科学. 北京：人民文学出版社，1994.
钱学森. 论宏观建筑与微观建筑. 杭州：杭州出版社，2001.
钱学森. 论技术科学. 科学通报，1957，4.
钱学森. 钱学森书信（10卷）. 北京：国防工业出版社，2007.
钱学森. 钱学森书信（3卷）. 北京：国防工业出版社，2007.
钱学森. 钱学森书信（4卷）. 北京：国防工业出版社，2007.
钱学森. 钱学森书信（5卷）. 北京：国防工业出版社，2007.
钱学森. 钱学森书信（6卷）. 北京：国防工业出版社，2007.

钱学森. 钱学森书信（7卷）. 北京：国防工业出版社，2007.
钱学森. 钱学森书信（8卷）. 北京：国防工业出版社，2007.
钱学森. 钱学森书信（9卷）. 北京：国防工业出版社，2007.
钱学森. 人体科学与现代科技发展纵横观. 北京：人民出版社，1996.
钱学森. 系统科学、思维科学和人体科学. 自然杂志，1981，1.
钱学森. 致许国志的信. 系统工程理论与实践，1993，2.
许国志. 系统研究. 杭州：浙江教育出版社，1996.
阎康年. 通向新经济之路——工业实验研究是怎样托起美国经济的. 北京：东方出版社，2000.
伊利亚·普利高津. 从存在到演化. 曾庆宏，等译. 上海：上海科学技术出版社，1986.
伊利亚·普利高津. 确定性的终结. 湛敏，译. 上海：上海科技教育出版社，1998.
约翰·H·霍兰. 隐秩序——适应性造就复杂性. 周晓牧，韩晖，译. 上海：上海科技教育出版社，2000.
赵光武. 思维科学研究. 北京：中国人民大学出版社，1999.
中央组织部，中央宣传部，中国科协，中直机关工委，中央国家机关工委. 九十年代科技发展与中国现代化. 长沙：湖南科学技术出版社，1991.
中央组织部，中央宣传部，中国科协，中直机关工委，中央国家机关工委. 迎接新的技术革命. 长沙：湖南科学技术出版社，1984.

第二章　系统科学

第一节　现代科学技术体系与系统科学*

对于现代科学技术体系总体框架的探索这个问题，早在20世纪80年代初，钱学森就从系统角度进行过深入研究并提出了现代科学技术体系结构。到了90年代初又更加明确地指出："我认为今天科学技术不仅仅是自然科学工程技术，而是人类认识客观世界、改造客观世界整个的知识体系，而这个知识体系最高概括是马克思主义哲学。我们完全可以建立起一个科学体系，而且运用这个体系去解决我们中国社会主义建设中的问题。"① 从这里可以看出，钱老不仅从整体上去认识和把握现代科学技术的发展，构建现代科学技术体系和人类知识体系，而且更重要的是运用这一体系去解决社会实践问题，特别是我国社会主义建设中的问题。

上述两个方面都与钱老的系统科学思想紧密联系在一起，本文仅就现代科学技术体系与系统科学的发展进行一些讨论。

一、钱学森的现代科学技术体系

社会实践是人类最基本、最主要的活动。人类是通过社会实践去认识客观世界和改造客观世界的。在这个过程中，人类获得和掌握了大量的知识。在这些知识中，有一部分是经过研究、提炼和概括而成为理论，同时又被实践证明是对客观规律的正确认识，这部分知识就是我们通常所说的科学知识。科学知识的特点是，不仅能回答是什么，还能回答为什么。这是人类长期社会实践和不懈的研究探索所积累起来的宝贵财富和资源。

现代科学技术的发展已经取得了巨大成就。今天，人类正研究探索着从渺观（典型尺度10^{-36}m）、微观（典型尺度10^{-17}m）、宏观（典型尺度10^{2}m）、宇观（典型尺度10^{21}m）直到胀观（典型尺度10^{40}m）五个层次时空范围的客观世界。其中宏观层次就是我们所在的地球，在地球上又出现了生命和生物，产生了人类和人类社会。这个客观世界包括自然的和人工的，而人也是客观世界的一部分。

---

* 本节执笔人：于景元，航天科技集团公司。

① 钱学森. 感谢、怀念和心愿. 人民日报，1991-10-17.

客观世界是一个相互联系、相互作用、相互影响的整体，因而反映客观世界不同层次、不同领域的科学理论也是相互联系、相互影响的整体。

现代科学技术的发展已经产生和形成了众多的学科和科学领域，而且新学科、新领域还在不断地涌现，这是分化的一面；但另一方面，也就是综合方面，正如钱老所指出的“现代科学技术不单是研究一个个事物，一个个现象，而是研究这些事物、现象发展变化过程，研究这些事物相互之间的关系。今天，现代科学技术已发展成为一个很严密的综合起来的体系，这是现代科学技术的一个很重要的特点。”构建这个体系就涉及科学技术部门划分的问题。传统上是按研究对象的不同来划分科学技术部门。但钱学森认为，科学技术部门的划分不是按研究对象的不同，研究对象都是整个客观世界，而是按研究客观世界的着眼点、看问题的角度不同。他指出“在以前，我们有一种习惯看法，好像自然科学跟社会科学不同，研究的对象不一样，自然科学是研究自然界的，社会科学是研究人类社会里面发生的问题。我现在提出一个新的观点，我为什么这么提？这里首先有一个想法，现代科学技术是一个整体，不是分割的，整体在哪里？整体在研究对象是一个客观世界。而我们把它分成六个部门（自然科学、社会科学、数学科学、系统科学、思维科学、人体科学），这不是把整体的客观世界分成六大片。不是这个意思，而是研究整个客观世界。从不同的角度，不同的观点去研究客观世界。这么一个思路，我也是得启发于系统论。”从这个观点来看，钱老提出自然科学是从物质在时空中的运动、物质运动的不同层次、不同层次的相互关系这个角度来研究客观世界的。社会科学是从人类社会发展运动以及它和客观世界相互影响这个角度来研究客观世界；数学科学是从质和量的对立统一、相互转变的角度来研究客观世界的；系统科学是从部分与整体、局部与全局以及层次关系的角度来研究客观世界的等。

按着辩证唯物主义观点，物质是第一性的，意识是第二性的，物质决定意识，但意识又能反作用于物质。自然科学是从物质、物质运动角度研究客观世界，就不仅仅局限于纯自然，还必然涉及社会，今天的自然早已不是纯自然了，大量的是人工自然。同样，社会科学是从意识、人、社会运动的角度来研究客观世界，也必然涉及物质、物质运动。今天，人类所面临的可持续发展问题实质上就是人与自然协调的问题，这就需要把自然科学与社会科学结合起来才有可能研究和解决这些问题。马克思曾说过：“自然科学往后将会把人类的科学总结在自己的下面，正如关于人类的科学把自然科学总结在自己下面一样，正将成为一门科学。”这种自然科学与社会科学“成为一门科学”的过程就是自然科学与社会科学的一体化。这个一体化的基础，就是自然科学与社会科学所面临的对象是同一个客观世界，它们所揭示的客观规律是相通和相互联系的。德国著名物理学家普朗克也提出，科学是内在的整体，它被分解为单独的整体不是取决于事物本身，而是取决于人类认识能力的局限性，实际上存在着从物理学到化学，通过生物学和人类学到社会学的连续的链条，这是任何一处都不能被打断的链条。

传统科学技术部门的划分不仅限制了科学家们的科学视野和研究范围，而且也造成了学科分立和部门分割，人为地把对一个相互联系的客观世界的整体认识，分割成一块一块互不联系的学问。这固然有历史的原因，但与人们的还原论思维方式也有很大关系。钱老的这种划分，体现了一种系统思维方式，是从整体上研究和回答问题。这对沟通和加强各个科学技术部门之间的联系，进行跨学科、跨领域、跨层次的交叉性、综合性和整体性研究与实践，具有十分重要的意义。

从系统科学思想出发，钱学森提出了现代科学技术体系结构。从纵向上看，有 11 个科学技术部门，从横向看有 3 个层次的知识结构。这 11 个科学技术部门是自然科学、社会科学、数学科学、系统科学、思维科学、行为科学、人体科学、军事科学、地理科学、建筑科学、文艺理论。这是根据现代科学技术目前发展的水平所作的划分。随着科学技术的发展，今后还会产生出新的科学技术部门，所以这个体系是个动态发展系统。

在上述每个科学技术部门里，都包含着认识世界和改造世界的知识。科学是认识世界的学问，技术是改造世界的学问，工程是改造世界的实践。从这个角度来看，自然科学经过几百年的发展，已形成了三个层次的知识，这就是直接用来改造世界的应用技术（工程技术）；为应用技术直接提供理论方法的技术科学；再往上一个层次就是揭示客观世界规律的基础理论，也就是基础科学。技术科学实际上是从基础理论到应用技术的过渡桥梁，如应用力学、电子学等。这三个层次的知识结构，对其他科学技术部门也是适用的，如社会科学的应用技术就是社会技术。唯一例外的是文艺，文艺只有理论层次，实践层次上的文艺创作，就不是科学问题，而属于艺术范畴了。

现代科学技术体系包含了不同科学技术部门，每个部门又包含了三个不同层次的知识。但整体上还都属于科学知识范畴。那么现代科学技术是不是包括了所有人类从实践中获得的知识呢？实际上，人类从实践中获得的知识远比现代科学技术体系所包含的科学知识丰富得多。人类从实践中直接获得了大量而丰富的感性知识和经验知识，以至不成文的感受。这部分知识的特点是知道是什么，但还回答不了为什么。所以这部分知识还进入不了现代科学技术体系之中，我们把这部分知识称作前科学。尽管如此，这部分知识对于我们来说仍然是很有用的，也是宝贵的，我们同样也要十分珍惜。

前科学中的感性知识、经验知识，经过研究、提炼可以上升为科学知识，从而进入到现代科学技术体系之中，这就发展和深化了科学技术本身。同时，人类不断的社会实践又会继续积累新的经验知识、感性知识，这又丰富了前科学。人类社会实践是永恒的，上述这个过程也就永远不会完结。由此来看，现代科学技术体系不仅是动态发展系统，也是一个开放的演化系统。

辩证唯物主义是人类对客观世界认识的最高概括，反映了客观世界的普遍规律，它不仅是知识，还是智慧，是人类智慧的最高结晶。辩证唯物主义也是对科学技术的高度概括，它通过 11 座桥梁与 11 个科学技术部门相联系。相应于前述 11 个科学技术部门，这 11 座桥梁分别是：自然辩证法、历史唯物主义、数学哲学、系统论、认识论、人学、人天观、军事哲学、地理哲学、建筑哲学、美学。这些都属于哲学范畴，是部门哲学。

通过以上所述，从前科学到科学，即现代科学技术体系，再到哲学，这样三个层次的知识。就构成了整个人类知识体系，这个体系既是人类有史以来经过社会实践积累起来的宝贵知识财富和精神财富，又是我们认识世界和改造世界的强大武器。

现代科学技术体系与人类知识体系的形成、发展和应用，都是人类创造性劳动的结果，也是不断的知识创新过程。从这个体系结构中可以看出，不同科学技术部门、不同层次的知识，既有相互联系、相互影响、相互作用的一面，又有不同属性、不同特点与功能的一面。我们既要重视不同科学技术部门、不同层次知识的创新和应用，更要发挥这个体系的整体优势。特别是，不同科学技术部门、不同层次知识的综合集成，必将大大提高我们认识世界的水平和改造世界的能力。

相应于现代科学技术体系，也有不同类型的知识创新，一个是认识世界的科学创新，另一个是改造世界的技术创新，再一个就是改造世界实践的应用创新。这三者相互关联、相互作用、相互影响，构成了一个知识创新体系。我们可用图 2-1-1 来说明。

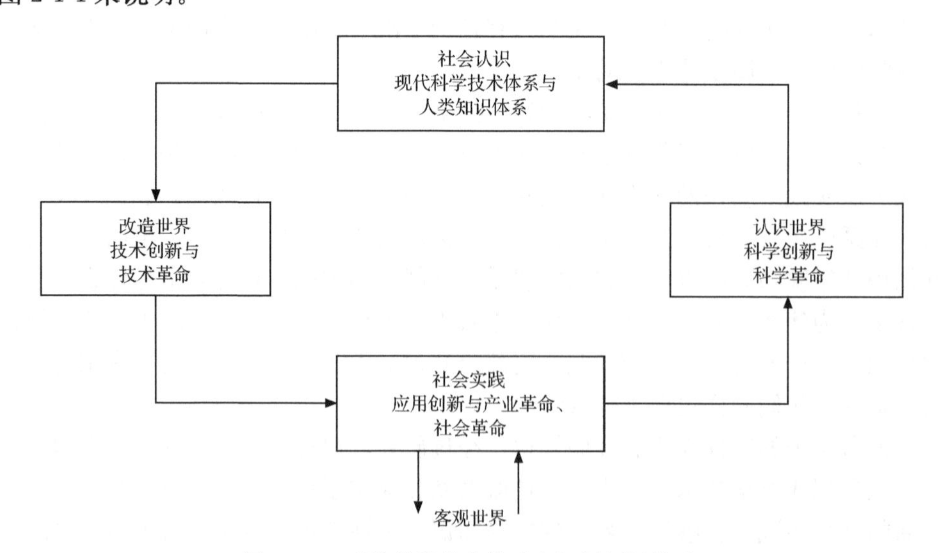

图 2-1-1　现代科学技术体系和知识创新体系

从图 2-1-1 中可以看出，知识创新过程是个正反馈过程，这个过程大大地推动了人类社会的发展和进步。

我国正在进行国家创新体系建设，以实现创新型国家的宏伟目标。国家创新体系的核心内容就是知识创新体系。所以，加强对现代科学技术体系以及现代科学技术体系创新的研究，具有极为重要的现实意义。

这里，我们还要特别提到钱学森提出的人—机结合思维体系的重要意义。我们知道，不管哪类创新，归根到底都是人脑创造性思维的结果。人类有史以来是通过人脑获得知识和智慧的，但现在由于以计算机为主的现代信息技术的发展，出现了人—机结合、人—网结合以人为主的思维方式、研究方式和工作方式，这在人类发展史上是具有重大意义的进步，对人类社会的发展必将产生深远的影响。正是在这种背景下，钱老提出了人—机结合以人为主的思维方式和研究方式。

从思维科学角度来看，人脑和计算机都能有效处理信息，但两者有极大差别。人脑思维包括两种形式：一种是逻辑思维（抽象思维），它是定量、微观处理信息的方式；另一种是形象思维，它是定性、宏观处理信息的方式。而人的创造性主要来自创造思维，创造思维是逻辑思维与形象思维的结合，也就是定性与定量相结合，宏观与微观相结合，这是人脑创造性的源泉。今天的计算机在逻辑思维方面确实能做很多事情，甚至比人脑做的还好、还快，善于信息的精确处理，已有很多科学成就证明了这一点，如著名数学家吴文俊先生的定理机器证明就是这方面的一项杰出成就。而在形象思维方面，现在的计算机还不能给我们以任何帮助，也许今后这方面有了新的发展，情况将会变化。至于创造思维就只能依靠人脑了，但计算机在逻辑思维方面毕竟有其优势，如果把人脑和计算机结合起来以人为主，那就更有优势，人将变得更加聪明，它的智能比人要高，比机器就更高，这也是 1＋1＞2 的道理。这种人—机结合以人为主的思维方式、研究方式和工作方式，具有更强的创造性，也具有更强的认识世界和改造世界的能力。可以用图 2-1-2 来说明这一点。

从图 2-1-2 中可以看出，人—机结合以人为主的思维方式，它的智能和认知能力处在最高端。这种聪明人的出现，预示着将出现一个“新人类”，不只是人，是人—机结合的新人类，人类社会也进入了人—机结合以人为主的网络社会，这是一种新的社会形态。届时，人类也将进入一个新的创新时代。

目前，在机器智能开发方面已经取得了很大进展，如知识发现、数据挖掘等方面的成就，但这些还是层次比较低的，一旦进入到人—机结合以人为主的知识发现、知识创新，那将是人类的巨大进步，现代科学技术体系的发展和创新不仅是人类创造的，更是人—机结合以人为主的“新人类”创造的。

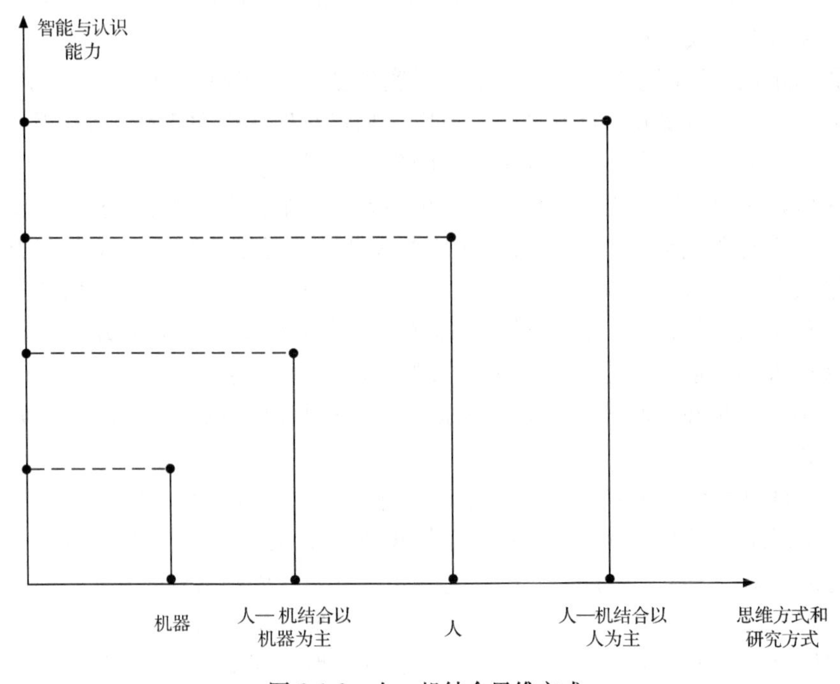

图 2-1-2　人—机结合思维方式

二、钱学森的系统科学思想与方法

前面已经指出，系统科学是从事物的整体与部分、局部与全局以及层次关系的角度来研究客观世界的。客观世界包括自然、社会和人自身。能反映事物这个特征最基本和最重要的概念就是系统。所谓系统是指由一些相互关联、相互作用、相互作用影响的组成部分所构成的具有某些功能的整体，这是国内外学术界普遍公认的科学概念。这样定义的系统在客观世界是普遍存在的，所以系统也就成为系统科学研究和应用的主要对象。系统科学与自然科学、社会科学等不同，它能把这些科学领域研究的问题联系起来作为系统进行综合性整体研究。这就是为什么系统科学具有交叉性、综合性、整体性和横断性的原因，也正是这些特点使系统科学处在现代科学技术发展的综合性整体化的方向上。

系统科学的研究表明，系统的一个重要特点，就是系统在整体上具有其组成部分所没有的性质，这就是系统的整体性。系统整体性的外在表现就是系统功能。系统内部结构和系统外部环境以及它们之间的关联关系，决定了系统整体性和功能。从理论上来看，研究系统结构与环境如何决定系统整体性与功能，揭示系统存在、演化、协同、控制与发展的一般规律，就成为系统学，特别是复杂巨系统学的基本任务。国外关于复杂性研究，正如钱老指出的是开放复杂巨系统的动力学问题，实际上也属于系统理论范畴。

另一方面，从应用角度来看，根据上述系统性质，为了使系统具有我们期望的功能，特别是最好的功能，我们可以通过改变和调整系统结构和系统环境以及它们之间的关联关系来实现。系统环境并不是我们想改变就能改变的，在不能改变的情况下，只能主动去适应。但系统结构确是我们能够改变、调整和设计的。这样，我们便可以通过改变、调整系统组成部分或组成部分之间、层次结构之间以及与系统环境的关联关系，使它们相互协调与协同，从而在整体上涌现出我们期望的和最好的功能，这就是系统控制、系统干预（intervention）、系统组织管理的内涵，也是控制科学与工程、管理科学与工程以及系统工程等所要实现的主要目标。

对于系统科学来说，一个是要认识系统，另一个是在认识系统的基础上，去改造、设计和运用系统，这就要有科学方法论的指导和科学方法的运用。

根据系统结构的复杂性，可将系统分为简单系统、简单巨系统、复杂系统和复杂巨系统以及特殊复杂巨系统——社会系统。对于简单系统和简单巨系统均已有了相应的方法，也有了相应的理论与技术并在继续发展中。但对复杂系统、复杂巨系统以及社会系统，却不是已有的科学方法所能处理的，需要有新的方法论和方法，正如钱老所指出的，这是一个科学新领域。

从近代科学到现代科学的发展过程中，自然科学采用了从定性到定量的研究方法，所以自然科学被称为“精密科学”。而社会科学、人文科学由于研究问题的复杂性，通常采用的是从定性到定性的思辨、描述方法，所以这些学问被称为“描述科学”。当然，这种趋势随着科学技术的发展也在变化，有些学科逐渐向精密化方向发展，如经济学、社会学等。

从方法论角度来看，在这个发展过程中，还原论方法发挥了重要作用，特别在自然科学领域中取得了很大成功。还原论方法是把所研究的对象分解成部分，认为部分研究清楚了，整体也就清楚了。如果部分还研究不清楚，再继续分解下去进行研究，直到弄清楚为止。按照这个方法论，物理学对物质结构的研究已经到了夸克层次，生物学对生命的研究也到了基因层次，毫无疑问这是现代科学技术取得的巨大成就。但现实的情况却使我们看到，认识了基本粒子还不能解释大物质构造，知道了基因也回答不了生命是什么。这些事实使科学家认识到“还原论不足之处正日益明显”。这就是说，还原论方法由整体往下分解，研究得越来越细，这是它的优势方面，但由下往上回不来，回答不了高层次和整体问题，又是它不足的一面。

所以仅靠还原论方法还不够，还要解决由下往上的问题，也就是复杂性研究中的所谓的涌现问题。著名物理学家李政道对于 21 世纪物理学的发展曾讲过“我猜想 21 世纪的方向要整体统一，微观的基本粒子要和宏观的真空构造、大型量子态结合起来，这些很可能是21世纪的研究目标。”这里所说的把宏观和微观结合起来，就是要研究微观如何决定宏观，解决由下往上的问题，打通从微观到宏观的通路，把宏观和微观统一起来。

同样的道理，还原论方法也处理不了系统整体性问题，特别是复杂系统和复杂巨系统以及社会系统的整体性问题。从系统角度来看，把系统分解为部分，单独研究一个部分，就把这个部分和其他部分的关联关系切断了。这样，就是把每个部分都研究清楚了，也回答不了系统整体性问题。

更早意识到这一点的科学家是贝塔朗菲，他是一位分子生物学家，当生物学研究已经发展到分子生物学时，用他的话来说，对生物在分子层次上了解得越多，对生物整体反而认识得越模糊。在这种情况下，于20世纪30年代他提出了整体论方法，强调还是从生物体系统的整体上来研究问题。但限于当时的科学技术水平，支撑整体论方法的具体方法体系没有发展起来，还是从整体论整体、从定性到定性，论来论去解决不了问题。正如钱老所指出的“几十年来一般系统论基本上处于概念的阐发阶段，具体理论和定量结果还很少”。但整体论方法的提出，的确是对现代科学技术发展的重大贡献。

20世纪80年代中期，国外出现了复杂性研究。所谓复杂性其实都是系统复杂性，从这个角度来看，系统整体性，特别是复杂系统和复杂巨系统以及社会系统的整体性问题就是复杂性问题。所以对复杂性研究，他们后来也“采用了一个‘复杂系统’的词，代表那些对组成部分的理解不能解释其全部性质的系统”。

国外关于复杂性和复杂系统的研究，在研究方法上确实有许多创新之处，如他们提出的遗传算法、演化算法、开发的Swarm软件平台、以Agent为基础的系统建模、用数字技术描述的人工生命等。在方法论上，虽然也意识到了还原论方法的局限性，但并没有提出新的方法论。方法论和方法是两个不同层次的问题。方法论是关于研究问题所应遵循的途径和研究路线，在方法论指导下是具体方法问题，如果方法论不对，再好的方法也解决不了根本性问题。

20世纪70年代末，钱学森明确指出：“我们所提倡的系统论，既不是整体论，也非还原论，而是整体论与还原论的辩证统一”。钱学森的这个系统论思想后来发展成为他的综合集成思想。根据这个思想，钱学森又提出将还原论方法与整体论方法辩证统一起来，形成了系统论方法。在应用系统论方法时，也要从系统整体出发将系统进行分解，在分解后研究的基础上，再综合集成到系统整体，实现1+1>2的整体涌现，最终是从整体上研究和解决问题。由此可见，系统论方法吸收了还原论方法和整体论方法各自的长处，同时也弥补了各自的局限性，既超越了还原论方法，又发展了整体论方法。这是钱学森在科学方法论上具有里程碑意义的贡献，它不仅大大促进了系统科学的发展，同时也必将对自然科学、社会科学等其他科学技术部门产生深刻的影响。

20 世纪 80 年代末到 90 年代初，钱学森又先后提出“从定性到定量综合集成方法”以及它的实践形式“从定性到定量综合集成研讨厅体系”（以下将两者合称为综合集成方法），并将运用这套方法的集体称为总体设计部。这就将系统论方法具体化了，形成了一套可以操作的行之有效的方法体系和实践方式。从方法和技术层次上看，它是人—机结合、人—网结合以人为主的信息、知识和智慧的综合集成技术。从应用和运用层次上看，是以总体设计部为实体进行的综合集成工程。这就将前面提到的人—机结合以人为主的思维方式和研究方式具体实现了。

综合集成方法的实质是把专家体系、信息与知识体系以及计算机体系有机结合起来，构成一个高度智能化的人—机结合与融合体系，这个体系具有综合优势、整体优势和智能优势。它能把人的思维、思维的成果、人的经验、知识、智慧以及各种情报、资料和信息统统集成起来，从多方面的定性认识上升到定量认识。

综合集成方法就是人—机结合获得信息、知识和智慧的方法，它是人—机结合的信息处理系统，也是人—机结合的知识创新系统，还是人—机结合的智慧集成系统。按照我国传统文化有“集大成”的说法，即把一个非常复杂的事物的各个方面综合集成起来，达到对整体的认识，集大成得智慧，所以又把这套方法称为“大成智慧工程”。将大成智慧工程进一步发展，在理论上提炼成一门学问，就是大成智慧学。

从实践论和认识论角度来看，与所有科学研究一样，无论是复杂系统、复杂巨系统（包括社会系统）的理论研究还是应用研究，通常是在已有的科学理论、经验知识基础上与专家判断力（专家的知识、智慧和创造力）相结合，对所研究的问题提出和形成经验性假设，如猜想、判断、思路、对策、方案等。这种经验性假设一般是定性的，它所以是经验性假设，是因为其正确与否，能否成立还没有用严谨的科学方式加以证明。在自然科学和数学科学中，这类经验性假设是要用严密逻辑推理和各种实验手段来证明的，这一过程体现了从定性到定量的研究特点。但对复杂系统、复杂巨系统（包括社会系统）由于其跨学科、跨领域、跨层次的特点，对所研究的问题能够提出经验性假设，通常不是一个专家，甚至也不是一个领域的专家们所能办到的，而是需要由不同领域、不同学科的专家构成的专家体系，依靠专家群体的知识和智慧，对所研究的复杂系统、复杂巨系统（包括社会系统）问题提出经验性假设。

但要证明其正确与否，仅靠自然科学和数学中所用的各种方法就显得力不从心了。如社会系统、地理系统中的问题，既不是单纯的逻辑推理，也不能进行科学实验。但我们对经验性假设又不能只停留在思辨和从定性到定性的描述上，当然这些都是社会科学、人文科学中常用的方法。系统科学是要走“精密科学”之路的，那么出路在哪里？这个出路就是人—机结合以人为主的思维方式和研究方式。采取“机帮人、人帮机”的合作方式，机器能做的尽量由机器去完成，极大扩展人脑逻辑思维处理信息的能力。通过人—机结合以人为主，实现信息、知识和智慧的综合集成。这里包括了不同学科、不同领域的科学理论和经验知识、定性和定量知识、理性和感性知识，通过人机交互、反复比较、逐次逼近，实现从定性到定量的认识，从而对经验性假设的正确与否做出明确结论。无论是肯定还是否定了经验性假设，都是认识上的进步，然后再提出新的经验性假设，继续进行定量研究，这是一个循环往复、不断深化的研究过程。

综合集成方法的运用是专家体系的合作以及专家体系与机器体系合作的研究方式与工作方式。具体来说，是通过从定性综合集成到定性、定量相结合综合集成再到从定性到定量综合集成这样三个步骤来实现的。这个过程不是截然分开，而是循环往复、逐次逼近的。复杂系统与复杂巨系统以及社会系统问题，通常是非结构化问题。通过上述综合集成过程可以看出，在逐次逼近过程中，综合集成方法实际上是用结构化序列去逼近非结构化问题。

这套方法是目前处理复杂系统和复杂巨系统以及社会系统的有效方法，已有成功的案例说明了它的有效性。综合集成方法的理论基础是思维科学，方法基础是系统科学与数学科学，技术基础是以计算机为主的现代信息技术和网络技术，哲学基础是辩证唯物主义的实践论和认识论。

现代科学技术的发展呈现出既高度分化，又高度综合的两种明显趋势。在这后一发展趋势中，不仅有同一领域内不同学科的交叉、结合，特别是还有不同领域之间，如自然科学、社会科学等不同科学技术部门之间的相互结合以至融合，这已成为现代科学技术发展的重要特点。在这个方向上的理论和应用研究，都应引起我们高度重视，这里有很大的创新空间。特别是这方面人才的培养，显得更加迫切。这类人才是具有跨学科、跨领域研究能力和创新能力的复合型人才。

对于这后一发展趋势，我们始终面临着如何把不同领域、不同学科以及不同层次的知识综合集成起来的问题。这样形成的知识，无论是科学理论还是应用技术，都将使我们对客观世界的认识更加深刻，改造客观世界的能力也就更强。复杂性研究和复杂科学的积极倡导者 Gell-mann，在他所著的《夸克与美洲豹》一书中，曾写道："研究已表明，物理学、生物学、行为科学，甚至艺术与人类学，都可以用一种新的途径把它们联系到一起，有些事实和想法初看起来彼此风马牛不相及，但新的方法却很容易使它们发生关联"。Gell-mann 虽然没有说明这里所说的新途径、新方法是什么，但从他们后来关于复杂系统、复杂适应系统的研究来看，这个新途径和新方法就是系统途径和系统方法。

在现代科学技术向综合性整体化方向发展过程中，综合集成方法可以发挥重要的基础作用。从方法论与方法特点来看，综合集成方法本质上就是用来处理跨学科、跨领域和跨层次问题研究的方法论和方法。运用综合集成方法形成的理论就是综合集成的系统理论，钱学森提出的系统学，特别是复杂巨系统学，就是要建立这套理论。国外关于复杂性的研究，实际上也是属于这个范畴。

综合性整体化的方向，不仅有科学层次上的理论问题，也有技术层次上的应用问题。在这方面，比较典型的是系统工程技术的出现与发展。系统工程是组织管理系统的技术。它根据系统总体目标的要求，从系统整体出发，运用综合集成方法把与系统有关的学科理论方法与技术综合集成起来，对系统结构、环境与功能进行总体分析、总体论证、总体设计和总体协调，其中包括系统建模、仿真、分析、优化、设计与评估，以求得可行的、满意的或最好的系统方案并付诸实施。

由于实际系统不同，将系统工程用到哪类系统上，还要用到与这类系统有关的科学理论方法与技术。例如，用到社会系统上，就需要社会科学与人文科学方面的知识。从这些特点来看，系统工程不同于其他技术，它是一类综合性的整体技术、一种综合集成的系统管理技术、一门整体优化的定量技术。它体现了从整体上研究和解决管理问题的技术方法。

系统工程的应用首先从工程系统开始的，用来组织管理工程系统的研究、规划、设计、制造、试验和使用。实践已证明了它的有效性，如航天系统工程。直接为这类工程系统工程提供理论方法的有运筹学、控制论、信息论等，当然还要用到自然科学技术有关的理论方法与技术。所以，对工程系统工程来说，综合集成也是其基本特点。

当我们把系统工程用来组织管理复杂系统和复杂巨系统以及社会系统时，处理工程系统的方法已不够用了，它难以用来处理复杂巨系统的组织管理问题。在这种情况下，系统工程也要发展。由于有了综合集成方法，系统工程便可以用来组织管理复杂巨系统和社会系统了，这样系统工程也就发展了，现已发展到复杂巨系统工程和社会系统工程阶段。

从综合集成的系统理论到综合集成的系统技术，中间也应有个过渡桥梁，它属于技术科学层次。有些学者曾提出把这门学问称作“集成学”。考虑到综合集成的内涵和外延比通常所说的集成要广泛而深刻，因而称作“综合集成学”可能更贴切一些。从这个角度来看，工程控制论就是针对工程系统控制的综合集成理论。

三、综合集成工程

从实践论观点来看，任何社会实践，特别是复杂的社会实践，都有明确的目的性和组织性。要清楚做什么，为什么要做，能不能做以及怎样做才能做得最好。从实践过程来看，包括实践前形成的思路、设想以及战略、规划、计划、方案、可行性等，都要进行科学论证，以使实践的目的性建立在科学的基础上；也包括实践过程中，要有科学的组织管理与协调，以保证实践的有效性，要有效益和效率，并取得最好的效果；还包括实践过程中和实践过程后的评估，以检验实践的科学性和合理性。从微观、中观直到宏观的所有社会实践，都具有这些特点。

社会实践要在理论指导下才有可能取得成功。这个理论就是现代科学技术体系和人类知识体系。处在这个体系最高端的是马克思主义哲学，它反映了客观世界的普遍规律，不仅是知识，还包括智慧，所以社会实践首先应受辩证唯物主义的指导。但仅有哲学层次上的指导还不够，还需要有科学层次上不同科学部门的科学理论方法和应用技术，以至前科学层次上的经验知识和感性知识的指导和帮助。即使这样，社会实践还会涌现出一些已有理论与技术无法处理的新问题，像我国改革开放和社会主义现代化建设这样伟大的社会实践，就有大量的问题需要创新来解决。现在，为实现创新型国家目标，更要通过国家创新体系建设来实现。

如何把不同科学技术部门、不同层次的知识综合集成起来形成指导社会实践的理论方法和技术，以解决社会实践中的问题，这就有个方法论和方法问题。在上一节中，我们已经介绍过综合集成方法具有这个特点。运用综合集成方法形成的理论与技术并用于改造客观世界的实践就是综合集成工程。我们面临的大量社会实践，特别是复杂的社会实践，其实都是综合集成工程，它不是一种理论或一种技术所能处理和解决的。

社会实践通常包括三个重要组成部分，一个是实践对象，指的是实践中干什么这部分，它体现了实践的目的性；第二个是实践主体，指的是由谁来干，如何来干，它体现了实践的组织性；第三个就是决策主体，它最终要决定干与不干，由谁来干并干得最好。

从系统观点来看，任何一项社会实践或工程都是一个具体的实际系统，是有人参与的实际系统。实践对象是个系统，实践主体也是系统（人在其中），把两者结合起来仍然是个系统。因此，社会实践是系统的实践，也是系统的工程。这样一来，有关实践或工程的决策与管理等问题，也就成为系统的决策与组织管理问题。在这种情况下，系统论、系统科学的理论方法和技术应用到社会实践或工程中去，不仅是自然的，也是必然的。从这里也可以看出，系统论、系统科学对社会实践或工程的重要意义。系统论实际上是直接指导工程或实践的哲学理论，系统工程特别是复杂巨系统工程和社会系统工程，正如前面所述，是一种综合集成的系统管理技术，因而也就成为社会实践特别是综合集成工程的强有力的管理技术。这就是为什么系统工程具有广泛的适用性和有效性的原因。

人们在遇到涉及的因素多而又难于处理的社会实践或工程问题时，往往脱口而出的一句话就是：这是系统工程问题。这句话是对的，其实它包含两层含义：一层含义是从实践或工程角度来看，这是系统的实践或系统的工程；另一层含义是从技术角度来看，既然是系统的工程或实践，它的组织管理就应该直接用系统工程技术去处理，因为工程技术是直接用来改造客观世界的。可惜的是，人们往往只注意到了前者，相对于没有系统观点的实践来说，这也是个进步，但却忽视和忘了要用系统工程技术去解决问题。结果就造成了什么都是系统工程，但又什么也没有用系统工程技术去解决问题的局面。

要把系统工程技术应用到实践中，就必须有个运用它的实体部门。我国航天事业的发展，就是成功的应用了系统工程技术。航天系统中每种型号都是一个工程系统，对每种型号都有一个总体设计部，总体设计部由熟悉这个工程系统的各方面专业人员组成，并由知识面比较宽广的专家（称为总设计师）负责领导。根据系统总体目标要求，总体设计部设计的是系统总体方案，是实现整个系统的技术途径。

总体设计部把每个系统作为它所从属的更大系统的组成部分进行研制，对它所有技术要求都首先从实现这个更大系统的技术协调来考虑。总体设计部又把这个系统作为若干分系统有机结合的整体来设计，对每个分系统的技术要求都首先从实现这个整体系统技术协调的角度来考虑。总体设计部对研制中分系统之间的矛盾，分系统与系统之间的矛盾，都首先从总体目标的需要来考虑。运用系统方法并综合运用有关学科的理论与方法，对型号工程系统结构、环境与功能进行总体分析、总体论证、总体设计、总体协调，包括使用计算机和数学为工具的系统建模、仿真、分析、优化、试验与评估，以求得满意的和最好的系统方案，并把这样的总体方案提供给决策部门作为决策的科学依据。一旦为决策者所采纳，再由有关部门付诸实施。航天型号总体设计部在实践中已被证明是非常有效的，在我国航天事业发展中，发挥了重要作用。

这个总体设计部所处理的对象还是个工程系统。但在实践中，研制这些工程系统所要投入的人、财、物、信息等也构成一个系统，即研制系统。对这个系统的要求是以较低的成本、在较短的时间内研制出可靠的、高质量的型号系统，对这个研制系统不仅有如何合理和优化配置资源问题，还涉及体制机制、发展战略、规划计划、政策措施以及决策与管理等问题。这两个系统是紧密相关的，把两者结合起来又构成了一个新的系统。

显然，这个系统要比工程系统复杂得多，属于社会系统范畴。如果说工程系统主要需要自然科学技术的话，那么这个新的系统除了自然科学技术外，还需要社会科学与人文科学。如何组织管理好这个系统，也需要系统工程，但工程系统工程是处理不了这类系统的组织管理问题，需要的是社会系统工程。

应用社会系统工程也需要有个实体部门，这个部门就是钱老提出的运用综合集成方法的总体设计部。这个总体设计部与航天型号的总体设计部比较起来已有很大的不同，有了实质性的发展，但从整体上研究与解决问题的系统思想还是一致的。

总体设计部是运用综合集成方法，应用系统工程技术的实体部门，是实现综合集成工程的关键所在。没有这样的实体部门，应用系统工程技术也只能是一句空话。

目前国内还没有这样的研究实体，有的部门有点像，但研究方法还是传统的方法。总体设计部也不同于目前存在的各种专家委员会，它不仅是个常设的研究实体，而且以综合集成方法为其基本研究方法，并用其研究成果为决策机构服务，发挥决策支持作用。从现代决策体制来看，在决策机构下面不仅有决策执行体系，还有决策支持体系。前者以权力为基础，力求决策和决策执行的高效率和低成本，后者则以科学为基础，力求决策科学化、民主化和制度化。这两个体系无论在结构、功能和作用上，还是体制、机制和运作上都是不同的，但又是相互联系的。两者优势互补，共同为决策机构服务。决策机构则把权力和科学结合起来，变成改造客观世界的力量和行动。

从我国实际情况来看，多数部门是把两者合二而一了。一个部门既要做决策执行又要作决策支持，结果两者都没有做好，而且还助长了部门利益。如果有了总体设计部和总体设计部体系，建立起一套决策支持体系，那将是我们在决策与管理上的体制机制创新和组织管理创新，其意义和影响将是重大而深远的。

钱学森一直大力推动系统工程特别是社会系统工程的应用，为了把社会系统工程应用到国家宏观层次上的组织管理，促进决策科学化、民主和组织管理现代化，曾多次提出建立国家总体设计部的建议。1991 年 3 月 8 日，钱老向当时的中央政治局常委集体汇报了关于建立国家总体设计部的建议，受到中央领导的高度重视和充分肯定。十几年过去了，由于种种原因，至今钱老的这个建议并没有实现。但现实的情况却使我们看到，大量的事实越来越清楚地显示出这个建议的重要性和现实意义。

一个企业、一个部门甚至一个国家的管理，首要的问题是从整体上去研究和解决问题，这就是钱老一直大力倡导的“要从整体上考虑并解决问题”。只有这样才能把所管理系统的整体优势发挥出来，收到 1＋1＞2 的效果，这就是基于系统论的系统管理方式。但在现实中，从微观、中观直到宏观的不同层次上，都存在着部门分割条块分立，各自为政自行其是，只追求局部最优而置整体于不顾。这使得系统的整体优势无法发挥出来，其最好的效果也就是 1＋1＝2，弄不好还会 1＋1＜2，而这种情况可能是多数。

系统管理方式实际上是钱老综合集成思想在实践层次上的体现。因此，总体设计部、综合集成方法、系统工程特别是社会系统工程技术紧密结合起来，就成为系统管理方式的核心内容。

综上所述，我们可以看出，综合集成方法和总体设计部，从知识创新角度来看，实际上是个知识创新主体，通过对现代科学技术体系与人类知识体系提供的宝贵知识资源和智慧的综合集成，既可以进行科学创新形成综合集成理论，也可以进行技术创新形成综合集成技术，还可以进行应用创新用于综合集成工程。这样，综合集成方法、综合集成理论与技术、综合集成工程就形成了一套综合集成体系。这个体系不仅丰富和发展了现代科学技术体系，同时也推动了现代社会实践，这就是综合集成体系的重要理论价值和实践意义。现代科学技术体系，知识创新体系和综合集成体系三者之间也形成了一个正反馈关系，这对于国家创新体系建设来说具有重要意义。

综合集成体系是钱学森综合集成思想在方法论与方法、科学与技术以及社会实践不同层次上的体现，在哲学上的体现就是大成智慧。钱学森综合集成体系必将对现代科学技术发展产生重大影响，特别是对科学技术向综合性整体化方向发展中，将发挥重要作用，这是钱学森对现代科学技术发展的重大贡献。

第二节 学科分类的新视角、新观点*

钱学森院士在20世纪末，从一个全新的视角，对包括20世纪以来的飞速发展的科学技术在内的整个科学技术的分类，提出了一个分类标准，建立了现代科学技术体系，这是钱老对现代科学的重大贡献，其中包含了丰富的内容。我们认真学习领会钱老的现代科学技术体系，不仅有助于增进我们对钱老思想的了解，而且对于掌握现代科学技术发展趋势、制定我国科学发展规划都有十分重要的意义。

一、研究学科分类非常重要

在古代希腊和中世纪意大利有不少著名的科学家，如亚里士多德、阿基米德、伽利略、达·芬奇等，他们个个是通晓多个领域的全才，在当时科学的很多方面做出了贡献。然而科学发展到今天，这样的科学家将很难存在，多数科学家仅在某一比较窄的学科范围内是专家，对其他领域的专业知识却知之甚少，不同领域的科学家之间甚至没有共同的语言。这是因为，科学已经成为了一个体系，它是多方面知识总和的代名词，每一个人只能了解、研究其中的一部分，而无法掌握现代科学技术的方方面面，一个人就是穷其一生进行学习，恐怕也很难把一门学科全都了解清楚。因此，如何将如此丰富的知识进行分类，了解它们之间的关系，找到它们之间的联系就显得非常重要了。我们进行科学研究也需要了解科学整体，了解自己所研究内容与其他学科内容之间的区别、联系。学科分类正是

---

* 本节执笔人：姜璐、谭璐，北京师范大学。

要解决这一问题，明确各门学科之间的关系，给出科学研究的整体框架。

学科分类不仅可以满足人们认识科学知识、掌握科学知识的需要，它还有助于我们更好地进行具体的科学研究。我们看到不同学科知识之间本来就存在着密切的关系，找到它们之间的联系，也是科学研究本身的一项任务。科学研究不仅要在某一方面进行深入的分析，挖掘事物的本质，也需要将已经了解到的知识进行分类，建立它们之间的关系。在建立学科知识联系的过程中，在进行学科分类的研究中，将又会促进对某一具体问题的研究。实际上科学研究正是在不同学科之间综合、集成研究与对某一具体领域深入研究，这样相辅相成的两种研究方式与研究内容中不断发展前进的。

应该说学科分类是关于学科性质和知识结构的学问，进行这方面研究是从总体上把握科学知识体系及其发展规律的重要途径之一，也是促进学科交叉、新学科生长的重要方法。对于每一个从事具体科学研究的人来讲，他都应该具有学科分类的知识；对于每一个要对科学做出贡献的人来讲，他也都必须重视学科分类的研究。在科学发展的历史上，很多大科学家、哲学家都对学科分类进行过研究。亚里士多德、培根、达兰贝尔、安培、康德、黑格尔等都提出过各自的科学分类思想和科学分类体系。我们现在沿用下来的对科学的分类体系，是恩格斯对19世纪及以前的科学发展的伟大成就进行了高度的概括和总结后所提出来的科学分类体系。恩格斯认为按照物质运动从低级运动形态向高级运动形态过渡的“固有次序的分类排列”的思想，应该把科学分为数学、力学和天文学、物理学、化学、生物学等，把社会科学看作是从自然科学中发展出来的、描述有自我意识的人类行为的、更高级运动形态的科学①。按照这一观点，恩格斯预见到了自然科学与社会科学的统一。

20世纪以来，科学技术有了飞速的发展，以计算机为代表的信息技术已经改变了整个世界的经济乃至人们的生活，激光、超导、大分子合成、基因工程等现代科技的出现，使得很多原来不能想象的事，今天都变成了现实。宇宙航行、高能加速器使人类已经飞出地球，走向广阔无垠的宇宙，同时又深入到比原子更小的天地。人类从宏观世界（典型尺度是10^{2}m数量级）、微观世界（10^{-17}m）已经扩展到宇观（10^{21}m）、胀观（10^{40}m）世界，也深入到渺观世界（10^{-36}m）②。从学科分类的角度来看，当今世界一方面是科学的高度分化，原来的传统学科分化成很多新的学科，又在原来学科之间生长出大量的交叉学科、新兴学科；另一方面是科学的大综合，一些相近的学科合并成一个更综合的学科。同时在生产和科学发展过程中又提出很多新的理论、新的技术，其中不少内容很难将它们归结

① 自然辩证法．北京：人民出版社，1984：149.

② 钱学森，于景元，涂元季．创建系统学．太原：山西科学技术出版社，2001：188～191.

到传统的某一个学科中去。这些事实都要求人们建立起新的学科分类体系。然而我们看到，由于知识大爆炸，知识之间的联系错综复杂，人们已很难找到一个公认的、确定的学科分类体系。实际上科学分类本来就具有多种方式，可以提出多种标准来进行分类。提出一种分类标准，就可以据此进行分类，形成一个学科分类体系。在实际工作中，人们已经提出多种分类方法，可建立多种学科分类体系：可以按自然科学、社会科学进行分类；按综合学科、分支学科进行分类；按主干学科、交叉学科进行分类；按认识学科、方法学科进行分类；按线性科学、非线性科学进行分类等。这些分类方法和标准都是从不同的角度和方面对科学进行的分类。建立一个分类体系就是提供了一种认识、学习科学知识的方法。另外，我们认为：在谈到学科分类体系上还应该特别强调学科分类要具有时代特点，在不同的历史时期，科学发展的重点不同，学科分类体系所应强调的方面与层次也不同。由此可见，学科分类既是一个科学研究问题，又是一个实际工作中的具体技术问题。

二、钱学森学科分类的标准

20 世纪以来，现代科学技术的飞速进步和高度分化与综合的发展趋势，给科学分类带来很多新问题、新情况，增加了学科分类的难度和复杂性。从各门学科研究的对象来看，相互重叠、相互交叉的现象很多，例如物理学现在已在研究原来属于化学领域的大分子、低维分子的结构与性质，研究原来属于人体科学的大脑结构，研究原来属于社会科学的经济发展规律；心理学的研究范围也从人体特点扩展到计算机科学中的各种算法、人机交互式智能型机器中的“心理”特点等。从各门学科的研究方法来看，几乎每一种新的研究方法提出来以后，很快就被运用到其他学科中去，而且从某种程度上说，各门学科之间的研究方法已经没有本质的区别。旧有的，按研究对象、研究手段进行学科分类的矛盾日益暴露出来，它已经给科学发展带来一定的阻碍，现在需要根据新的情况、从新的角度来研究学科分类问题，建立一种能适应现代科学技术发展的新的科学技术体系。

我国著名科学家钱学森院士提出了建立新的学科体系的原则，并在此学科分类原则的基础上提出了学科分类的具体构想。他所提出的学科分类的原则主要是：

① 各个学科所面对的研究对象都是同一个客观实际，不同学科之间的差别不在于研究对象，而在于它们研究客观实际的角度不同、研究的侧面有所区别。

按照研究的对象来进行分类，反映了人类探索自然秘密、进行科学研究的初级阶段。对任何事物的研究，一开始总是直接面对事物本身，只有在经过一段时间以后，才会发现此事物与彼事物之间的联系，才会从研究方法上得到启发，并推广到对其他事物的研究上去。而一旦建立起不同事物之间的联系及发现了它们在研究方法上的相似性之后，就需要重新分析讨论它们的学科分类问题。科学发展到今天，学科之间的交叉与综合已经使按研究对象来区别不同学科的办法不再适用。一个领域的科学家，现在其研究的对象可以涉及多个传统学科，而且越是经典学科的专家，这种现象就越明显。可以说，根据钱老的学科分类原则，按研究角度、研究侧面，而不是主要依据其研究对象的不同进行学科分类，将加深我们对学科之间区别的了解和认识。

② 一个学科内的各门知识之间存在着纵向的区别，一般需将某学科内的知识分为基础理论、技术基础、实际应用三个层次。

基础理论知识是指在某学科中最基本的内容，反映客观世界本质的内容。如在物理学中反映电磁现象本质的学科知识为电动力学，它描述电磁场的性质、特点及服从的规律。场是电磁现象最本质的方面，我们平时所讨论的电路理论实际上是对场强分布比较集中部分的一种近似理论。技术基础是指具体到某种特定的环境条件下，对基础理论所呈现出的具体的性质、特点的分析与讨论。仍分析上例，电磁现象中，在由导线连接的部分，其中流有低频强大电流的情况下，电磁场主要存在于导线附近，电子不能在整个场中运动而仅局域在导线之内运动，讨论此条件下的电磁场的性质则由电工学所代替。电工学既是一种特定条件下电磁场理论的具体和近似，又是有导线连接的大量实际强电现象的理论基础。实际应用大多指某一项技术，它带有强烈的应用色彩，如电机原理、变压器原理等，它以技术基础学科为依托，更多地分析、讨论具体的技术问题。就这三个层次而言，在传授学科知识上，以自然科学知识为例，理科、综合性大学，主要讲授基础理论层次的知识，工科院校则多讲关于技术基础的课程，实际应用层次的知识有些在工科院校里是专业课，有些则是技工学校的课程。

将学科知识从纵向分成三个层次有利于增强我们对学科发展的认识，一般来说实际应用层次的知识发展最快、内容最多、与生产结合最紧密，而且一个学科的形成往往是从实际应用层次的发展引起的，它是该学科知识中最活跃的部分。基础理论层次的知识发展最缓慢，一旦这一层次的理论建立起来，则标志着这一学科发展成熟，并被认为有了完整的框架，而且基础理论层次知识的建立必将大大推动技术基础和实际应用两个层次上知识的发展。

③ 学科分类体系不应有千古不变的模式。随着科学的发展，人类的知识将不断完善、不断发展，逐渐形成体系，学科分类不应该是先搭好一个框子再把现有的知识硬性地装进去。

学科体系中的各个学科应该是随着时代的发展不断综合、不断丰富的。一些发展历史短、发展还不够成熟的学科一般会划分得相对窄一些、细一些，而对于较成熟的学科则应划分得更综合、更宽泛一些。从现在科学研究来看，人体本身是一个并未完全弄清楚的问题，而且也是一个研究的热点问题。在学科分类上，现在提出的就有：思维科学、认知科学、医学、脑科学、生命科学等很多学科。关于人本身研究的学科分类就体现出新兴学科的这些特点：学科分类较细，有关人体研究的学科很多，这反映出人体问题是研究的热点；学科分类可变动性大，不同机构、不同专家提出不同的分类方法，建立了不同的体系，这反映研究还不够深入；学科分类以研究对象——人为基础，这反映研究也还处于初级阶段。

我们将会看到随着科学研究的进一步深入，学科分类的内容可能发生变化，有些学科分化，有些合并，也许还要增加新的学科。总之，学科分类的研究是一个不断深入、不断完善的过程，这同科学本身的发展一样，永远不会穷尽。

三、现代科学技术体系

根据上述原则，钱学森院士提出了现代科学技术具体的学科体系构架①，在这个学科体系中马克思主义哲学是统帅一切的最抽象、最基础的层次。横向上，马克思主义哲学通过“桥梁”与各门具体的学科部类相联系；纵向上，每个学科部类又分成基础理论、技术基础、实际应用三个层次。

学科部类的建立与形成是一个不断完善发展的过程。在 1982 年钱学森院士首先提出来的是数学、自然科学、社会科学、系统科学、人体科学、思维科学等 6 大部类②，并且在不久之后北京召开的“三论”的科学方法和哲学问题讨论会上，又提出了包括文学艺术、军事科学在内的现代科学技术的 8 个大部门③；在 1985 年全国首届交叉科学学术讨论会上，钱学森院士将行为科学纳入到现代科学体系中，至此共形成 9 大学科部类④；1996 年，他又提出增加地理科学、建筑科学，现在已经形成现代科学技术的 11 大学科部类⑤。钱学森院士对每个学科部类的具体学科内容提出了自己的意见，构成了一个现代科学技术的网状结构图表。从钱老提出的科学技术体系中，我们可以看到各门学科所包含的内容、发展的完善和成熟程度以及它们之间的相互联系，通过分析还能找出当前科学发展的重点、热点。现代科学技术体系相互关系图，是我们对科学从宏观上了解把握的一个参考。

根据钱老进行学科分类的观点，我们仅就钱老 1985 年提出的 9 大学科部类如何分别反映研究客观实际的不同角度，谈一些粗浅的看法。

数学是从数和形的数量关系上研究客观实际，不考虑客观世界的质的区别，它既可以研究无生命世界，也可以用来研究生命世界。在我们传统的学科分类

---

① 钱学森. 现代科学的结构——再论科学技术体系学. 哲学研究，1982，3：19～22.

② 钱学森. 人体科学与现代科技发展纵横观. 北京：人民出版社，1996：69～74.

③ 钱学森. 关于思维科学. 上海：上海人民出版社，1986：7，8.

④ 姜璐，李克强. 简单巨系统演化理论. 北京：北京师范大学出版社，2002：10～16.

⑤ 钱学森与现代科学技术. 北京：人民出版社，2001：4～10.

中，绝大多数学科都引入了数学工具，可以说在传统学科分类的各个学科中，它无处不在。

自然科学是从客观物质运动的角度、从能量转移和变化的角度研究客观实际。现在科学研究表明，客观物质之间的相互作用，只有引力相互作用、电磁相互作用、强相互作用、弱相互作用 4 种，它们是各种物质运动变化的原因所在，自然科学也研究这些相互作用的特点及性质。

社会科学是从人类社会发展运动的角度研究客观实际，是从人的社会行为整体这一侧面来研究。人类社会的发展虽然风云莫测、千变万化，但在其背后也存在着固有的规律：经济基础决定上层建筑，生产力推动生产关系的变革。同时，社会的发展又受到它的制约，就像牛顿第二定律决定自然界宏观物体的运动那样，社会科学的这些基本规律决定了社会发展的趋势及速度，当然也同牛顿定律一样，它们都有一定的适用条件和范围。

系统科学是从整体与局部的关系角度来研究客观实际，讨论系统整体的优化、系统结构与功能的关系、系统的稳定性等，而不讨论能量在系统中的传递与守恒问题。

人体科学从人的角度来研究客观实际，讨论人体本身的特点、性质、规律，研究客观世界对人体的影响及其相互关系。

思维科学从人认识世界的角度来研究客观实际。认识是人类特有的活动，反映了人类大脑活动的内容，虽然思维科学与人脑研究密不可分，但思维科学不是研究人脑活动的物质过程，也不是研究其中的能量传递等现象，而是研究思维本身的特点，研究思维的规律，目前在人类智慧的结晶——计算机科学中，就有大量的思维科学研究的课题。

行为科学是从人的社会性角度来研究社会，研究人的群体行为，研究人个体行为与群体表现之间的关系。当然生物界不少动物是群居，它们有个体之间的交往，会在不同程度上存在着群体行为，因此行为科学研究的对象除人以外，还包括昆虫社会的组织结构、哺乳动物的生活现象等所表现出来的规律。

文学艺术是从美与丑的角度来研究客观实际。表面上看起来文学艺术中的美与丑仅是人类的主观感觉，实际也不然。动物求偶现象中的很多表现包含有美学现象，和谐优美的音乐可以促进牛、羊多产奶的现象也可以从一般的美学角度去分析。可以说从美与丑的角度分析客观实际至少涉及很多有生命的现象。

军事科学是从集团之间斗争的角度来研究客观实际。冲突、侵略、战争这些现象不仅仅是人类社会独有的现象，可以说它们更普遍地存在于动物世界，就是植物的生存竞争也可以作为军事科学研究的内容。

上述学科部类基本上将现阶段人类掌握的所有知识都进行了划分，但我们也要指出，由于科学技术的复杂性，经常可以看到某一门学科有时很难将它归属到哪一类，更多的情况是出现一些交叉学科。例如，我们就很难将建筑科学归入到上述 9 大学科部类中的哪一个学科，其中关于房屋结构、材料等内容属于自然科学中力学的范畴，而且可以认为是静力学的重要应用方面；建筑物的设计、布局则更多属于文学艺术类，美学是建筑物设计所主要考虑的内容；建筑物的大小安排、房屋高矮的设计、布局等还同人体科学、行为科学有联系；建筑的整体规划、城市的设计则和自然环境密切相关，园林城市、山水城市等理念的提出促使建筑科学更加综合、更加宏观。可以说建筑科学是与多门学科发生联系的综合学科。同样道理，也很难将地理科学归入到前面所列出来的 9 大学科部类中，它既包含自然环境，更涉及人类的活动，而且无法将它们分割开来。有的学者对地理科学从它可以承担沟通、联系自然科学、社会科学、人体科学等多个学科桥梁的思路来进行研究，这对于从整体上把握地理科学很有启发。钱学森院士考虑到这些情况，为解决上述矛盾，后来将建筑科学、地理科学分别单独各列为一类，形成了 11 个学科部类。

钱老不仅提出了现代科学技术体系的思想、构建原则，还具体给出了科学技术体系的内容。我们首先要解读钱老的思想，按照钱老的想法给出各个学科部类具体的内容。我们在这里就尝试进行了这方面的工作，分别叙述了不同的学科从怎样的角度和侧面来研究客观世界，但是我们对于钱老提出的建筑科学、地理科学研究学习不够，还未给出它们是从怎样的角度和侧面来研究客观世界；另外，对于具体学科部类中基础理论、技术基础、实际应用三个层次内容的组织、构建方法，也还没有完整系统地给出来，这些方面还有很多工作需要深入研究。其次，我们需要大力宣传钱老的现代科学技术体系，使人们认识到它的科学性、实用性，促使研究人员按照这一科学体系进行研究，并逐渐使有关部门能够按照钱老的科学技术体系进行科学的管理和系统的教育。

第三节 复杂系统与复杂性研究*

一、前言——从还原论到系统论

自从伽利略开创了近代科学的科学思想和科学方法以来，科学技术取得了飞速的发展，尤其是在刚刚结束的 20 世纪的一百年中，人类对于自然和生命的奥秘获得了丰富而深刻的认识。

这些科学成就的取得在很大程度上有赖于还原论的科学研究方法。还原论是近现代科学研究的基本方法论。当我们希望了解研究对象的性质和规律时，通常

* 本节执笔人：许立达、狄增如，北京师范大学。

采用分析的方法，先将认识对象拆分还原成更基础的部分，了解每部分的结构属性，再试图由部分出发综合推演出整体的属性。这种化复杂为简单的方法，适应和推动了 20 世纪科学研究的发展，许多对世界产生重大影响的发现都源自于这种基本的方法论。例如，对于物质结构的认识就经历了这样一个典型的认知过程，从分子到原子再到更细微的基本粒子。现在我们已经认识到，在我们所生存的浩瀚宇宙，无论是太空中的日月星辰、还是地球上的花草树木，都是由同样的种类为数不多的夸克和轻子所构成。对生命奥秘的理解也经历了一个类似的过程，从个体、组织器官、细胞到 DNA。我们已经了解生命的奥秘应该刻画在我们尚未完全解读的基因序列之中。事实上，除了以上物理和生物所代表的自然科学领域，还原论的科学研究方法论已经影响了并正在影响着许多领域的科学研究工作，包括社会经济等领域。古典经济理论的理性经济人假设就认为：

① 人类行为都是理性的。

② 个体行为可以从整个经济系统中孤立出来。

③ 人类行为具有一般的模式，它可以从对个体行为的分析中抽象出来。

④ 每个个体的行为可以与经典物理学的运动相类比，它是有规律的、可预测的，个体在一定环境中的行为是确定论性的。

⑤ 整个系统的行为是每个个体行为的总和。

这一研究经济系统的线路就是典型的还原论的处理方法，微观经济的一般均衡理论就是在此基础上建立的。

还原论的成功使人类获得了科学技术的巨大进步，同时也使其部分奉行者产生了对这一基本方法论的过高估计。他们相信物质可以细分，物质的高级的运动形式规律也可以由更低级更基本的运动规律来代替或解释，认识世界最好的途径就是恢复研究对象最原始的状态。但随着科学技术的进步，还原论的局限性也逐渐凸现出来，人们越来越深切地意识到，对于系统基本结构单元的性质和规律的了解并不能让我们全面地理解系统的行为。例如，单个水分子的性质和特点虽然是理解水的性质和行为的基础，但单靠分子层次的知识我们不可能完全了解水的性质，仅仅基于细胞的知识我们也不可能理解组织器官的功能，生命整体本身并不只是生命物质的简单加合。进入 21 世纪以来，对于社会和生命奥秘的探索使人们越来越认识到整体论和系统论的重要性。整体和系统的世界观和方法论应该真正进入到科学研究当中，最近二三十年所兴起的关于复杂性的研究就十分具体的体现了这一要求和趋势。诚如《上帝与新物理学》中所述，“过去的三个世纪以来，西方科学思想的主要倾向是还原论。的确，‘分析’这个词在最广泛的范围中被使用，这种情况也清楚地显明，科学家习惯上是毫无怀疑地把一个问题拿来进行分解，然后再解决它的。但是，有些问题只能通过综合才能解决。它们在性质上是综合的或‘整体的’”。超越还原论是我们认识复杂系统的必由之路。

尽管整体的世界观在中国古代哲学和古希腊罗马哲学中都有所体现，但现代系统论的形成一般公认为始于贝塔朗菲的著作《关于一般系统论》。整体论只是强调了世界是动态统一的观点，主张从整体上研究系统随时间的动态行为，而系统论对整体动态行为的认识是建立在了解系统内各部分之间相互作用关系的基础上的，关注整体与部分的关系。从这个意义上说，系统论是还原论和整体论的有机结合和辩证统一。科学方法论从还原论向系统论的变迁是建立系统科学学科体系的基础，而我们所面临的问题是：如何在系统论这一基本科学方法论的基础上，深入开展对复杂系统和复杂性的研究，推动和促进系统科学的发展。

二、系统科学与复杂性研究

1. 系统科学的学科体系

20 世纪末，钱学森院士提出了现代科学技术的 9 大学科部类体系，由此确立了系统科学体系的框架，使系统科学走上了全面发展的新阶段。在这个体系中，系统科学作为在系统论基础上发展起来的新兴学科，被认为是与数学、自然科学、社会科学等相并列的一个基础学科门类，它是从整体与局部的关系角度来研究客观实际的。在钱学森院士和其他专家学者的共同推动下，国务院学位委员会于 1990 年增列系统科学为理学门类中的一级学科，推动了系统科学学科建设在全国范围内的发展。

目前，系统科学还没有一个明确的大家普遍接受的定义，但在其研究范畴和研究目标上大家都有基本的共识。我国《1999 科学发展报告》中指出：系统科学是自然科学与社会科学的基础学科。不同于工程、管理等学科领域对具体工程或管理问题的关注，它关心涉及复杂系统性质和演化规律的基本科学问题，试图通过对生命生态、资源环境、社会经济等具体系统演化过程中关键问题的研究，揭示复杂系统所具有的一般性规律，研究复杂系统宏观层次上的涌现性行为、系统性质和功能的智能控制等科学问题，并促进对具体系统的认识。

简言之，系统科学是探索复杂系统基本规律及其相关应用的新兴交叉学科。按照钱学森院士对现代科学技术体系的划分，任何学科都可分成基础理论、技术基础和实际应用三个层次。对系统科学而言，基础理论层次的内容是系统学或称作系统理论，技术基础层次的内容包括运筹学等理论方法，实际应用层次则是各种各样的系统工程。建立系统学是发展技术、开展实际应用的基础。系统学目前还未形成完整的理论体系，我们认为，近年兴起的复杂性研究就是构建系统学理论体系的一个很重要的途径。复杂性研究关注复杂系统在时间演化过程中所表现出来的丰富多彩的性质、行为及其背后存在的具有共性的基本规律，特别是复杂系统的涌现性性质。它涵盖了大脑、免疫系统、细胞、蚁群、互联网、金融市场、人类社会等具体领域，是 21 世纪基础科学发展的一个重要方向。*Science* 杂志在 1999 年就曾发表专辑阐述了复杂性研究对众多学科的可能影响。由于探索复杂性所形成的理论和分析方法在解决复杂系统问题上的前景和威力，复杂性科学还被众多科学家誉为“21 世纪的科学”。

2. 复杂系统与涌现性

复杂性研究对象是复杂系统，它不以系统的物质属性进行区别，广泛涉及生命、生态、气候气象、资源环境、人口和社会经济等领域。复杂系统在目前也还没有一个被大家公认的科学定义。我们认为，系统复杂与否通常由系统中所包含个体的数量（系统的自由度）以及个体之间的相互作用形式两个因素共同决定。如图 2-3-1 所示。

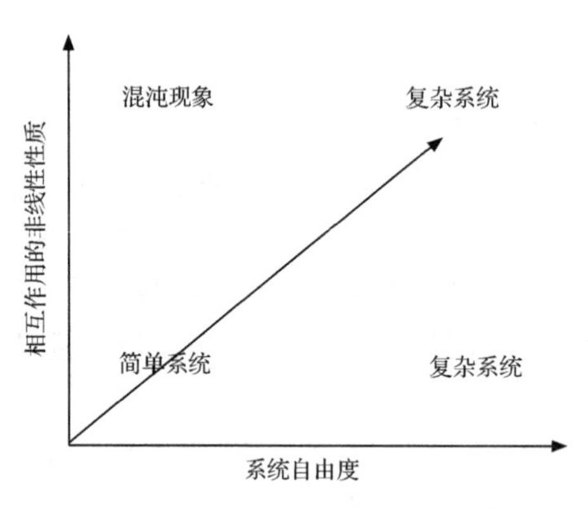

图 2-3-1　复杂系统示意图

简单系统处于图 2-3-1 的左下角，系统包含少量的个体，个体行为受已知的规律支配，且相互作用是线性的，单摆就是其中典型的例子。需要注意的是，即使对于小自由度的系统，当系统中存在非线性的相互作用时，系统处于图 2-3-1 中左上角的位置，它也可以表现出混沌等复杂行为。当系统包含大量的个体，但个体之间的关系为线性、简单、机械的相互作用时，系统处于图 2-3-1 中右下角的位置。此时，我们可以称之为复杂的系统，理想气体是其中典型的例子。系统包括大量的行为相近的气体分子，但分子之间除了完全弹性碰撞外，不考虑任何其他的相互作用。此时，我们可以通过简单的统计平均的方法来研究系统的行为。另一个例子是波音飞机，该系统包含了三百多万个部件，但每一个部件受已知的、机械的规律支配，具有明确的功能。通常，在外界环境改变时，复杂的系统只能对有限的改变做出响应。典型的复杂系统处于图 2-3-1 中的右上角。系统包含大量的个体，而个体之间的相互作用是非线性的。另外，复杂系统的另外一个典型特点是系统中的个体可以具有一定的自适应性，例如组织中的细胞、股市中的股民、城市交通系统中的司机、生态系统中的动植物等，这些个体都可以根据环境或其他相互作用关系的变化而调整自己的行为甚至是行为规律。显然，系统的复杂性并不一定与系统的规模成正比，复杂系统需要具有一定的规模，但不一定规模越大越复杂，非线性的相互作用以及个体的适应性是决定系统复杂性的重要因素。

复杂系统这一概念可广泛应用于自然和社会各领域。一般来说，复杂系统往往是由大量具有非线性相互作用的个体组成，其突出表现是：在没有中心控制和全局信息的情况下，仅仅通过个体之间的局域相互作用，系统就可以在一定条件下展现出宏观的时空或功能结构，在新的层次上涌现出具有整体性和全局性的性质和功能，这就是所谓复杂系统的涌现性。复杂系统所涌现出来的宏观全局行为，不管其复杂与否，都表现为在个体的微观层次上不可能出现的、系统的整体行为。在这里应该强调的是，非线性的相互作用对于系统宏观行为的出现至关重要，它使得系统的整体行为不能通过个体行为的简单叠加而获得。复杂系统在空间上经常包含不同的尺度，其结构也往往具有多种层次，不同尺度和层次所面临的问题各不相同，不同尺度和层次之间的关系复杂多样，非线性因素的存在使得大尺度上的问题不能简单通过小尺度的叠加而获得解答，高层次上涌现出来的性质也不能直接从低层次性质得到解释。因此，复杂系统研究不能采取还原论的研究方法，而必须在了解个体行为及其相互作用机制的基础上，从整体的视角、利用系统论的研究方法来进行探讨。

3. 复杂网络对于探索复杂性的作用

对于复杂系统的整体涌现性行为，非平衡统计物理学中的自组织理论从热力学的视角给出了系统产生宏观有序行为的条件和机制，为理解各领域复杂系统的涌现性提供了统一的概念、方法和基础。但当我们希望具体了解各个具体系统的宏观行为时，仅仅靠热力学的知识是不够的，必须针对具体系统应用动力学手段，使用动力学的概念和方法，分析个体行为、相互作用和演化机制。

复杂系统的动力学描述需要刻画个体的动力学行为和个体之间的相互作用关系。前面已经提到，个体之间的非线性相互作用是决定系统复杂性的重要因素，所以刻画系统中的相互作用关系对研究宏观行为意义重大。在已有的关于复杂系统的研究中，存在两种对相互作用关系的简化处理。

① 全局相互作用：系统中任意一对个体之间都以同样的概率及机制发生相互作用。在这种情况下，在理论上可以用平均场的方法研究系统的涌现行为。

② 规则的相互作用结构：例如把个体置于一维链或二维晶格之上，此时可以用反应扩散方程等方法讨论系统的行为。

在以上两种相互作用关系的近似中，个体都是平权的，个体之间的相互作用关系没有差别。显然，这一简化与许多实际系统，特别是生物和社会经济系统相距甚远。近年来备受关注的复杂网络研究表明，大量复杂系统个体之间的相互作用关系可以用网络结构来描述，而这些网络结构存在着许多特殊的性质，例如小世界性质、幂律度分布、不同的匹配关系、社团结构等。当我们知道相互作用结构对系统宏观行为具有重要影响时，复杂网络研究就成为理解复杂系统宏观行为的基础。

大量包含多个体和多个体相互作用的复杂系统都可以抽象成为复杂网络，其中每个个体对应于网络的节点，个体之间的联系或相互作用对应于连接节点的边。可见，复杂网络是对复杂系统相互作用结构的本质抽象。虽然每个系统中的网络都有自身的特殊性质，都有与其紧密联系在一起的独特背景，有自身的演化机制，但是把实际系统抽象为节点和边之后就可以用统一、一致网络分析方法去研究系统的性质，从而可以加深对系统共性的了解。总的来说，复杂系统的涌现性现象是具有整体性和全局性的行为，不能通过分析的方法去研究，必须考虑个体之间的关联和相互作用。从这个意义上讲，理解复杂系统的行为应该从理解系统相互作用的网络结构开始。所以，虽然复杂网络本身已经成为科学研究的一个重要领域，但本质上来说，复杂网络是研究复杂系统的一种角度和方法，它关注系统中个体相互关联和作用的拓扑结构，是理解复杂系统性质和功能的基础。

三、国内外探索复杂性的基本尝试

近年来，复杂性研究方兴未艾，已成为国际上科学研究的前沿和热点，许多著名的大学纷纷设立相关的院系及研究机构，研究者来自各个领域，包括物理学家、生态学家、经济学家、各类工程师、昆虫学家、计算机科学家、语言学家、社会学家和政治学家。一场关于复杂性研究的科学竞争已经在世界范围内展开。在探索复杂性的科学研究中，我们认为，欧洲学派的自组织理论和美国 Santa Fe 研究所所倡导的关于复杂适应性系统的研究值得大家关注。

自组织理论创立于 20 世纪 60 年代末，核心的内容是 Prigogine 创立的耗散结构理论和 Haken 的协同学。自组织理论的研究对象就是复杂系统，它关心复杂系统演化所表现出来的多样性和复杂性背后的基本科学问题，其中最为核心的就是时间及其演化。考察系统的演化，我们可以发现可逆与不可逆两种物理图像以及退化与进化两种时间箭头。在我们熟悉的生命生态、社会经济、环境等领域，处处可以观察到由简单到复杂，由低级到高级，由无功能到有功能到多功能的进化方向。而这种时空有序和功能结构的涌现，则是与经典力学和统计物理学给出的结论是相悖的。如何沟通物理的、量的世界和生物的、质的世界是科学研究的一个重要命题。自组织理论正是在探讨这一问题中产生的。

生命现象是进化进程的典型代表。但事实上，物理的、化学的无生命领域，我们也可以观察到由无序到有序的进化现象，观察到结构和功能的涌现。天空中的云街、岩石中的花纹、低等生物的社会性行为等，都是系统在某些外在条件下，自发地产生出宏观有序结构的例子。它不同于系统在具有更高组织的环境驱动下，被动地产生某种宏观结构的行为（如搅动液体也会产生出宏观对流），自组织现象的产生根源于系统的内部。研究各领域中自组织现象的共性与规律，并利用相应的概念和方法研究具体系统的自组织行为，就构成了自组织理论的核心内容。以 Prigogine 为首的布鲁塞尔学派通过对非平衡系统线性区和非线性区的潜心研究，在局域平衡假设的基础上，得到了自组织和耗散结构的概念。他们指出当外界环境把开放系统驱动至远离平衡的区域，即超越了 Onsager 关系和最小熵产生定理的适用范围，进入非线性区后，系统的定态可能失稳。系统内部的涨落能驱使它进入具有时间、空间或功能结构的状态，出现自组织过程。Haken 所领导的斯图加特学派则通过对激光的研究，深入到了自组织过程的内在机制，提出了序参量、伺服原理等基本概念，指出在系统有序结构形成的临界点，系统的快变量会受到慢变量的制约，系统杂乱无章的运动将被统一的协同运动所取代。

自组织理论的研究和成就不同于科学史上发现一条定律或定理，发现某个天体或基本粒子，它的成就在于以非平衡的热力学为基础，开阔了一个新的领域——研究世界复杂性的领域，它对人们的世界观和科学研究有深远的影响，有广阔的发展前景。可以说，这一理论使我们认识到了不同领域复杂系统演化过程中遵从着普适的规律，奠定了探索复杂性的科学基础。正是在此基础上，Prigogine 和他所领导的小组进一步对气象系统、生态系统、生命系统及经济系统等方面展开积极的研究并取得了实质性的进展。例如，他们用一组宏观量描述地球-大气-低温层体系给出大气和海洋湍流的动力学机制，从根本上改变了气象预报的基本概念，并已于 20 世纪 90 年代进入到实际的气象预报系统的建设。在生态研究中，以纽芬兰渔场为例讨论了渔场资源、鱼类种群、渔业活动的综合演化关系，讨论了多组渔民在交换多个区域、不同鱼类资源信息情况下的捕鱼行为和鱼类种群的演化规律。在考虑人的主观因素对复杂系统演化的影响后，把理论结果运用到实际系统中取得了很好的效果。在经济复杂性的研究中，对美国城市沿革，比利时交通，荷兰的能源演化也给出了定量的演化结果。Haken 等在协同学的基础上发展出定量社会学，还研究了意识的形成和大脑的工作方式并取得成果。

但正如我们在前面提到的，自组织理论仅仅从热力学的视角给出了系统产生宏观有序行为的条件和机制，但当我们研究具体系统的宏观行为时，必须针对具体系统应用动力学手段，分析个体行为、相互作用和演化机制。自组织理论提供的动力学研究方法局限在宏观或中观层次上，并且要求使用严格的动力系统或随机过程等数学语言来描述，这就大大限制了研究范围。因为许多实际系统中的个体是适应性的，个体之间的相互作用也未必能够用严格的动力学语言来描述。20世纪80年代末，在Gell-Mann、Anderson、Arrow等诺贝尔奖得主倡导下，Santa Fe研究所成立于美国新墨西哥州，该研究所特别注重多学科交叉，主要开展复杂性研究。他们在90年代提出了复杂适应性系统理论，注重个体的主体性、能动性，强调个体之间、个体与系统之间、系统与环境之间的相互影响和相互作用，认为这是主导系统发展与演化的重要因素。在此基础上探索微观个体的行为及其在宏观上涌现出的新特征，该所还设计了相应的计算软件SWARM等予以实施。他们的研究涉及生命、生态、经济和网络等领域。

事实上，复杂适应性系统理论可以作为近年来被广泛应用的基于主体的建模方法（agent based modelling，ABM）的一个特例。我们知道，复杂系统的一个突出特征是基于微观个体相互作用的宏观涌现性，其中涉及系统微观和宏观相关关系这一基本问题。自组织理论中动力系统的建模方法本质上属于自上向下（up-down）的建模方法，首先确定描述系统宏观状态的变量及其演化规律，然后研究系统宏观状态在不同环境、条件下的涌现性为。而基于主体的建模方法则属于自底向上（bottom-up）建模方法，他从组成系统的基本单元——主体（agent）出发，首先建立个体的行为规则、学习适应以及相互作用机制，在此基础上探讨由于个体之间的关联和作用所导致的系统的宏观行为。在计算机数值模拟技术的支持下，这一研究线路大大拓展了探索复杂性的研究对象和应用领域。

我国的科研工作者也积极参与了探索复杂性的科学研究，并取得了一些成果。钱学森院士早在20世纪80年代中期就洞察到了这个科学方向的重要性，积极推动了系统科学的学科建设，并提出了复杂性研究的独特思路和方法论，包括从定性到定量综合集成的研究方法。还有不少科研工作者在非平衡系统理论、社会经济系统复杂性、生命和生态系统复杂性等方面，独立开展工作并取得了一些成果，得到了国际同行的认可。

目前，国际、国内进行复杂性研究的工作都是针对具体系统进行的，寻找复杂系统的一般规律可以说还任重而道远。我们认为，这是复杂性研究的一个必不可少的阶段。首先，由于复杂系统的特征如不可逆性、涌现性、敏感性和路径依赖等表现出了很强的普适性，我们相信其中一定存在着普适的、制约不同系统演化的基本规律，这是建立系统学的基础；其次，通过从理论到理论的途径很难直接产生理论的成果，普适的规律一定是通过对各种各样的具体系统的深入研究而获得的，这就要求我们一定要走进去，准确把握相关系统的概念，深入细致地了解系统的性质；第三，在准确把握概念和性质的基础上，对具体系统的研究不能落入已有思想和方法的樊篱，要注意应用系统论——还原论和整体论的有机结合研究相应的复杂性问题；第四，在获得对具体系统的成果后还一定要注意走出来，注意通过对具体系统地研究提炼具有普适性的规律，通过对不同系统的研究促进对复杂性本身的认识，从而对建立系统学做出贡献。

在以上的基本研究思路下，我们特别关注复杂系统在时间演化过程中所表现出来的丰富多彩的性质和行为，及其背后存在的具有共性的基本规律。注意将理论探索与具体领域的研究紧密结合起来，一方面利用系统科学的思想、方法和工具研究经济、资源环境、生物、计算机系统等领域中的相关问题；另一方面注意从具体问题中提炼具有共性的规律性的东西，研究系统宏观层次上的涌现性行为以及对系统性质和功能的智能控制，发展系统科学的基本概念和理论。北京师范大学系统科学学科已经形成了稳定的、具有一定优势和特点的研究方向，包括复杂系统基本理论、复杂系统控制与优化、社会经济系统分析、生命生态复杂系统包括脑与神经系统动力学、Multi-Agent 系统与演化计算等，希望能够在全国同行和专家的指导和帮助下为系统科学的建设与发展作出自己的贡献。

四、结语

发展系统科学已经成为世界科学技术发展的大趋势，而针对复杂系统涌现性的复杂性研究是建立系统学、并进而发展系统科学的技术基础和工程应用的重要途径。*Science* 杂志在 1999 年就曾发表专辑阐述了复杂性研究对众多学科的可能影响。2004 年，中科院在基础研究中长期规划中，确定复杂系统研究为 14 个重点领域之一。国务院 2006 年发布的《国家中长期科学和技术发展规划纲要》多次论述了系统科学和交叉学科，明确指出“复杂系统、灾变形成及其预测控制”是面向国家重大战略需求的基础研究，要求“重点研究工程、自然和社会经济复杂系统中微观机理与宏观现象之间的关系，复杂系统中结构形成的机理和演变规律、结构与系统行为的关系，复杂系统运动规律，系统突变及其调控等，研究复杂系统不同尺度行为间的相关性，发展复杂系统的理论与方法等”。可见，系统科学和复杂性研究以及交叉学科对我国中长期科学发展的重要意义已经逐渐被大家所认识接受。在良好的学科发展背景和已有的工作基础之上，我们需要团结创新，踏实工作，扎扎实实地推进系统科学的建设与发展。

参考文献

北京大学现代科学与哲学研究中心. 复杂性新探. 北京：人民出版社，2007.
北京大学现代科学与哲学研究中心. 钱学森与现代科学技术. 北京：人民出版社，2001.
戴汝为. 复杂巨系统学——一门 21 世纪的科学. 自然杂志，1997，4.
恩格斯. 自然辩证法. 于光远，魏宏森，等译. 北京：人民出版社，1984.
冯·贝塔朗菲. 一般系统论：基础、发展和应用. 林康义，魏宏森，等译. 北京：清华大学出版社，1987.
郭雷，许晓鸣. 复杂网络. 上海：上海科技教育出版社，2006.
哈肯. 高等协同学. 郭治安，译. 北京：科学出版社，1989.

姜璐，李克强. 简单巨系统演化理论. 北京：北京师范大学出版社，2002.
李政道. 新世纪：微观与宏观的统一. 科学世界，2000.
马克思恩格斯全集（42卷）. 北京：人民出版社，1979.
尼科利斯，普里戈金. 探索复杂性. 罗久里，等译. 成都：四川教育出版社，1986.
钱学森，于景元，涂元季. 创建系统学. 太原：山西科学技术出版社，2001.
钱学森. 创建系统学（新世纪版）. 上海：上海交通大学出版社，2007.
钱学森. 感谢、怀念和心愿. 人民日报，1991-10-17.
钱学森. 关于思维科学. 上海：上海人民出版社，1986.
钱学森. 论系统工程（新世纪版）. 上海：上海交通大学出版社，2007.
钱学森. 马克思主义哲学的结构和中医理论的现代阐述. 大自然探索，1983.
钱学森. 人体科学与现代科技发展纵横观. 北京：人民出版社，1996.
钱学森. 现代科学的结构——再论科学技术体系学. 哲学研究，1982.
沈小峰，胡岗，姜璐. 耗散结构论. 上海：上海人民出版社，1987.
于景元. 国家创新体系是开放的复杂巨系统//国家创新体系发展报告. 北京：知识产权出版社，2008.
约翰·H·霍兰. 隐秩序——适应性造就复杂性. 周晓牧，韩晖，译. 上海：上海科技教育出版社，2000.

第三章　思 维 科 学

第一节　现代科学技术体系与大成智慧*

一、前言

进入21世纪，智能系统的建立与应用日益发展，深入开展大成智慧的研究就成为了重要问题。这里扼要介绍我国科学家钱学森关于现代科学技术体系的构思，并从这个体系来看待智能系统与大成智慧工作的观点。此外，对智能系统有关的一些基本问题，诸如模型与建模、方法论、理论基础以及智慧的涌现等进行一些探讨。

在有关系统的研究中，人们越来越清楚地认识到，系统的复杂程度一方面取决于系统本身，另一方面取决于系统的运行环境。一个简单的受控对象在复杂的环境中运行，实际上复杂的程度就大为增加。以往人们往往从表征系统特点的“控制”与“信息”两个方面把系统划分成控制系统与信息系统两种类型。从这两种类型的系统的发展来考察系统的发展过程，可以概括为从简单系统到复杂系统进而到开放的复杂巨系统。简单系统发展阶段的标志是控制论；复杂系统（包括自主的智能系统）发展阶段的标志是人工智能，这类系统体现了把专家的经验、知识注入系统中；开放的复杂巨系统（包括智能型开放系统）的研究已经逐渐展开，这阶段的标志是人—机结合的大成智慧。这类系统体现了把专家群体的经验、知识等注入系统中。从简单系统向复杂系统的发展，系统由数学描述转为计算机程序的描述；从复杂系统向开放的复杂巨系统的发展，根本的问题是方法论的改变。在综合集成方法论的实践形式——以人为主、人—机结合的综合集成研讨体系构建当中，又融合了现代信息技术和先进手段；实现了在信息空间的综合集成研讨，达到钱学森称之为的“智界”，实现了大成智慧的涌现。

二、现代科学技术体系简介

如何看待科学技术体系以及科学技术体系究竟包括哪些部门是十分重要的问题。现代科学技术体系的建立是钱学森用马克思主义哲学做指导，总结出来的，

---

* 本节执笔人：戴汝为，中国科学院。

早在他由美国刚回到祖国的 1957 年，发表了归国后的一篇重要文章，题为“论技术科学”。文章阐述了科学领域中三个层次的观点，即基础理论、技术科学、应用技术三个层次，并以自己亲身参与美国应用力学发展的深刻体会，论述了技术科学的重大意义与作用。在任何一个时代，今天也好、明天也好、一千年以后也好，科学理论绝不能把自然界完全包进去，总有一些东西漏下了，是不属于当时的科学理论体系里的，总有些东西是不能从当时科学理论推演出来的。所以虽然自然科学是工程技术的基础，但它又不能完全包括工程技术。因此有科学基础的工程理论就不是自然科学的本身，也不是工程技术的本身，它是介乎自然科学与工程技术之间的，它也是两个不同部门的人们生活经验的总和，有组织的总和，是化合物，不是混合物。要综合自然科学和工程技术，要产生有科学依据的理论，需要另一种专业的人。由此看来，为了不断地改进生产方法，我们需要自然科学、技术科学和工程技术三个部门同时并进，在任何一个时代，这三个部门的分工是必需的。钱学森在国内，又经过 20 多年从事航空航天技术的实践与经验积累，于 20 世纪 80 年代首次在中共中央党校讲课时把原来人们心目中的自然科学和社会科学两大部门，扩展到 8 个，加上数学科学、系统科学、思维（认知）科学、人体科学、军事科学和文艺理论，形成一个体系。过了几年又加上地理科学、行为科学，之后又提出建筑科学的设想，在这过程中曾与建筑专家及城市规划专家谈过。总之，现代科学技术体系是基于各门科学研究的对象都是统一的物质世界的认识，区分只是研究的角度不同，这就从根本上拆除了以往各门学科之间仿佛永远不可逾越的中界，也必然使辩证唯物主义与各门科学内在地、紧密地熔铸在一起。这个体系从横向分为三大层：最高层是马克思主义哲学，马克思主义哲学、辩证唯物主义是人类一切知识的最高概括；从智慧形成的高度，以“性智”与“量智”来概括各科学技术部门及文艺活动与美学对人类的性智与量智两种类型智慧的形成与影响；最下面一层是现代科学技术 11 大部门，即自然科学、社会科学、数学科学、系统科学、思维（认知）科学、人体科学、地理科学、军事科学、行为科学、建筑科学以及文艺理论与文艺创作，并分别通过 11 座“桥梁”：自然辩证法、唯物史观、数学哲学、系统论、认识论、人天观、地理哲学、军事哲学、人学、建筑哲学以及美学，把马克思主义哲学与 11 大科学技术部门连在一起。在每一大部门中，又分成基础理论、技术科学及应用技术三个层次。在 11 大部门之外，还有未形成科学体系的实践经验的知识库以及广泛的、大量成文或不成文的实际感受，如局部的经验、专家的判断、行家的手艺等也都是人类对世界认识的珍宝，不可忽视，亦应逐步纳入体系。总之，这一分类法显示出这 11 大部门之间本来就是互相联系、互相促进、不可分割的关系，并揭示了马克思主义哲学与各门具体科学技术必然的、紧密的熔铸在一起的内在关系，形成统一完整的现代科学技术体系。以上所述的现代科学技术体系是钱学森多年来心血与智慧的结晶，体现出集大成的智慧。

这个体系可以用图 3-1-1 表示。

马克思主义哲学 —— 人认识客观和主观世界的思维											哲学
性智 ⟵⟶ 量智											
美学	建筑哲学	人学	军事哲学	地理哲学	人天观	认识论	系统论	数学哲学	唯物史观	自然辩证法	桥梁
文艺理论	建	行	军	地	人	思	系	数	社	自	基础科学
	筑科	为科	事科	理科	体科	维科	统科	学科	会科	然科	技术科学
文艺创作	学	学	学	学	学	学	学	学	学	学	应用技术
文艺活动											
实践经验知识库和哲学思维											前科学
不成文的实践感受											

图 3-1-1 现代科学技术体系

三、方法论与智能系统研究

对系统的研究是从简单到复杂的。从控制系统的角度来看，在现实的生产活动中，所遇到的控制问题往往很复杂，有的包含着多种物理与化学的过程，有的控制对象具有不确定性而且会发生突变。在国民经济和国防建设中，特别是人与自然交互等社会因素中，具有全局性影响的系统往往朝着大型化与复杂化的方向发展，甚至出现了开放的复杂巨系统。从简单系统到复杂系统的发展，对系统的研究从采用数学为工具转为采用计算机程序为工具，致于用什么方法的问题并不突出；但是，当系统从复杂系统上升到更加复杂的开放的复杂巨系统时，以往所习惯采用的还原论的方法就难以满足需要了，方法论的问题成为突出的问题。20 世纪 80 年代末，为处理开放的复杂巨系统问题，钱学森等提出了“从定性到定量的综合集成法”。这一方法以《实践论》为立足点，强调人的主导作用及经验的重要性，主张人与计算机结合。这个方法的最初表达为：处理开放的复杂巨系统的措施是“将专家群体（各方面有关的专家）、数据和各种信息与计算机技术有机地结合起来，把各种学科的科学理论结合起来，这三者本身也构成一个系统。这个方法的成功应用就在于发挥这个系统的整体优势和综合优势”。从定性到定量的综合集成法的提出是方法论上的一个飞跃。我国有“集大成”的说法，就是说，把一类非常复杂的事物的各方面综合起来，集其大成。采用从定性到定量的综合集成法就可以把人的思维、知识、智慧及各种情报、资料、信息统统集成起来，通过信息网络（Internet）共享人类的知识与智慧的结晶，解决经济建设、科学技术以及社会发展中遇到的十分复杂的问题，形成一门以从定性到定量的综合集成法为核心的工程，称为大成智慧工程。

以上是从系统科学发展的角度来看的。由于人脑这个系统是一个开放的复杂巨系统，人的智能行为源于这个系统。我们从智能系统的研究来看，与其紧密相关的人工智能发展到 20 世纪末面临着要解决两个根本性的问题：一是扩展（scaling up）问题，即以往的人工智能所用的符号表示、启发式编程及逻辑推理的方法，只适于研制专家系统这类较为狭窄的智能系统，不能推广到规模更大、领域更为宽广的复杂系统，如智能型开放系统中去；另一个是所谓的交互（interaction）问题。人们已经深有感触，传统的人工智能方法只能模拟人的逻辑思维支配的行为，而不包括人与环境的交互行为，因此根据模拟人的逻辑思维所研究成功的系统不具备与环境进行交互的能力。这两个问题表明人工智能要有进一步的发展，必须突破以逻辑为基础，以启发式编程为特征的方法的局限性。十多年前，现场人工智能研究以及现场认知理论的探讨，提出了这个智能研究的发展方向问题。现场人工智能强调智能系统与环境的交互，为了实现这种交互，智能系统一方面要从所运行的环境中获取信息（感知），一方面要通过自己的动作（作用），对环境施加影响。现场人工智能的提出，一方面使人感到自动控制领域中的一些论点与方法是值得借鉴的，更重要的方面是扩展了对人类思维的研究和模拟的范围。国际上已普遍开始重视除逻辑思维以外其他思维形式的研究。但是未形成新的理论基础，更现实的是需要新的方法。从方法的层面上分析前面所说的综合集成，也可以用于智能系统的研制。综合集成是人与计算机两者相结合，计算机发挥自己速度快及擅长于逻辑运算等特点，而人发挥自己的感知、形象思维能力。总之，计算机能完成的工作就让计算机去做，这当然需要把这部分问题加以形式化，才能由计算机完成。至于关键的、无法形式化的部分则由人加以解决。用从定性到定量的综合集成法处理复杂问题的步骤，可归纳如下：

① 明确任务、目的是什么。

② 尽可能多地请有关专家提意见和建议。专家的意见是一种定性的认识，肯定不完全一样。此外，还要搜集大量的有关文献资料，认真地了解情况。

③ 在通过上述两个步骤，有了定性的认识，在此基础上由知识工程师参与，建立一个系统模型。建立模型的过程中必须注意与实际调查数据结合起来，统计

数据有多少就需要多少个参数。然后用计算机进行建模的工作。模型建立后，通过计算机运行得出结果。但结果的可靠性如何？需要把专家请来，对结果反复进行检验、修改，直到专家认为满意时，这个模型才算完成。

④ 在知识工程师的协助下，提出问题求解的约束条件与期望目标，选择合适的求解方法，根据求解结果判断是否达到期望的目标。如果没有达到，生成新的问题求解状态，继续进行，不断循环地进行求解，直到满意为止。在计算机工作时，可以根据中间结果与所获得的信息不断给计算机增加新的知识，修改期望的目标，也可以终止计算机的运行，重新设定问题求解的初始状态。

以上步骤综合了许多专家的意见和大量书本资料的内容，不是某一个专家的意见，而是专家群体的意见，是定性的、不全面的感性认识加以综合集成，在一定程度上体现了把专家群体的经验、知识注入系统中，达到对于总的方面的定量认识，所以说是一种集大成的智慧。

上述具体步骤表明：从定性到定量综合集成这一处理开放的复杂巨系统的方法是可操作的，用以处理十分复杂的问题时，能够从定性逐步得到对整体的定量的把握。

四、大成智慧学与大成智慧工程

大成智慧学和大成智慧工程是社会发展的需要。几千年来，人类社会虽曲折多变、兴衰不定，但是随着世界人口的增加，世界市场的繁荣以及科学技术的进步，人类社会已从低级走向高级，从简单日益变得复杂。如果说在古代，人们利用简单的劳动工具组成社会群体，向大自然不断索取，就可以维持生存、社会延续，那么在今天要想使人们生活幸福，使自然、社会持续稳定地发展下去，就不得不考虑广泛的问题，以致全球性问题，如人口、资源、环境等。现在落实科学发展观，构建和谐社会，一项政策、一个具体工程实施也涉及各个领域的问题。如我国的三峡工程，就不但需要懂得水利发电、工程地质、土木建筑、交通运输等侧重自然科学技术的多种学问，而且需要掌握总体设计、组织管理、投资经济、文物保护、考古发掘、军事科学、生态环境、国际关系、以致库区移民安置、生产建设等涉及社会科学、交叉科学的各种学问和才能。因此，要想卓有成效地进行社会主义物质文明与精神文明建设，就需要努力获得渊博的知识，集人类智慧之大成。

钱学森 1992 年 11 月 13 日在一次谈话中提出了大成智慧工程和大成智慧学的思想。他说：认识现代科学技术的体系结构，是学习掌握认识世界和改造世界的锐利工具。怎样利用这一“锐利工具”为人类认识世界和改造世界服务？我们现在搞的从定性到定量综合集成技术，……是要把人的思维，思维的成果，人的知识、智慧及各种情报、资料、信息统统集成起来，我看可以叫大成智慧工程。

中国有集大成之说，集其大成出智慧嘛，……将这一工程进一步发展，在理论上提炼成一门学问，就是大成智慧学。“大成智慧学”也可以说是“聪明学”，是如何使人获得智慧与知识，提高认识世界和改造世界的能力的学问。大成智慧学与以往关于智慧或思维学说的不同在于：它是以马克思主义辩证唯物论为指导，利用信息网络，以人—机结合的方式，集古今中外智慧之大成的学问。用英文表示“大成智慧学”即 theory of metasynthetic wisdom utilizing information network structured with marxistic theory。进一步，他指出：大成智慧现在提出来，是有技术基础的，不是吹牛，这就是信息革命。信息革命的主要影响在于，它把人脑记忆大量观察到的事实这一繁重的工作解放了。信息革命带来的一个变化是体力劳动会逐渐减少，而脑力劳动会逐渐增加，所占比重会超过体力劳动。即使从事体力劳动的人，也要有脑力劳动。所以，人类的劳动将重点从体力劳动转向脑力劳动。由于社会的发展，人民生活的改善，也能够提供这样的社会条件。由此可见，我们今天搞的这种大成智慧，不但是一门学问，而且是一场伟大的革命。

什么是大成智慧工程？20 世纪 50 年代以来，信息技术迅速发展，电子计算机、多媒体技术（multimedia technology)、遥作技术（telescience)、灵境技术(virtual reality)、互联网的逐渐普及，为集古今中外智慧之大成，进行创造性地思维与工作，提供了前所未有的良好条件。因此，大成智慧工程（meta-synthetic engineering）的特点和实质就是通过从定性到定量的综合集成研讨厅体系(hall for workshop of metasynthetic engineering)，把各方面有关专家的思维成果和智慧，他们的理论、知识、经验、判断以及古今中外有关的信息、情报、资料、数据等，与计算机、多媒体技术、灵境技术、信息网络设备等，有机地结合起来，构成人—机结合的智能系统，同步快速地对各种类型的复杂性事物（开放的复杂巨系统）进行从定性到定量、从感性到理性再到实践，循环往复，逐步深入与提高的分析与综合。在此过程中，不断以学术讨论班（seminar）的方式启迪参与者的心智，激发群体智慧，发展现代科学技术体系知识共享的整体优势，集古今中外智慧之大成，使人获得新的知识、新的观念，丰富人的智慧，提高人的智能，特别是创造思维的能力，从而找出从总体上观察和解决问题的最佳方案。

这样的大成智慧工程，实际上是把计算机通过信息网络的信息处理，与集体人脑思维的信息处理，两者紧密结合起来，形成一个人为的开放复杂巨系统。在这个知识系统中，通过各种信息和生动的形象以及模拟的预想现象等，可以拓宽人们的视野，使人接触到广泛的世界，“感受到从前不能感受到的东西；大至宇宙，小至分子、原子，人都能审视感触”，从而能够打开思路，更准确地把握各种复杂巨系统的微观与宏观、现象与本质、相对稳定与持续发展的内在规律等。做到“在定方针时居高远望，统揽全局，抓住关键；在制订行动计划时又注意到一切因素，重视细节”。使决策既具有战略意义又符合实际，切实可行，有所前进、有所创新。钱学森在 2001 年 3 月 20 日接受文汇报记者采访时深情地说：“结合现代信息技术和网络技术，我们将能集人类有史以来的一切知识、经验之大成，大大推动我国社会物质文明和精神文明建设的发展，实现古人所说‘集大成，得智慧’的梦想。智慧是比知识更高一个层次的东西了。如果我们在 21 世纪真的把人的智慧都激发出来，那我们的决策就相当高明了。”“我相信，我们中国科学家从系统工程、系统科学出发，进而开创的大成智慧工程和大成智慧学在 21 世纪一定会成功。”

五、大成智慧工程与从定性到定量的综合集成研讨厅体系

到目前为止，大成智慧工程的实例是基于信息空间的从定性到定量的综合集成研讨厅体系（CWME）。该体系可视为一个由专家体系、机器体系、知识体系三者共同构成的一个虚拟空间。如图 3-1-2 所示。

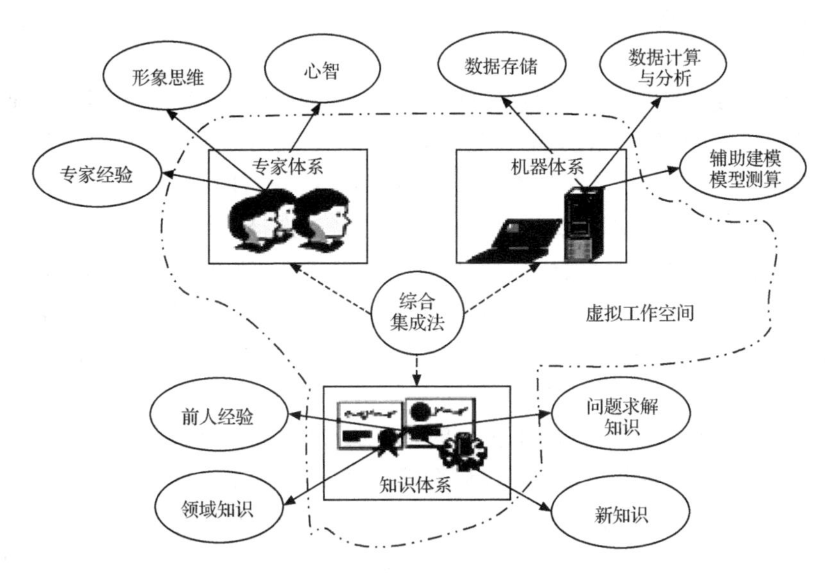

图 3-1-2 CWME 框架结构示意图

一方面，专家的心智、经验、形象思维能力及由专家群体互相交流、学习而涌现出来的群体智慧在解决复杂问题中起着主导作用；另一方面，机器体系的数据存储、分析、计算以及辅助建模、模型测算等功能是对人心智的一种补充，在问题求解中也起着重要作用，知识体系则可以集成不在场的专家以及前人的经验知识、相关的领域知识、有关问题求解的知识等，还可以是由这些现有知识经过提炼和演化，形成新的知识，使得从定性到定量的综合集成研讨厅体系成为知识的生产和服务体系。具体来说：

① 专家体系由参与研讨的专家组成，是从定性到定量的综合集成研讨厅体系的主体，是复杂问题求解任务的主要承担者，其中主持人的作用尤为重要。专家体系作用的发挥主要体现在各个专家“心智”的运用上，尤其是其中的“性智”，是计算机所不具备的，但是问题求解的关键所在。

② 机器体系由专家所使用的计算机软硬件以及为整个专家群体提供各种服务的服务器组成。机器体系的作用在于它高性能的计算能力，包括数据运算和逻辑运算能力，它在定量分析阶段发挥重要作用。

③ 知识/信息体系则由各种形式的信息和知识组成，包括与问题相关的领域知识/信息、问题求解知识/信息等，专家体系和机器体系是这些信息和知识的载体。

从定性到定量的综合集成法把这 3 个部分组合成为一个整体，形成一个统一的、人—机结合的巨型智能系统和问题求解系统。从定性到定量的综合集成研讨厅体系的成功应用就是要发挥这个系统的整体优势和综合优势。因此，要讨论从定性到定量的综合集成研讨厅体系的实现问题，需要逐个考虑这 3 个体系的实现问题。其中：

① 专家体系的建设涉及专家群体的角色划分问题、专家群体不良思维模式的预防及纠正、专家个体之间的有效交互方式、研讨过程的组织形式问题等。

② 机器体系的建设涉及基本系统（包括软件、硬件）框架的设计、功能模块和软件模块的分析与综合、软件系统开发方法的选择等问题。

③ 知识/信息体系的建设则涉及知识——尤其是定性知识和非结构化知识的表达与抽取问题、知识的共享、重用和管理问题、信息的获取和推荐问题等。

与此相适应，作为可操作的平台，CWME 的实际结构与所提供的功能包括 3 个中心、7 种服务。如图 3-1-3 所示。

研讨中心为从定性到定量的综合集成研讨厅体系中的专家提供接入服务和研讨服务，包括输入/输出方式、多媒体会议、资源共享等。信息协作中心为专家提供信息协作服务，包括信息的获取、筛选、过滤等。数据中心为专家提供专业资源服务和决策支持服务，系统管理服务和系统支持服务是为系统管理员提供的系统管理、资源调配接口。系统的整个结构以及研讨中心和信息协作中心是与问题无关的。面向不同问题时，只需要更改数据中心的内容，因而整个系统可视为一个通用的平台。

CWME 的功能别具特色，具体表现在以下 6 个方面：

① 人—机结合、以人为主。人在该系统中始终起指导作用，让使用者回归到现实社会中的人和人的沟通、交流当中。

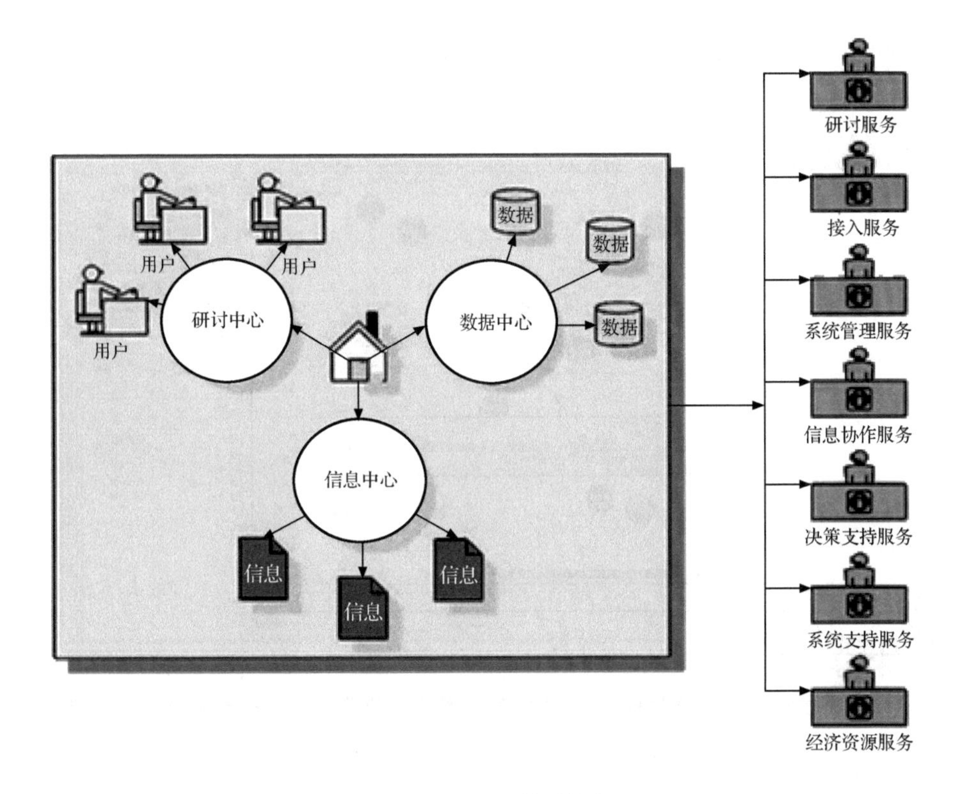

图 3-1-3 CWME 体系结构图

② 面向网络。提供了目前最可靠的和易用的基于 Web 的协同工作平台，适合有广泛交流沟通需求的一切企业、机关、研究单位等。

③ 多种形式的资源共享以及计算机之间的互操作，有利于将存在于专家大脑里的知识以可视化的方式进行共享，同时减少了软件集成的设计工作和服务器的负担。

④ 实时跨平台协作，从 Windows 延伸到 Mac、Unix 和 Linux，做到从定性到定量的综合集成研讨厅体系无处不在。

⑤ 多媒体接口设计，充分使用即时语音交流、手写汉字识别、指纹识别(用于身份认证)、视频会议等多媒体手段。

⑥ 结合知识管理，体现了从定性到定量的综合集成研讨厅体系是一个知识的生产与服务体系，实现了民主集中的工作空间。

CWME 客户端的运行界面如图 3-1-4 所示。

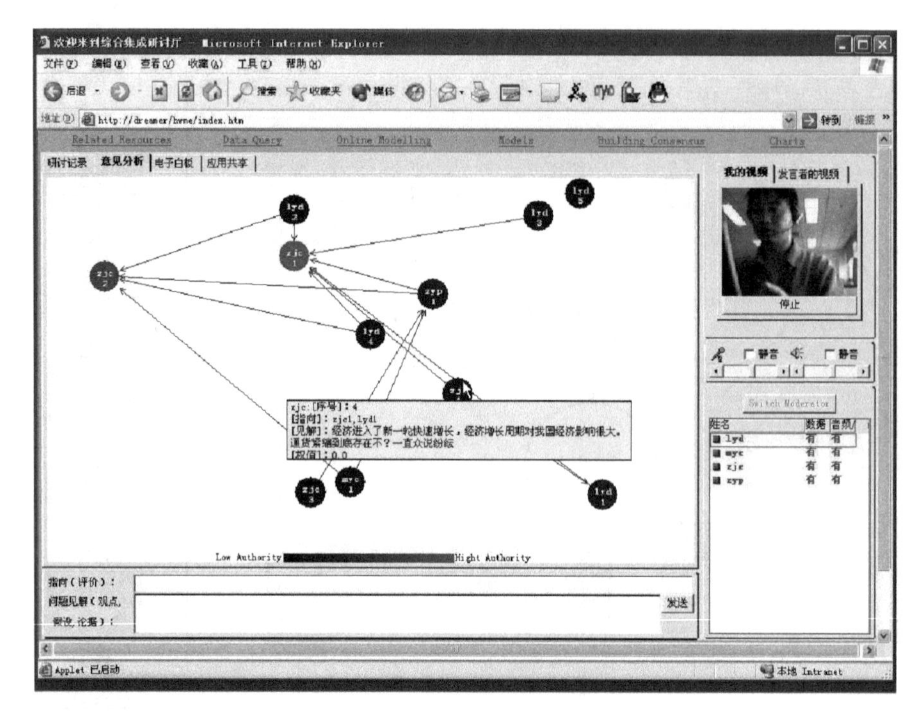

图 3-1-4　CWME 客户端的运行界面

六、结语

世界许多发达地区正发生着变化，实现着经济和社会从以逻辑、线性、类似计算机能力为基础的信息时代向概念时代转变。概念时代的经济和社会建立在创造性思维、共情能力和全局能力的基础上。在信息时代标榜的“左脑”逻辑思维能力在今天仍然必要，但是却不再能满足我们的需要。我们曾经低估和忽视的“右脑”形象思维的能力——创造性以及左右脑结合焕发出来的人类群体智慧即大成智慧越来越能决定世界的未来。

用前面所说的现代科学技术体系来建立信息网络，使得人类已掌握的与即将掌握的知识与技术能以极其灵活方便的方式为人类所共享，从而创造出更大的物质财富与精神财富。

在落实科学发展观构建和谐社会，人文与科学技术互相融合，面对世界所面临的相关危机和灾害的巨大挑战，突出了预测和科学决策的重大意义。以开放的复杂巨系统和从定性到定量的综合集成法为基础，充分调动信息技术，现代技术手段所构建的信息空间综合集成研讨体系成为可操作的技术平台。正如中国国家主席胡锦涛在参观军事科学院后了解到综合集成研讨体系在国家建设中所起到的作用后说："采用从定性到定量的综合集成法深入研究重大现实课题很有意义"。

第二节 现代科学技术体系中的思维（认知）科学*

在钱学森提出的现代科学技术体系中，思维科学是他最先倡导、创建的三大科学技术部门之一。他不仅对思维（认知）科学寄托了很高的期望，也为它呕心沥血，提出了许多精辟独到的见解，不愧为思维（认知）科学的开拓者、倡导者、创建者，为人类科学技术的发展做出卓越贡献。钱学森对思维（认知）科学的倡导、创建只是开了个头，今后创建思维（认知）科学的任务还很艰巨，恐怕需要几代甚至几十代人才能完成。因此，需要我们接过钱老的接力棒，继续前进。但是，根据我国与世界上思维科学（认知科学）的研究现状，目前的首要任务是全面、系统、完整地理解钱学森思维（认知）科学思想的丰富内涵与深远意义。这一点，我有切身的体会，要想接过钱老思维（认知）科学的接力棒，必须认真地研读倡导者的原著，理解他的本意与初衷，只凭只言片语就去随自己的意志任意发挥，不是真正、严肃的科学态度。

钱学森倡导、创建思维（认知）科学并不是孤立的，而是现代科学技术发展的必然产物，因此必须把钱老的思维（认知）科学思想放在人类认识发展的历史长河中，只有这样才能真正看清楚它的地位与价值。钱学森的思维（认知）科学思想也不是一成不变的，而是随着认识的提高与深化而发展的，了解这些思想的形成过程对理解其本质含义也具有重要意义。至于对钱学森思维（认知）科学思想的整体评价，不是现在就能够给出的，需要经过长期的实践检验才能作出结论。现在把自己在搜集、整理钱老关于思维（认知）科学的各种文献过程中的学习心得报告如下，希望得到各方面专家的指正。

一、历史背景

钱学森在20世纪70年代末80年代初倡导、创建思维（认知）科学不是偶然的心血来潮，而是人类认识、科学技术发展的必然结果。

1. 恩格斯提出了思维科学问题

在人类认识的发展史上首先提出思维科学问题的是恩格斯。

1881年他明确地指出："运动，就最一般的意义来说，就它被理解为存在的方式，被理解为物质的固有属性来说，它包括宇宙中发生的一切变化和过程，从

---

* 本节执笔人：卢明森，北京联合大学。

单纯的位置移动起直到思维。”① 显然，恩格斯是把思维当做物质运动的最高级形态来看待的，他正是根据不同的物质运动形态为研究对象来划分科学的：研究机械运动的是力学，研究分子运动的是物理学，研究原子运动的是化学，研究生物运动的是生物学，研究社会运动的是社会科学。当时虽然没有提出思维科学，但是思维科学的研究对象却是预先明确地摆在那里了。到 1886 年时就已经提出了：“对于已经从自然界和历史中被驱逐出去的哲学来说，要是还留下什么的话，那就只留下一个纯粹思想的领域：关于思维过程本身的规律的学说，即逻辑和辩证法。”② 明确地指出了思维科学这个概念的内涵：“关于思维过程本身的规律的学说”，只是当时他以为这是“逻辑和辩证法”。

2. 20 世纪 30 年代我国关于思维科学的争论

据智效民《五十年前的思维科学之争》考察，思维科学这个概念最早是叶青于 1931 年在“科学与哲学”一文中提出来的，在 1934 年出版的《哲学到何处去》中比较系统地阐述了其具体内容。他关于思维科学的主张，只是他“哲学消灭论”的组成部分。他认为，“自然现象是不经过人的行为就已经存在的，社会现象是要经过人的行为才能够存在的。思维现象是未经过人的行为，因而未外化成事实的观念作用和观念形态。”因此，如果说自然科学是研究“不经过人的行为就已经存在”的自然现象，社会科学是研究“要经过人的行为才能够存在”的社会现象，那么思维科学则是研究未经过人的行为，因而未外化成事实的“观念作用和观念形态”的。他把思维科学研究分成三大部分：关于思维符号的研究，包括语言和数学；关于思维活动的研究，包括认识论、论理学、方法学等；关于思维结果的研究，包括知识学、文学、文化学等。他把人类有史以来的知识分为三种，即宗教、哲学、科学；现在，宗教已经失掉知识的资格，哲学也正在失掉，只有科学方兴未艾、独霸知识世界。知识学的任务就是要从思维上研究知识发生的原因和进化的规律。与他论战的主要都集中在“哲学消灭论”上，关于思维科学问题的争论只是在他与艾生之间展开的，争论的焦点不是“哲学消灭论”的关键所在，因此，后来也就淹没在“哲学消灭论”中，叶青与艾生之间关于思维科学的争论再也无人过问。钱学森倡导、创建思维（认知）科学时，根本不提这回事，近 20 年来的思维科学论著也没有人再提到智效民的文章。但是，这场争论也并非毫无意义，它说明在人类的认识史上，思维（认知）科学问题已经逐渐提到日程上来；叶青的思维科学见解也不是一无是处。

---

① 马克思恩格斯选集（3 卷）. 北京：人民出版社，1977：491.

② 马克思恩格斯选集（4 卷）. 北京：人民出版社，1977：253.

3. 逻辑学成为独立、成熟的科学

在人类的认识发展史上，研究得最早的思维形态是抽象思维，形成了逻辑学，在四大文明发源地都有重要成果，其中只有古希腊亚里士多德创立的那支（传统逻辑）获得长足发展，成为现代逻辑学的基础，主要原因之一是采用了变项。17 世纪德国的莱布尼兹继承逻辑学发展的已有成果，提出了建立理性演算的理想，用人工语言代替自然语言。这是现代数理逻辑的两个基本特点。19 世纪英国的布尔创立了“逻辑代数”。19 世纪德国的弗雷格构造了第一个命题演算和谓词演算的形式公理系统；对形式语言的本质、对象语言和元语言的区别以及函项的本质，都作了科学的规定，引进了量词——全称量词与特称量词，这是现代逻辑的主要特点。20 世纪初，英国的罗素建立了完备的逻辑演算，是逻辑演算的完成者。他的命题演算与谓词演算比弗雷格进了一步，在符号体系与内容方面，都接近现在的逻辑演算。20 世纪 20 年代，对命题演算和谓词演算系统的基本性质——一致性（无矛盾性）、独立性和完全性——进行了研究，建立了元逻辑理论。到 20 年代末，命题演算、谓词演算的一致性与完全性均已得到证明，表明数理逻辑的两个演算已经达到完善、成熟的程度。这两个演算是现代逻辑的基石。

哥德尔 1931 年得到了两个不完全性定理：如果形式数论系统是一致的，那么它就是不完全的；形式数论系统的一致性在系统内部是不可证明的；从而深刻地揭示了形式系统不可克服的内在局限性，这是由形式系统的本质决定的。这在数理逻辑发展史上具有划时代的意义，开辟了数理逻辑的新纪元，30 年代的主要成果都是在它的指导下取得的。从 40 年代以后，现代逻辑取得突飞猛进的发展，到 70 年代末，已经发展成为包含有许多分支的科学群。因此，大不列颠百科全书把逻辑学列为五大基础科学之首，联合国教科文组织则把它摆在七大基础科学的第二位，仅次于数学。

现代逻辑不仅为思维（认知）科学提供了比较成熟的组成部分，特别是为电子计算机的产生与发展提供了理论基础。

4. 电子计算机及其引起的新技术革命

数学运算是繁琐的脑力劳动，人类早就想造计算机帮助人来完成。1642 年法国的帕斯卡造出第一台能够进行加减法的手动计算机，并初步意识到其深远意义：“这种计算机所从事的工作，比动物的行为更接近人类的思维”。电子管的问世，为电子计算机的诞生提供了物质技术条件。第一台电子计算机 ENIAC（电子数值积分计算机）是美国的莫克莱于 1945 年底研制成功，速度比最好的机电计算机快千倍。由于其计算程序是外插型的，需要大量时间做准备。1946 年，

美国的数学家冯·诺伊曼提出了改进方案 EDVAC（离散变量自动电子计算机）：用二进制代替十进制，进一步发挥电子元件的速度潜力；将程序存储起来，使运算的全过程实现自动控制。这是现代电子计算机的基础。1949 年第一台冯·诺伊曼机在英国剑桥大学试制成功，此后电子计算机进入了工业生产阶段。1970 年以后，采用大规模集成电路的第四代电子计算机代替了第三代机，并使微型计算机迅速发展起来，进入生产、办公、家庭；同时巨型机也取得令人瞩目的成就，运算速度达到亿次/秒。这四代电子计算机的基本格局都属于冯·诺伊曼结构。电子计算机 30 多年的发展表明，平均每 10 年速度提高 10 倍，体积与成本降低 10 倍。

电子计算机的产生与发展使人类认识与改造客观世界的能力大大提高，引发了一场新的技术革命。如果把蒸汽机的产生所引起的技术革命称为第一次技术革命，把发电机、电动机的产生所引起的技术革命称为第二次技术革命，那么由电子计算机所引起的新的技术革命，就可以称为第三次技术革命（托夫勒称为第三次浪潮）。前两次技术革命只是代替了人的部分体力劳动，而这次技术革命则是代替人的部分脑力劳动（思维活动），使生产过程与管理、办公、科学实验发生了巨大变化。因此，电子计算机为思维（认知）科学的产生提供了直接的动力。

5. 认知科学的产生

认知科学（cognitive science）起源于美国。如果按照著名认知科学家 Simon 的概括：认知科学＝认知心理学＋人工智能，那么人工智能产生于 1956 年夏天，认知心理学则以 1967 年奈瑟出版的《认知心理学》为建立的标志。但是，“认知科学”这个概念则是 1973 年由希金斯开始使用。1975 年斯隆基金会开始对认知科学的研究计划给予资金支持，对认知科学的发展起了重要作用。1977 年认知科学学会产生，《认知科学》期刊出版。1979 年认知科学学会召开第一次正式年会，这是一次对认知科学定义划界与展望未来的大会，也是正式向世界学术界宣布认知科学诞生的大会。80 年代以后才逐渐发展起来，许多大学先后进行了认知科学的教学与研究，并成立了科研机构。

根据诺尔曼的文章“什么是认知科学”，认知科学的目标就是揭示智能和认知行为的原理，关键是探索对认知的理解，不论这种认知是现实的或是抽象的，是人的或是机器的。他强调认知系统的本质就是符号加工系统，人与计算机共同的就是那种创造、控制和加工抽象符号的能力。按照这样的理解，认知科学在外延方面包括计算机科学、心理学、哲学、语言学、人类学和神经科学等分支；在内涵方面的总目标就是发现心智的表达和计算能力以及它们在人脑中的结构与功能表示，具体目标包括认知的结构、功能和要素以及对这种认知机制的抽象描绘，以计算机模拟为手段来探索智能的物化以及由物质系统来实现智能功能的各种途径，如何表达生命系统中出现的心智过程、认知过程和智能行为所涉及的神经机制，中心是说明认知系统工作的内在机制和规律。

认知科学有两个基本假设，一是信息加工理论或物理符号系统假设，认为智能的根基是一些具有指谓力量和能接受控制的符号，通过这些符号的产生、排列和组合，智能系统就能将系统外部的事件内化为内部的符号事件并加以控制而表现出智能来。因而，一切认知系统的本质就是符号加工系统。二是心智的计算理论，包含两个思想：首先心智表达是一种形式化的符号表达式，是同系统的物理状态相对应的某些基本要素的离散态的排列；其次，所有与系统有关的语义内容，都依靠深层的符号表达式及其变换的形式和符号关系结构来规定，是一种语义上中断的物理符号操作，是一种计算①。

认知科学是思维（认知）科学在国际上的对口学科。认知科学的产生，标志着人类对自身心智、思维的研究已经正式提上日程，表明思维科学产生的科学技术条件已经具备。

二、钱学森倡导、创建思维（认知）科学

20 世纪 70 年代后期，钱学森凭借灵敏的科学技术嗅觉，提出了一些非常重要的学术见解，思维（认知）科学只是其中之一。

1. 倡导、创建思维（认知）科学

1977 年 11 月 4、5 日在中共中央党校所作的“现代科学技术”报告中，提出“计算机能代替人搞一部分思维”，“当人从简单的、计算机能搞的思维解脱出来时，人的思维又可以向更高一级发展”。1979 年 4 月 23、24 日在中共中央党校的学术报告“现代科学技术的发展”中进一步地说：“我们要把逻辑学扩大为思维学，包括一部分我们已经研究得很多的而且很有成绩的逻辑思维，还要包括其他的人的思维过程。这在外国已逐步地引起重视，他们是从搞机器人、人工智能这个方面考虑的。搞人工智能、机器人，就要搞一个人工智能、机器人的理论。这个理论，他们叫认识科学。我们用‘思维学’可能确切一点，就是包括逻辑思维，也包括其他的各种思维过程，像形象思维等等，研究它们的规律。”

1980 年在《哲学研究》第 4 期上发表的“自然辩证法、思维科学和人的潜力”中明确地指出：“现代科学技术的实践，正预示着更重大的变革：思维科学的出现。”“引出这项变革的是电子计算机。”1981 年在《自然杂志》第 1 期上发表了“系统科学、思维科学与人体科学”，提出：“研究现代科学技术的发展，也自然会提出科学技术体系的结构问题。在自然科学、数学科学和社会科学这三大

---

① 章士嵘. 认知科学导论. 北京：人民出版社，1992：36～41.

部门之外，现在似乎应该考虑三个新的、正在形成的大部门：系统科学、思维科学和人体科学”；明确地指出：“推动思维科学研究的是计算机技术革命的需要”。“我对思维科学的思考，又出自我对现代科学技术体系的认识。”

1983 年在《自然杂志》第 8 期上发表的“关于思维科学”一文，比较全面、系统地阐述了建立思维科学的必要性、可能性，从现代科学技术体系的高度说明了思维科学的地位及其与其他科学技术部门之间的关系，并就思维科学的研究对象、思想来源、研究道路、体系结构以及各个层次的基本内容做了比较系统、全面的阐述；并明确指出；“思维科学的目的在于研究人认识客观世界的规律和方法，也因此我现在建议思维科学的一个别名是‘认识科学’，英文是‘Cognitive Science’。”1984 年 8 月 7 日在全国首届思维科学讨论会上所作的学术报告“开展思维科学的研究”中，又对思维（认知）科学中一系列重要问题做了具体解释、说明。这次讨论会是在钱学森的倡导、国防科工委的支持下召开的，会议明确了形象思维是思维（认知）科学研究的突破口，思维（认知）科学研究要走人工智能与智能机的道路，并成立了中国思维科学学会筹备组，会议的论文集《关于思维科学》由钱学森亲自主编，于 1986 年由上海人民出版社出版。如果把 1984 年会议以前看做是钱学森对思维（认知）科学的倡导阶段，那么 1984 年的会议以后就标志着中国思维（认知）科学进入实际创建阶段。

2. 思维（认知）科学的研究对象

钱学森对思维（认知）科学研究对象的认识是逐渐明确的。早期只是从外延上确定了一个大致的范围。1980 年在“自然辩证法、思维科学和人的潜力”中认为思维（认知）科学主要包括“四门科学：人工智能、认识科学、神经生理学（神经解剖学）和心理学。这个研究范围要比逻辑学广得多，它包括了人的全部思维，包括逻辑思维和形象思维。我们也可以称这个范围的科学为思维科学”。此外，还有语言学、数理语言学、文字学、科学方法论、形式逻辑、辩证逻辑、数理逻辑、算法论等。和思维科学有密切关系的还有数学、控制论和信息论等。这样，长期以来分散而又不相直接关联的学科就可以有机地结合成为一个体系了，而且从数理逻辑引入了精确性。这是由于电子计算机技术革命带来的现代科学技术体系结构的一个发展动向。他把现在作为哲学的一个部门的辩证逻辑分化出来纳入思维科学，把现在有人作为自然辩证法一部分的科学方法论也纳入思维科学，而哲学的又一个部门，辩证唯物主义的认识论就作为联系马克思主义哲学和思维科学的桥梁了。这可以说是科学技术体系的一个重大改组。当然，这些考虑离开建立思维科学的体系还有相当一段路。

1981 年，钱学森在“系统科学、思维科学与人体科学”中说：“以前我没有明确思维科学的研究范围。……我想思维科学似乎应该是专门研究人的有意识的思维，即人自己能加以控制的思维。下意识不包括在思维科学的研究范围，而归入人体科学的研究范围，是心理学的事。……唯物辩证法属于哲学，而辩证逻辑属于思维科学。”

1983 年，钱学森“关于思维科学”一文中指出：“思维科学的目的在于研究人认识客观世界的规律和方法。”“思维是意识的一部分。”“我以前为了强调思维的物质基础，在联系思维科学时讲到大脑的结构和功能，因而也好像研究人脑的功能也成了思维科学的一部分工作了。在这里我要纠正这个印象。我现在认为研究人脑的功能是人体科学（一个思维科学的紧邻）的事，不能把比思维更广泛的意识放到思维科学部门中来探讨。”

1984 年 8 月 7 日他在全国首届思维科学研讨会的报告中明确地指出，知识、人类的精神财富“包括两大部分，一部分是现代科学体系；还有一部分是不是叫前科学，即进入科学体系以前的人类实践的经验。这都跟思维科学有关系，因为这些都是人认识客观世界的结果，而思维科学就是要解决人是怎样认识客观世界的，有什么规律。”“人的思维除了有自己能够控制的意识以外，还有很多所谓下意识，就是人脑不直接控制的意识。”“思维科学是要研究人能够控制的那部分意识。”

在十几年的研究实践中，有些人常常把思维（认知）科学与人体科学的研究范围混淆，1995 年 3 月 16 日钱学森在致戴汝为的信[①]中对思维科学的研究对象与范围重新进行了界定：“我们要进一步分清什么是人体科学，什么是思维科学。现在我想所谓感觉和知觉都是人体科学中神经心理学要研究的领域；而更上一层的所谓感受则是精神学的研究领域。只处理所获得的信息，那才是思维学的研究课题。”“思维学是研究加工信息，而不是研究如何获得信息，那是人体学的事。人体学要研究人在集体讨论中大脑的激化状态；人体学也要研究特异功能人是怎样接收处理信息的。”“思维学的任务就是怎样处理从客观世界获得的信息，包括 Popper 的‘第三世界’这个非常重要的信息源，信息库，以获得改造客观世界的知识。处理可以只是人干，也可以人—机结合（机器干一部分）。”1995 年 6 月 28 日在致杨春鼎的信中进一步明确：“我们要分清脑科学与思维学。人脑是怎么接收、存储信息的？属脑科学，而这是很难的学问，到今天也是议论纷纷。”“思维学是研究思维过程和思维结果，不管在人脑中的过程。”

3. 思维（认知）科学的思想来源

钱学森在反复强调从人工智能的发展、智能机的研制中总结经验、上升到理论这条根本道路外，也很重视其他方面的思想来源。其中，一是逻辑学，二是我国古代的文学艺术。

---

① 钱学森书信（9 卷）. 北京：国防工业出版社，2007：1，2，132～134，273，274.

他认为，在思维科学的基础科学——思维学中，只有逻辑学对抽象思维的研究比较成熟，找到了初级抽象思维的一些规律，只要能够用数理逻辑形式化的思维活动都可以用计算机来模拟，因此一再强调要重视逻辑学。1987 年 2 月 28 日在“北京地区第一次思维科学研讨会”上的发言“关于思维科学的研究”中说：“思维科学是不是还有另外的来源呢？这几年来我一直在想这个问题。……我认为思维学实际上是从哲学演化来的。……我们以前搞电子计算机时就已经犯了错误，对数理逻辑重视不够。……有个世界著名的软件专家叫 Dijktra，他说了一段心里话：‘我现在年纪大了，搞了这么多年软件，错误不知犯了多少，现在觉悟了。我想，假设我早年要是在数理逻辑上好好的下点工夫的话，我就不会犯这么多错误。不少东西逻辑学家早就说了，可我不知道。要是我能年轻二十岁的话就要回去学逻辑。’我看这是经验之谈，说明搞技术没有理论指导是不行的，而我们研究思维科学要从哲学的逻辑学吸收营养。”

形象思维的研究首先是从文学艺术开始的。钱学森一直关注文艺理论工作者关于形象思维的探索，并认为我国古代的文学艺术是研究形象思维的丰富源泉。1987 年 5 月 16 日“在北京地区第四次思维科学研讨会上的讲话”① 中说：“研究形象直感思维，我最早说的一个途径是计算机、人工智能和智能机；上次讲，还有一点办法，即从逻辑学去研究，为此，今天特请胡世华同志来启发我们。现在想研究形象直感思维，再找个来源，那就是文艺诗词。”“我想我们要研究形象直感思维，恐怕要回过头去，对文艺诗词要下点工夫”。1994 年 9 月 18 日在致戴汝为、钱学敏的信中更明确地指出：“我近日想：既然文学创作中要运用抽象（逻辑）思维、形象（直感）思维和灵感（顿悟）思维，那我国几千年古老的文学作品不就是三种思维的结晶吗？那我们为什么不从中国的赋、诗、词、曲及杂文小品中学习探讨思维学呢？它们是最丰富的源泉呀。”他以对联为例作了具体分析：清代名儒纪晓岚被一江船上武夫难倒的故事。这武夫乘的船有帆，纪晓岚的船无帆用橹。武夫出联为“两舟并行，橹速不如帆快”。这里利用“橹速”与“鲁肃”谐音，“帆快”与“樊哙”谐音，说文不如武。纪晓岚一时无对，被困数日，闷闷不乐。直到数日后抵福州主持院试大典，听到乐声，才顿悟到，下联应是：“八音齐奏，笛清怎比箫和”。这里“笛清”与“狄青”谐音，“箫和”与“萧何”谐音，说武不如文。这对联就不止于形式，字与字对，而且通过谐音运用典故，达到对仗。“从思维学角度看，对联的过程是：出联的上联是给出一个结构，请应联的下联人按此给定的结构去找零件，字、词填入这个结构，思维就在于搜索思想库找材料。这就是对联答对联的思维学——搜索入结构。”“我自己体会，所谓形象（直感）思维则是与上述答对联相反的：有材料，但无结构。思

① 赵光武. 思维科学研究. 北京：中国人民大学出版社，1999：1～4.

维的任务是找形象，即结构。相反，不也相成吗？我们总结中国极为丰富的对联文学，不能为研究形象（直感）思维做贡献吗？知道形象（直感）思维是从零碎材料找结构不就是一个开端吗？从思维学的角度研究中国古代文学是值得的。”

4. 思维（认知）科学的研究方法与道路

钱学森关于思维科学研究的基本方法始终是明确的：“研究思维科学不能用‘自然哲学’的方法，得用自然科学的方法；即不能光用思辨的方法，要用实验、分析和系统的方法。”但在具体研究道路的认识上却有个发展过程。1981 年在“系统科学、思维科学与人体科学”中认为有两条途径：一条途径是比较古老的，可以称为心理学的方法：人自己内省，即自己考察自己的思维过程，以自己做实验。这条途径也可称为宏观的研究方法。又一条途径是微观的方法，即通过脑科学来研究大脑思维活动的神经生理过程。1983 年在“关于思维科学”中说：“人脑是一架具有大约 10^{15}个开关的巨型数字计算机。只不过远比今天的电子计算机要复杂，而且我们对大脑计算机的机系结构也不清楚。要弄清这个谜，光靠脑神经解剖学也困难，近二十年来这方面虽有很大的进展，但离目标还远，所以要开辟第二条途径，要用电子计算机来模拟人脑的部分功能，也就是试着改变电子计算机的操作运转程序，直至电子计算机也能出现如同大脑的功能，尽管还是局部的功能。这样就可以认为大脑的部分功能结构有如同电子计算机的程序结构，尽管还不一定能在两者之间画等号，但对理解思维是个重要的启发。许多人工智能的专家在用这个方法，美国的明斯基就尝试着用这个方法来寻找音乐家写作复音音乐的思维过程。所以计算机模拟技术是研究思维科学的一个有效工具。”

1984 年 2 月 12 日在人体科学讨论班刘觐龙所作“大脑皮层功能的层次”报告后的发言“从脑科学研究到思维科学”[①] 中说：确实感到从脑科学的角度去研究人的思维恐怕是非常的困难，思维科学要走脑科学、人体科学这一条道路很不容易。我希望走脑科学这条道路有所突破。另外还有一条路，就是从思维科学宏观的来看人的思维，看看有什么规律。1985 年 5 月 26 日钱学森在全国第五代计算机学术研讨会开幕式上的讲话“我国智能机的发展战略问题”中指出：“在去年 8 月的会上，大家的结论就是：等脑科学来发展思维科学是不行的。怎么办？思维科学要走人工智能和智能机这样一条道路，也就是用机器模拟的方法，如果模拟出来了，即人的思维可能就是这么回事。所以，人工智能、智能机的理论是思维科学，而思维科学的发展也恰恰要靠智能机、人工智能的工作。我们也可以说用思维科学来指导智能机的工作，又用智能机的发展来推动思维科学的研究。这是去年 8 月两次会上大家研究的结论。”1987 年 2 月 28 日在北京思维科学讨

① 钱学森. 人体科学与现代科技发展纵横观. 北京：人民出版社，1996：125～128，150.

论班第一次会议上的发言“关于思维科学的研究”中说：“从 1984 年后这三年看，我们在那个会上讨论的结果还成立，即从人脑结构开始发展我们的理论是行不通的，那太难了。我们希望脑科学发展快点，但不得不说我们不能靠它们。那怎么办？我们还有一条路，就是思维科学的基础科学，思维学的路，也就是从宏观而不从微观，不从脑神经细胞做起。思维学就是要从宏观开始找人的思维的规律，研究这个规律。这个规律你怎么验证？不能爱怎么说就怎么说，你必须按这个规律做出机器，如果这机器果然有人的思维的功能，你就对了。这是我们 1984 年那个会的结果，说发展思维科学，要同人工智能、智能机的工作结合起来。”5 月 16 日“在北京地区第四次思维科学研讨会上的讲话”中再次明确指出：“原来我强调的，是从实践提高，实践是计算机技术、人工智能的发展，特别是人工智能、智能机。从这个发展出发，在理论上提高，上升到思维学。”

由此可见，“思维科学要走人工智能和智能机这样一条路”，这是钱学森倡导建立思维科学过程中一直坚持的基本观点，也是他为思维科学研究确定的正确道路。

5. 思维（认知）科学的体系结构

钱学森把思维（认知）科学作为现代科学技术体系中 11 个大的科学技术部门之一，对其体系、结构逐层次地进行了详细剖析。他认为，思维科学也包括：基础科学、技术科学和工程技术三个层次，它与马克思主义哲学之间的桥梁是辩证唯物主义认识论。据钱学森 1983 年“关于思维科学”一文中的现代科学技术体系图、1992 年 11 月 13 日“关于大成智慧工程的谈话”、1993 年 7 月 18 日绘制的现代科学技术体系图与 1995 年 3 月 16 日对思维科学的重新界定，思维科学的体系可用图 3-2-1 表示。

三、思维（认知）科学的基础科学层次

钱学森认为，思维（认知）科学的基础科学包括思维学与信息学，并重点地对思维学在多种场合、以多种形式进行了阐述与说明；考察思维有哪些思维形态是思维学的首要任务。他曾经认为思维的基本形态有抽象思维、形象思维、灵感思维与社会思维四种。因此，思维学也就相应地包括抽象思维学、形象思维学、灵感思维学与社会思维学。虽然 1995 年他将灵感思维、社会思维从思维的基本形态中删除，认为思维的基本形态只有抽象思维、形象思维与创造性思维三种，思维学中相应地只有抽象思维学、形象思维学和创造性思维学，但他对灵感和社会思维发表了一系列独到的见解，对思维科学研究的发展产生了重要影响。因此，这里仍然作为思维学中的两个重要问题来考察。

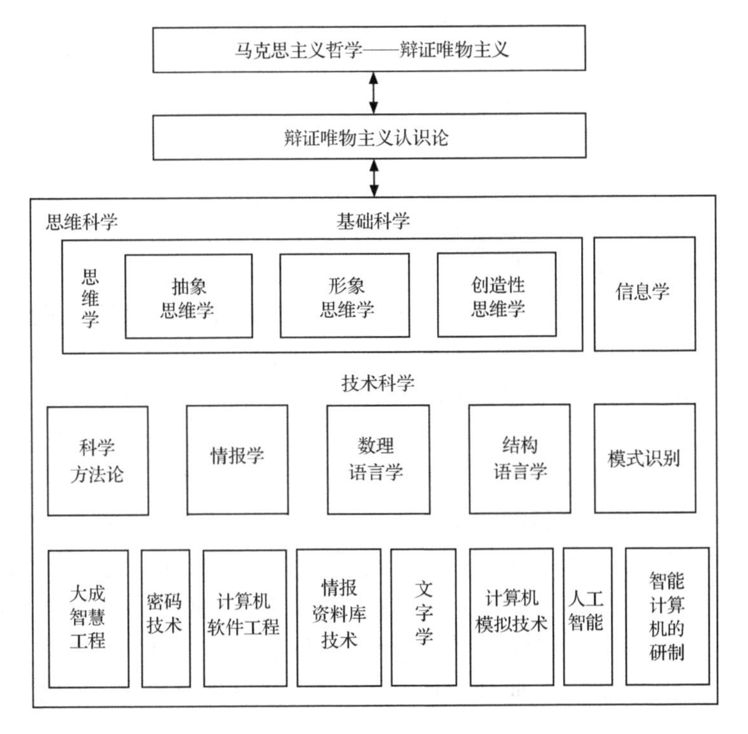

图 3-2-1　思维科学的体系结构

1. 抽象思维

钱学森对于抽象思维给予了充分肯定，认为是人类研究最早的基本思维形态，总结出一些抽象思维的规律，形成了形式逻辑，20 世纪 30 年代又形成了数理逻辑，是思维科学中唯一比较成熟的学科，对近现代科学技术的产生与发展起了重要作用。1981 年在“系统科学、思维科学与人体科学”中说：“逻辑学是现代电子数值计算机的理论基础”。1984 年 7 月 27 日致王南的信中说：“现代科学的体系是以抽象思维构筑起来的”。因此，钱老对现代逻辑学的发展——特别是模态逻辑与非单调逻辑，寄托了很大希望：“我猜想人的智能是逻辑推理网络的巨系统，它不是简单网络，就可能出现协同学里的协同作用，即所谓‘有序化’，是‘有序化现象’形成智能和智慧，这是一个质变，是一个飞跃，从没有智能到有智能，从没有智慧到有智慧。这是不是一个研究方向？有些同志做逻辑推理的并行推理工作，但这个工作还没有达到协同学的高度，也就是没有真正研究逻辑推理网络的巨系统。我猜想这恐怕是个很有用的方向。就这么几点：第一点，要靠逻辑推理；第二，不是单调逻辑，是复杂的，非单调的逻辑，不是简单逻辑网络，而是逻辑推理网络的巨系统；这就有一个量变到质变，出现智能和智慧”。

钱学森还明确地指出，辩证思维是抽象思维高级形态，在人类认识与改造客观世界的过程中起着重要作用，但是至今还没有找到规律，辩证逻辑学的理论体系还没有形成，因此计算机还不能模拟，这是今后逻辑学研究的迫切任务，希望尽早取得突破。

钱学森认为，抽象思维只是人类的基本思维形态之一，并非全部，除了抽象思维外，还有形象思维等其他思维形态。因此，对当今世界上占绝对统治地位的只承认抽象思维的“单一思维”论，提出尖锐批评：“人的思维绝不只是逻辑思维。……人的思维比逻辑思维要高级多了。”“有的同志说，思维、思维学的基础是逻辑。我看这些同志是不是受了古典思维学说定义的影响。古典定义认为，逻辑和逻辑学是唯一的思维规律，人的思维，就是逻辑，就是抽象思维。这在我国是很有影响的，许多人就是抱住这点不放，并搬出经典著作来作为根据。”“但是，我觉得，古代的学者认为，只有抽象思维才称得上学术性研究，那些什么实践经验啦，什么小孩学说话啦，又是什么工人师傅的手艺啦，都是不能登大雅之堂的，不能叫思维。不知是不是这样？我们当然不同意这种看法，我们是实事求是的，人的思维是什么就是什么，现在看起来，把人的思维仅仅看成是抽象思维是不对的”[①]。钱学森对当今世界仍占统治地位的“单一抽象思维”论的批判，不仅具有重要的理论意义，而且为其他领域的学者开展对“单一抽象思维”论的批判开了先河，树立了榜样。

原来曾经先后把逻辑学、现代化的形式逻辑——数理逻辑当做抽象思维的基础理论——抽象思维学，后来随着对现代逻辑认识的提高作了调整，明确地认为现代逻辑中的逻辑哲学才属于抽象思维的基础理论——抽象思维学。1989 年 8 月 28 日在致钱学敏的信中谦虚地说：“我不知道的实在太多，如几年来我在宣传思维科学，但直到前几天才知道哲学家们在研究‘逻辑哲学’，实是思维学！我漏掉了一个方面的工作，真是贻笑大方。”8 月 30 日致戴汝为的信中说：“逻辑哲学实是思维学”。这是钱老在抽象思维学认识上的重要突破，具有重要意义。

2. 形象思维

钱学森把形象思维学摆在思维学的突出地位，作为思维（认知）科学研究的重点与突破口。

钱学森不仅是科学技术领域第一位承认形象思维的大科学家，认为形象思维是与抽象思维一样重要的基本思维形态，而且还把它从文学艺术领域扩大到科学技术乃至人类的全部思维活动。在钱老倡导创建思维科学之前，形象思维问题只是在文学艺术领域讨论，如 1979 年版的《辞海》这样权威性的辞书，都把“形

---

① 钱学森. 关于思维科学. 上海：上海人民出版，1986：137，141，142，150，151.

象思维”理解为“艺术思维”。钱老不同意这种看法。他认为，形象思维是全人类普遍使用的与抽象思维相并列的基本思维形态。1981 年初在“系统科学、思维科学与人体科学”中就明确地指出：“形象思维不但文艺工作者使用，其他人包括自然科学家、工程师也经常使用。”这就把形象思维问题从文学艺术领域扩展到科学技术领域乃至人类的全部思维活动。这在思维科学的建立与发展中具有重大意义。

在人类认识的发展史上，形象思维早于抽象思维，是钱学森反复强调的基本观点：“人认识客观世界首先是用形象思维，而不是用抽象思维。就是说，人类思维的发展是从具体到抽象。……从人的发展来看，一般讲，语言先于思维，是指抽象思维而言的，形象思维是在语言以前就有的。”

把形象思维与人们“只能意会、无法言传”的实践经验、体会联系起来，认为这些实践经验、体会是人类宝贵的精神财富，抽象思维无法说清楚，属于形象思维。“在形象思维中，实践经验是一个要素。……当然，所谓经验的因素并不光是经验就行了，经验还必须跟推理结合起来，这才能起作用。”同时又提醒说，在运用经验、形象思维等概念时要有点警惕性，弄不好就会犯错误，变成经验主义。[①] 如果找到形象思维的规律，就可以“把前科学的那一部分、别人很难学到的那些科学以前的知识，即精神财富，都可以挖掘出来，这将把我们的智力开发大大地向前推进一步”。

关于形象思维的本质问题，他认为是从事物的宏观整体着眼（抽象思维则是从微观、局部着眼），与人们的实践感受、体验密切相关。在形象思维的具体内容方面，他非常重视“相似”问题，也非常重视“意象”问题，但对文艺领域关于意象的探讨不满意，认为还不是马克思主义的意象理论。他对美国完形心理学家阿恩海姆的《视觉思维》给予很高评价。他认为：“抽象思维比较简单，一步一步推论下去，就如从一点到下一点，……可以说是线型的。而形象思维呢？从人的语言来说，有口音、同声字、错发音、文句错误等的干扰，但我们还是能准确地领会原意；至于图形的识别就更明显了，不是线型的，是多路并进的；不是流水加工，而是多路网络加工。”[②] “所以不宜把形象思维纳入抽象思维的路子；而这个毛病是易犯的。我以为形象思维似重在整体，是感觉所接收的‘形’与脑中库存的‘形’搜索比较，搜索到‘同形’，即以脑中对该‘形’的经验，作为感觉到的‘形’的判断。丰富的实践及知识是形象思维的基础，这与抽象思维很不一样。”[③]

---

① 钱学森. 关于“第五代计算机”的问题. 思维科学，1985，2.

② 杨春鼎. 形象思维学. 合肥：中国科技大学出版社，1997：185.

③ 钱学森与现代技术. 北京：人民出版社，2001：446.

他一直把形象思维作为思维科学研究的突破口。一方面，形象思维对智力开发具有指导意义，另一方面，形象思维与人工智能的发展、智能机的研制直接相关。人工智能与智能机所面临的主要难题就是以形象识别为基础的形象信息的加工处理问题，如果找不到形象思维的规律，那么人工智能与智能机就难以前进。1981 年在“系统科学、思维科学与人体科学”中说：“我们还不清楚形象思维的规律：就是图形的识别也还是个大问题，不知道人脑是怎么识别图形的！所以也就不知道怎样造一台识图机器，或怎样叫计算机去识图。现在有人在试作，但机器识图的结果令人很不满意，机器笨极了，而且不可靠。”这是智能机研制的瓶颈问题，而智能机是我国 21 世纪的尖端技术。因此，1984 年 8 月 7 日在全国首届思维科学讨论会上的报告中他郑重、明确地提出：“我建议把形象（直感）思维作为思维科学的突破口。因为它一旦搞清楚之后，就把前科学的那一部分、别人很难学到的那些科学以前的知识，即精神财富，都可以挖掘出来，这将把我们的智力开发大大地向前推进一步。这还同我前面讲的社会思维学有很密切的关系，因为人们在交往中，很多是用形象思维，而不是用抽象思维的。”1986 年 7 月 5 日钱老在致戴汝为的信中明确指出：“思维科学的研究，我仍然以为其突破口在于形象思维学的建立，而这也是人工智能、智能机的核心问题。因此，这也是高科技或尖端技术的一个重点。我们一定要抓住它不放，以此带动整个思维科学的研究。”1993 年 9 月 27 日在致戴汝为的信中说，要建立形象（直感）思维学，目的是叫电子计算机更好地帮助人进行形象（直感）思维，以解放人，去更有效地面向涌来的第五次产业革命信息大潮。这就是思维科学的任务。

3. 灵感问题与创造性思维

灵感问题是创造性思维的关键环节，早就引起人们的关注，但因极其复杂，是人脑中最复杂、最高级的思维活动，至今仍是科学、艺术领域最难解的谜；同时，历来被唯心主义利用，使它蒙上一层浓厚的神秘主义色彩，这给灵感研究造成了很大的困难。20 世纪 80 年代初，钱学森不仅承认灵感的存在与其在创造性思维中的地位与作用，甚至在倡导建立思维科学过程中作为一种不同于形象思维与抽象思维的新的思维形态，把灵感思维学作为思维学的四个组成部分之一。这是前所未有的。“我认为创造性思维中的‘灵感’是一种不同于形象思维和抽象思维的思维形式。文艺工作者有灵感，科学技术工作者也有灵感，它是创造过程所必需的。凡是有创造经验的同志都知道光靠形象思维和抽象思维不能创造，不能突破；要创造要突破得有灵感。”“灵感出现于大脑高度激发状态，高潮为时很短暂，瞬时即过”。灵感“就是人在科学或文艺创作中的高潮，突然出现的、瞬时即逝的短暂思维过程。”他还对灵感做了唯物主义的解释：“灵感是人社会实践的结果，不是神授。既是社会实践的结果就是经验的总结，应该有规律。”“人不求灵感，灵感也不会来，得灵感的人总是要经过一长段其他两种思维的苦苦思索来做准备的。所以灵感还是人可以控制的大脑活动，是一种思维。”①

他也采用了西方的潜意识理论和“多个自我”学说来解释灵感：“人不光有一个自我，而是好几个，一个是自己意识到的，还有没意识到的，但它也在那里工作。那么，假设一个很难的问题，在这些潜意识里加工来加工去，得到结果了，这时可能与我们的显意识沟通了，一下得到了答案。整个的加工过程，我们可能不知道。这就是所谓灵感。”他特别强调，“灵感并不发生于人的正常醒觉功能状态，而发生于似醒似梦的功能状态……在此大脑功能状态，常规的一些想法受压制而不起作用，于是思维飞跃出现灵感。所以也可以说‘灵感思维’是一种特种状态的形象（直感）思维。灵感思维对人类文明的发展有重大作用，不能忽视。”②“醒梦才是灵感思维的来源，即人的大脑处于局部工作状态，在醒觉时思维受全部知识经验影响，思想不解放，出不了灵感。在‘醒梦’中，有害限制影响不存在了，所以出了灵感。”③“灵感（顿悟）思维是形象（直感）思维从显意识扩大到潜意识，在更大的范围搜索问题的解答。从形象思维到灵感思维，因此是个文化素养、知识素养问题；不博学不行，没有多方面的生活实践不行。”④他还结合自己的实践经验现身说法：“灵感思维是人们在生活中真有的，我自己就有过多次，解决了研究中遇到的难题。这都是在半梦半醒时发生的。现在我想：这是在正常清醒情况下，头脑中框框太多，阻碍大跨度的思维，所以要在半梦半醒中突破障碍，见到事理。但有一点必须明确，即灵感思维也是以人头脑中沉积的知识为基础的，如果没有人类的实践认识（自己的、他人告知的、书本上学的），灵感思维也不能自天而降。”⑤

钱学森对灵感的认识过程是有过曲折的。1980 年曾经把灵感当做创造性思维的一种过程或思维形式来看待。从 1981 年开始到 1994 年，都把灵感与抽象思维、形象思维并列为单独的一种思维形态，并把灵感思维学与抽象思维学、形象思维学等都作为思维科学的基础科学——思维学中的一支；只是偶尔提到灵感是形象思维的特殊状态。到 1995 年的上半年，他把灵感思维明确地归入了形象思维：“重要的是形象（直感）思维和大成智慧学。灵感（顿悟）思维实是形象（直感）思维的特例。我们这是把灵感再次降级。”“我从前提出的形象（直感）思维和灵感（顿悟）思维实是一个，即形象思维，灵感、顿悟都是不同大脑状态中的形象思维。”根据对思维基本形态的新认识，对思维科学基础科学——思维

① 钱学森. 系统科学、思维科学与人体科学. 自然杂志，1981，1.

② 钱学森书信（5 卷）. 北京：国防工业出版社，2007：200，201.

③ 戴汝为. 社会智能科学. 上海：上海交通大学出版社，2007：206，207.

④ 钱学森书信（1 卷）. 北京：国防工业出版社，2007：363，364，322～324.

⑤ 钱学森书信（8 卷）. 北京：国防工业出版社，2007：65，66，214～216，397.

学的内容做了调整，把创造性思维作为与抽象思维、形象思维并列的基本思维形态。

在创造性思维问题上，他不仅重视灵感的地位与作用，还提出“创造思维才是智慧的泉源；逻辑思维和形象思维都是手段”。认为“人的创造需要把形象思维的结果再加逻辑论证，是两种思维的辩证统一，是更高层次的思维，应取名为创造思维，这是智慧之花”。他还认为，现代科学技术的发展越来越依靠科研集体，许多重大的科学技术创新都是由科研集体发挥整体与综合效应完成的，因此他把大成智慧工程当做当代知识生产、知识创新的重要形式。

4. 社会思维

在人类的进化与发展过程中，集中许多人智慧的各种各样的讨论会具有悠久的历史，发挥了重要作用，但却一直没有引起重视，是钱学森首先用“社会思维”这个概念加以概括，这是钱学森对思维科学发展的又一重要贡献。相对于早已形成的“社会意识”、“社会心理”等概念，“社会思维”具有合理性与必然性。

“我原来提出要搞社会思维学的一个主要原因是：怎样使一个集体在讨论问题中能互相启发、互相激励，从而使集体远胜过一个个人，不接触别人的简单总和。我自己在学术生活中，对这一点是深有体会的；一个好的集体，人人畅所欲言，思维活跃，其创造力是伟大的。而如果总是‘老子说了算’，其他人都处于压抑状态，这个集体就没有什么创造力。世界上有突出贡献的研究所都属前一类。而我们中国则多半以上的“研讨会”都属后一类，冷冷清清，死气沉沉！所以社会思维学的一个重点应是集体思维的激活。”①

社会思维也是对客观世界的反映，属于集体思维，思维主体不是个人，而是集体。个人在这个集体中通过相互启发、激励，产生一些新的思想，实现优势互补，凝聚成为整体性、综合性的集体智慧。“社会思维是多个大脑在信息网的连通下，形成比单个大脑更复杂、更高层次的思维体系。”②“社会思维指的是人的集体思维。首先是思维，不是意识；第二，是人的集体在讨论问题时，相互交流思维结果，相互影响下的思维。最典型的例子是思想解放的学术讨论会，参加者从各抒己见到激烈的争论（不是打架，人与人的“关系”是和谐的），正确的东西通过争论克服了错误的东西，才显示它的正确；而错误的东西因为使正确的东西得以显示，而也有贡献。最后，最干净利索的、最清澈（不止是清楚）的观念才能出来。所以学术讨论会的作用要比参加讨论会的每个人的作用加起来大得多。这就是社会思维；研究为什么集体思维大于个体思维的简单加和，研究其规

---

① 钱学森书信（7卷）. 北京：国防工业出版社，2007：344.

② 钱学森书信（4卷）. 北京：国防工业出版社，2007：3.

律的学问就是社会思维学。”①

他主张用系统科学的观点研究社会思维。社会思维学要研究人作为一个集体来思维的规律，它与集体的相互关系，相互影响。所以这是一个系统学的问题。从系统学的角度来看，一个系统不是浑然一体，而是有层次结构的。当然，最底层是人，每一个人。再以上是集体（家庭、同道等）、国家、世界。这个集体里都是清一色的，恐怕也不行。清一色的组织是出不了好东西的，反而变成了闭塞。他认为，学术研讨会、讨论班是进行社会思维的很好的形式，但不是唯一的形式。“社会思维学是讲人群体中思维可以通过对话、书信相互交流促进，并研究如何才能更好地搞这种思维交流。它不是行为科学，也不是精神文明学。就在反动的集体中，如国外的大资本家的参谋们也有社会思维，他们要策划嘛。在我国的南宋‘鹅湖之会’，那是在封建意识的人们中搞社会思维。所以社会思维学是思维科学，不是行为科学。”

关于社会思维的规律，学术界有不同看法。钱学森认为：“社会思维的规律用一句话，就是我们党的民主集中制：在集中领导下的民主，在民主基础上的集中。在‘鹅湖之会’不也有几条会规吗？那就是集中领导。而学生可以不同意老师，那就是民主了。”“党的民主集中制就是社会思维学的基本原理，非常重要，我希望我国思维科学界同志能重视这个问题。而且信息网络的建立，将使社会思维有个前所未有的发展，所以这也是现代中国第三次社会革命的问题。”

钱学森还把社会思维纳入后来提出的综合集成法、研讨厅体系与大成智慧工程。1989 年 10 月 19 日在给戴汝为的信（当时正准备写“一个科学的新领域——开放的复杂巨系统及其方法论”一文）中就已经预见到“有了定性与定量相结合的综合集成法，将来社会思维学也许反而会走在形象（直感）思维学（和灵感思维学）的前头。”1991 年 1 月 14 日给戴汝为的信中则明确地指出“从定性到定量的综合集成工程，metasynthetic engineering，就是以人—机结合的方法搞社会思维。由此实践再上升为理论，即社会思维学；所以社会思维学的路子好像有了。”

钱学森认为，在综合集成研讨厅中，要解决、回答的已经不是单一的课题，而是相互关联的课题群。参加工作的也不是一个人、两个人，而是一个专家群体，这样社会思维也就显得极其重要了。这种思维过程必然十分复杂，比思维大系统还要大，这是开放的思维巨系统。建立和启动这样一个开放的思维巨系统，将是一项崭新的工程技术——思维系统工程。而思维系统工程的目的就是实现社会思维，涌现群体智慧。“实践经验通过人际交流而大大扩展，再加文字的出现，把上代人、古人的实践和认识记载下来传给后人，这是思维的阶段性飞跃。我从

① 钱学森书信（2 卷）. 北京：国防工业出版社，2007：301，302.

前提出社会思维，即此。”通过全球信息网络，“一切从古代开始直到今日的一切知识信息也都在网络库中随时可以调取。这是通过信息网络、通过电子计算机，搞人—机结合的大社会思维。这也就是我说的人—机结合的大成智慧思维。”

钱学森虽然后来将社会思维学从思维学中删除，但他在社会思维问题上的上述观点仍有重要学术价值，值得继续深入研究。

四、思维（认知）科学的技术科学层次

在钱学森的思维科学体系结构中，属于技术科学层次的主要有模式识别、结构语言学、数理语言学、情报学与科学方法论。其中，钱学森阐述最多、最充分的是综合集成法，这是科学方法论领域具有革命性变革的最新成果，是他对科学方法论的重大贡献；其次是模式识别。

1. 模式识别

模式识别原来是认知心理学研究人类认知知觉过程的一个重要概念，基本内容是将感觉信息与长时记忆中的相关信息进行比较，从而确认它与记忆中的哪类信息有最佳的匹配。德国的涅曼教授认为，对于简单的模式，识别指的是分类；对于复杂的模式，识别指的是描述。概括来说，人的模式识别有两个要点：认知（cognition）与识别（recognition）①，都与形象思维密切相关。用计算机进行的模式识别是对人模式识别的模拟，在西方属于人工智能的重要内容，在我国，一般学者也按西方习惯当做人工智能，而钱学森则把它划入思维科学中的技术科学。

钱学森不是研究模式识别的专家，但他对模式识别非常关注，居高临下地发表了一些精辟见解。

1983年2月21日在致戴汝为的信中说：“关于模式识别，我总以为好像还未找到窍门，数学那么复杂，而人却能非常简捷而又准确地解决问题。统计法是最笨的了，您的语句法大大进了一步。这也同心理学连在一起了，所以模式识别要真正找到窍门，也许还得找心理学家。您和心理所同志接触吗？希望您和搞思维科学的人，特别是搞形象思维研究的人合作。”3月28日在人体科学讨论班所作“现代科学技术的结构Ⅱ”② 的报告中也说：“人如何识别图像的，这还在研究，这门学问就叫模式识别。这门学问就应该放到思维科学的技术科学内，也就是做具体应用的准备。”不久在“关于思维科学”一文中进一步指出：“以前模式识别工作一直是用相关统计法，也就是把图形不同部位的数据（色彩和浓淡）用

---

① 戴汝为．形象（直感）思维与人机结合的模式识别．信息与控制，1994，23（2）．

② 钱学森．人体科学与现代科技．上海：上海交通大学出版社，1998：311～322．

数理统计计算相关函数，以相关函数的分布来识别图形。这个方法计算量非常大，显然不会是人脑用的办法，人脑识别图形几乎是瞬时的！近年来模式识别已经转入所谓语义法效果比统计法好”。1984 年 7 月 27 日在致王南的信中指出：“外国搞什么模式识别、机器听话音的人，只用数理逻辑的抽象思维方法，是注定要失败的。要用‘专家系统’，引入经验法则才行。据说最近也有几个外国人工智能专家悟到此理了。”1985 年 8 月 3 日在“国防科工委第五代计算机专家讨论会”上的发言中明确地说：“国外的模式识别已经搞了十多年了，问题在哪里，我觉得就是原来研究模式识别，完全是用逻辑推理，就是用抽象思维的方法。而实际上，人的模式识别，有形象思维，不光是逻辑推理，这里有经验的因素，这是人从经验上知道，哪些是不可能的，哪些是可能的，这样，就大大地简化了推理过程。”

钱学森把模式识别与形象思维联系起来，希望通过模式识别的研究为形象思维的探索提供经验与素材。早在 1981 年 4 月 22 日致杨春鼎的信中就说：“抽象思维已结晶成逻辑学，形象思维呢？现在人工智能中研究的‘模式识别’也许有朝一日凝聚成‘形象思维学’”。因为，他的学生戴汝为是研究模式识别的专家，所以 1983 年 6 月 2 日在给戴汝为的信中鼓励他：“您抓住模式识别干下去，必有成就，也是一个知识分子为人民服务了。”1983 年 9 月 22 日在致戴汝为的信中，希望他能够“用模式识别这门技术科学去诱发形象思维学这门基础科学”。

1972 年，以戴汝为、胡启恒为代表的科学家选择了应用于信函分拣的手写数字识别的研究，1974 年成功研制出手写数字识别系统，1977 年完成邮电部委托的信函分拣手写数字机的研究，这是邮政信函从人工分拣到自动分拣的重大变革，对我国发展模式识别起到了先导作用。80 年代初钱学森对当时的成果并不满意，多次谈到，说它识别率太低，还没有掌握模式识别的规律。后来，戴汝为继续研究，到 90 年代初他的研究生在他的指导下研制成功“汉王笔”软件，为计算机的人机接口提供了一种有效的工具。对此，1993 年 1 月 3 日钱学森在致李德华的信中给予很高评价：“戴汝为同志也走过一段艰难的历程，而他对 AI 有比较符合马克思主义哲学的认识，不搞机械唯物论。搞人与机的辩证统一，成功地解决了计算机识别手写汉字的问题——一个初级的计算机图像识别”。

钱学森对李德华的地形匹配技术也“是很感兴趣的，因为模式识别不但有许多应用，又是一门应用科学，或称技术科学。而地形匹配则是一项工程技术，犹如水利工程。……模式识别、科学语言学都会为形象（直感）思维学提供素材。”

2. 从定性到定量综合集成法

从定性到定量综合集成法（简称综合集成法）是钱学森晚年创新的主要成果，是人类科学方法论历史上的革命性变革，不论对系统科学、思维科学，还是对哲学来说，都具有重大的意义。

(1) 综合集成法是钱学森从社会经济系统工程的典型案例中提炼出来的

1979 年以来，为提高农民的生产积极性，实行了农副产品提高收购价和超购加价的政策，但是相应商品的零售价却没有提高，差价完全由国家财政补贴。随着农业的发展，这些补贴越来越多，成为 20 世纪 80 年代初期国家财政赤字的主要原因，严重影响国家对重点工程的投资。有人提出用提高零售商品的价格和职工工资来解决这个问题。但是，价格和工资提高到什么水平才能既弥补财政赤字又不降低人民的生活水平？什么时候调整？怎么调整？却没有人能够说得清楚。著名经济学家马宾对钱学森倡导的系统工程很重视，提出是否可以让原来搞导弹控制的航天部 710 所用系统工程方法来研究。于是，1983 年受国务院经济体制改革委员会的委托，在经济学家马宾的指导下，航天部 710 所由于景元主持承担了“财政补贴、价格、工资综合研究”。他们邀请有关各行各业有丰富实践经验的专家，从权威部门取得大量可靠的统计数据，经过两年的反复讨论、大量模型设计、计算机仿真实验，终于取得重要进展，根据研究成果选出 5 种政策建议上报中央，供领导决策参考，为物价改革提供了科学依据，受到中央领导的高度评价。这是社会经济系统工程实践中比较成功的案例。但是，马宾与航天部 710 所的科学家们并没有意识到其中蕴涵的方法论意义是钱学森发现并从中提炼出从定性到定量综合集成法。

(2) 钱学森提炼综合集成法的过程

此过程大致经历了“定性与定量相结合的系统工程方法”→“定性与定量相结合的综合集成法”→“从定性到定量综合集成法”这样三个阶段，从 1985 年初到 1992 年初，用了 7 年时间。

钱学森是 1984 年底见到 710 所研究报告的。1985 年 1 月在与著名经济学家薛暮桥谈到把系统工程运用到经济研究中去的时候，就介绍了这项研究成果所使用的方法。从此开始，在人体科学讨论班、1987 年开始的系统学讨论班等多种场合介绍、分析该成果的经验。一直到 1988 年 10 月的近四年时间是钱学森提炼综合集成法的第一个阶段。因为这是提炼的初期，属于探索性质，故有两个特点：一是内容比较简单，还不系统、完整；二是名称尚不确定，有时称为“定性与定量相结合的工作方法”，有时称为“定性与定量相结合的系统方法”，有时称为“定性与定量相结合的系统工程方法”。1988 年 11 月 1 日在系统学讨论班的讲话中，将该方法概括成为“定性与定量相结合的综合集成法”，从此进入提炼的第二阶段。此间，“开放的复杂巨系统”概念已经形成，把“定性与定量相结合的综合集成法”当做处理开放的复杂巨系统的基本方法，不仅在系统学讨论班的讲话中多次讲到，多次进行讨论，并在 1989 年第 10 期《哲学研究》上发表的“基础科学研究应该接受马克思主义哲学的指导”一文中，第三节专门讨论“开放的复杂巨系统的研究与方法论”。他与于景元、戴汝为联合署名在《自然杂志》1990年第1期上发表的“一个科学新领域——开放的复杂巨系统及其方法论”一文，从提炼的实践根据、基本内容、特点、实质、应用与意义等方面做了全面、系统的阐述。此阶段的主要特点是，内容逐渐丰富、系统、完整，名称稳定，始终都是“定性与定量相结合的综合集成法”，英文翻译也由照搬西方的Meta-analysis改为借用Meta-synthesis。提炼的第三阶段从1990年5月16日开始，在致于景元的信中以商量的口气提出：原来称作“定性与定量相结合的综合集成法”，可否改称为“从定性到定量综合集成法”？实际是综合集成定性认识达到整体定量认识的方法，可简称“综合集成工程”，英文为Metasynthetic Engineering。三天后在致戴汝为的信中也说我们原来称为“定性与定量相结合综合集成法”，似可改称“从定性到定量综合集成法”：综合集成定性认识达到对整体的定量认识；“法”即技术工程，是综合集成工程；综合集成工程居思维科学的工程技术层次，创立并发展它将为思维科学的技术科学层次及基础科学层次（思维学）提供营养。经过一段时间的商量、讨论与思考，对从定性到定量综合集成法的认识逐渐明确；到1990年10月基本成熟，逐渐在一些公开的场合下谈论。这种关于从定性到定量综合集成法的探讨、议论、充实、发展一直持续到1991年末、1992年初，使得其内容更为丰富、系统、完善。“从定性到定量综合集成法”与“定性与定量相结合的综合集成法”比较，突出地强调了动态、辩证的性质。

(3) 从定性到定量综合集成法的实质、路线与基本特点

作为处理开放的复杂巨系统的基本方法，就其实质而言，是将专家（各种有关的专家）群体、数据和各种信息与计算机技术有机结合起来，把各种学科的科学理论与人的经验知识结合起来。这三者本身也构成一个系统。这个方法的成功应用，就在于发挥这个系统的整体优势和综合优势。其理论基础是思维科学，方法基础是系统科学与数学，技术基础是以计算机为主的现代信息技术，哲学基础是马克思主义实践论与认识论，实践基础是系统工程的实际应用。

综合集成方法采取了从上而下和由下而上相结合的研究路线，即从整体到部分再由部分到整体，把宏观研究和微观研究统一起来，最终是从整体上研究和解决问题。在研究大型复杂课题时，从总体出发，可以将课题分解成若干子课题，在对每个子课题研究的基础上，再综合集成为整体，以研究和解决整体上涌现出来的问题为目的和结果，而不是简单地将每个子课题的研究结论拼凑起来，“拼盘”是拼不出新思想、新成果的，也回答不了整体涌现的问题。这是综合集成法与一般分析综合方法的实质区别。专家的经验知识是在实践中积累起来的，是靠形象思维对客观事物的宏观整体的定性认识，往往只知其然不知其所以然，属于前科学状态，近代以来盛行的还原论往往忽视它的存在和价值，但却是创新思维

的关键，新思想、新技术、新形象、新概念主要靠它产生。假设是根据有限的知识和一定的经验，从宏观、整体上运用形象思维的想象提出的定性判断，往往是前所未有的或与现有的理论、技术、法律、制度相矛盾的。但要证明它的真实性、正确性，却需要广泛、细致地搜集大量、可靠的数据和事实，运用逻辑思维进行严谨的论证。各个学科的专家在综合集成中不仅可以充分发挥各自的专长，而且不同学科的观点、方法之间还能够相互启发、激励，容易激发出新的思想火花；把这些专家的思想综合集成时，也不是机械性简单相加，而是形成一个比较完整的整体，涌现出一些新的只为该整体所具有的属性、内容，这就是之所以会出现整体大于部分之和（1＋1＞2）的道理。

综合集成方法采取人—机结合、人-网结合、以人为主的信息、知识和智慧的综合集成，这个技术路线是以思维科学为基础的。这里的人主要不是任意的个人，而是有优良综合素质的专家体系——由相关的各个方面专家组成的整体，这是从定性到定量综合集成法的实施主体。他们采用集体、团队的工作方式，而不是个体研究的方式，并且由知识与经验宽广、视野与思路开阔的科学家来组织、领导。具有创新价值的经验定性判断多由这样的专家体系根据各自丰富的经验经过充分发表意见逐渐形成，专家个人或知识结构不良的专家体系很难提得出来。这里的机是高性能计算机，是专家体系的重要工具，它不仅可以存储海量知识信息和专家系统，丰富专家体系的知识结构，帮助专家快速处理大量信息、数据，完成大量复杂的计算，而且还可以帮助专家按照民主集中制的原则统一大家的意见，建立仿真模型、进行仿真实验。人与计算机既实现了互补，凡是计算机能够做的都让计算机去做，腾出人的精力去做那些计算机不能做的事，又要坚持以人为主的原则，人是计算机的制造者、操纵者，计算机是人的工具。人脑思维的一种形态是逻辑思维，它是定量、微观处理信息的方法；另一种形态是形象思维，它是定性、宏观处理信息的方法。人的创造性主要来自创造性思维，创造性思维是逻辑思维和形象思维的结合，也就是定性与定量相结合、宏观与微观相结合，这是人脑创造性的源泉。今天的计算机，在逻辑思维方面确实能做很多事情，在某些方面甚至比人脑做得还好、还快，尤其善于信息的精确处理，许多科学成就已证明了这一点，但在形象思维方面，还不能给我们帮什么忙，至于创造性思维就更只能靠人脑了。因此，机器能做的就尽量让机器去完成，以便最大限度地扩展人脑逻辑思维处理信息的能力；机器做不了的形象思维问题，只能由人去解决，实现人脑和电脑的结合。但人—机结合必须以人为主，不能以机器为主；以人为主的人—机结合，其功能强于人脑，以机器为主的人—机结合，其功能弱于人脑。①

① 钱学森系统科学思想研究. 上海：上海交通大学出版社，2007：34～46.

“开放的复杂巨系统目前唯一可用的研究方法是汇集各家的从定性到定量综合集成法。”① 从定性到定量综合集成法实现了经验知识与科学理论、宏观研究与微观研究、定性认识与定量认识、形象思维与抽象思维、整体论与还原论、东方思维方式与西方思维方式以及多种学科的有机结合与辩证统一。“这是国外没有的，是我们的创造。”在钱学森的思维科学体系中，它居于中间地位，对下，可以为各项具体的思维工程提供方向与方法论；对上，既是各种思维形态的综合运用，又为思维学提供经验与素材。

五、思维（认知）科学的工程技术层次

思维（认知）科学的工程技术是将基础科学、技术科学的理论在思维实践中的具体应用，直接地改造客观世界、解决具体问题，实践性最强。主要包括智能计算机的研制、人工智能、计算机模拟技术、计算机软件工程、文字学、密码技术、情报资料库技术、大成智慧工程等。这是钱学森倡导、创建思维科学过程中谈得最多、贡献最大的领域，其中关于智能计算机的研制、人工智能、情报资料库技术与大成智慧工程等都发表了一系列重要、独到的见解，对思维科学工程技术层次的建设作出卓越贡献。由于篇幅的局限，这里只就智能计算机的研制和大成智慧工程做些简要介绍。

1. 智能计算机问题

智能计算机问题是由 20 世纪 80 年代初日本提出第五代计算机问题而引起的，钱学森非常重视：“第五代计算机有两种含义：第二代巨型机（比一般的大机器还要大，我曾经给它起个名字，叫 mege computer）；第一代智能机（因为智能机以前还没有）。”“巨型计算机，即第二代巨型计算机比较成熟，可以通过论证，在一段时间后立即开始研制，但同时一定要突击解决并行运算的科学技术，也要安排前面讲到的数学或计算数学问题，硬件和机系结构问题的研究。至于第一代智能机，根据前面讲的情况，现在还不成熟，只能是预研，但因为它很重要，要认真安排课题。”

钱学森对日本人提出的“第五代计算机”包括两种含义的见解以及相关部署是切合实际的，也是富有远见的。

① 他非常重视第二代巨型计算机的研制，先后发表过很多精辟意见。

1984 年 8 月 3 日在“国防科工委第五代计算机专家讨论会”上的发言中说：“从前的计算机，冯·诺依曼格局，第一条就是逻辑运算。后来，到第四代，再到我们说的将来的第二代巨型计算机。那就把并行运算充分发展了，但是还没有

① 钱学森书信（6 卷）．北京：国防工业出版社，2007：420.

突破以逻辑思维、逻辑推理为基础的这个原则。”“要把现在的运算速度再大大提高。这可以是一种对第五代计算机的理解，即只是在并行运算上突破了冯·诺伊曼格局，这种理解实质上是对第四代计算机的进一步发展。……我们可以接受对第五代计算机的这种理解，因为这样的计算机用于工程技术，总是比进行大型试验要省时、省钱”。“我们的目的是要比现在的计算机运算速度快几十倍至一百倍，但是从现在半导体器件的发展来看，运算的基频再提高恐怕有限。……看起来更为可行的办法是增加并行运算器，现在的巨型机是 2～4 个并行运算器，美国人认为到 80 年代后期会增加到 8～16 个，90 年代后期进一步加到 60 个或者更多。”许多处理器并行运算是近二、三十年来高性能计算机提高运算速度的主要发展方向，现在并行运算的处理器已经超过十万（美国 IBM 2007 年研制的一台超级计算机的处理器多达 212 992 个）。可见，这个见解多么具有前瞻性。

1992 年 9 月 12 日在致戴汝为的信中指出：“如果 MITl（日本通产省）真要搞 RWC（real world computer，译为‘真实世界计算机’），他们的出发点就是错误的：人认识人脑的作用远未达到他们要求的水平，他们完全脱离实际。”“日本人是鬼的，我猜他们心中另有打算。‘第五代计算机’的实质可能是大规模集成电路；若如此，日本人是成功的，花 4 亿美元是值得的。这次“RWC”的实质可能是极度并行计算；他们如搞得成，花 4 亿美元也是值得的。日本人讲‘孙子兵法’，虚虚实实，世界上的老实人切莫上当！”

钱学森把“第五代计算机”首先理解为第二代巨型计算机对我们国家“863”计划的研究实践起到了指导作用。国家 863 计划 306 主题 15 年的实践证明，钱老的这些精辟见解是非常正确的。863 计划 306 主体开始时，由于“受‘跟踪性’的选题思路影响较深，立项论证时惯于遵循‘国外正在搞什么’”，因此 1986 年把主攻方向与外国一样定为“智能计算机系统”。后来，看到日本的智能机研制无成功的希望，这才逐渐醒悟，1990 年时把主攻方向调整为“支持智能应用的先进计算机系统”；“1996 年将主题的目标扩充为以研究‘适应互联网环境、面向智能应用的高性能计算机系统’为主的主攻方向”。国家“863”计划智能计算机主题专家组副组长李国杰院士总结十几年经验教训时指出：“863 计划刚起步时正值日本红红火火地开展智能计算机研制，受日本五代机的影响，我国 863 计划计算机主题原定的研究目标也是智能计算机。1990 年国家智能计算机研究开发中心成立以后，我国面对的第一个选择就是要不要跟日本人走。经过智能机专家组对国内外计算机发展趋势的反复调研分析，我们清醒地认识到计算机产业虽然发展很快，但已相当成熟，已经形成了一系列国际工业标准。脱离工业标准与计算机主流技术的所谓智能计算机不可能有好的前途。在专家组的支持下，我们果断地选择以并行处理技术为基础的高性能计算机为主攻方向，以共享存储多处理机为第一个目标产品。十年来，我们顶着‘智能计算机’的帽子，但一直以满足市场需要的高性能计算机为目标，从未动摇。同时在应用软件和人机接口方面，特别是Internet网络应用上加强智能化软件的研究，提高应用软件的智能化水平，力争机器‘傻瓜化’。事实证明这一研究方向选择是明智的。”方向正确了，所以“曙光”系列计算机的研制才取得重大进展，2004年“曙光4000A”研制成功，一度位列世界计算机500强的第十；2008年6月，“曙光5000A”又研制成功，运算速度超过每秒160万亿次，运算能力相当于世界第七。

② 钱学森一直关注智能计算机的研制，发表了一系列重要见解，并随认识的提高而发展。

1984年8月3日在“国防科工委第五代计算机专家讨论会”上的发言中指出：“日本人考虑的第五代计算机，有一些什么新的内容呢？一般说要在计算机上加图像信息处理系统，能够认识图像，还有知识信息处理系统，专家系统和知识库，最后，是把这些和机器的逻辑运算组织起来，成为一个体系。那么，我们从思维科学的角度来看，这个问题包括图像处理系统、知识信息处理系统和专家系统，都有一个特点，即这些东西实际上突破了单纯的逻辑思维，也就是抽象思维的框框，已经包含有形象（直感）思维的因素。我认为，从思维科学来看，形象（直感）思维是不同于逻辑思维的。它们要从逻辑思维、抽象思维中突破出来，这是一个很大的突破。”

1984年11月1日在《与〈文艺研究〉编辑部座谈科学、思维与文艺问题》中说：“现在新技术革命总联系到电子计算机，电子计算机发展到现在，看起来很高明了，但是一碰到形象思维，就不行。……所以电子计算机发展，也碰到困难，实际上是个形象思维的困难。电子计算机要模拟人的智能，搞人工智能，就要解决这个问题。要使电子计算机不仅会算，而且会办事。这是一件非常重要的事，一定要干。现在大家都在研究，都很努力，但是还没有结果。相信攻来攻去，总有一天会攻出来的。”①

1985年5月26日在全国第五代计算机学术研讨会开幕式上的讲话“我国智能机的发展战略问题”中明确指出：“到21世纪，一个国家要能在世界上站得住，就必须掌握先进的科学技术。所谓先进的科学技术就包括智能机。我们从现在看到的电子计算机的普遍应用，对物质文明、精神文明所产生的影响，就可以想象一下，智能机将在21世纪起到什么作用。可以预料，它会把计算机已经开拓的方向推到一个更高的高度，就像自动化把机械化发展到一个更新的高度一样。从这个角度认识，智能机的研制确实是件国家大事，是科学技术发展的大战略，也就是社会主义建设的大战略。但是，必须把智能机的理论工作和智能机的试制、试验工作结合起来，必须把人工智能的理论和人工智能的实践结合起来。

① 钱学森. 科学的艺术与艺术的科学. 北京：人民文学出版社，1994：99，100.

我认为智能机和人工智能的理论就是思维科学。思维科学要有突破，而且现在正面临着一个突破。思维科学要走人工智能和智能机这样一条道路，也就是用机器模拟的方法，如果模拟出来了，即人的思维可能就是这么回事。所以，人工智能、智能机的理论是思维科学，而思维科学的发展也恰恰要靠智能机、人工智能的工作。我们也可以说用思维科学来指导智能机的工作，又智能机的发展来推动思维科学的研究。”

1987 年 12 月 15 日钱学森在国家 863 计划 306 主题专家组会议上提出：智能机技术是当今我国的尖端技术，对于智能机，可以说方向、途径都不清楚。为此要考虑 11 个方面的工作：人工智能；脑科学；认知心理学；哲学；与形象思维有关的，是文学、诗词的语言；科学家关于科学方法论的言论；社会思维学；模糊数学；并行运算的重要性；古老的数理逻辑；系统理论，系统学。现设想的智能机是一个很复杂的思维系统①。

1988 年 7 月 13 日在致马希文的信中说：“我想所谓智能机也只是人的助手而已，还是人—机体系；只不过机器干得好了，人更解放了，更自由了。”从此以后，他特别重视人—机系统问题。

他与于景元、戴汝为在《自然杂志》1990 年第 1 期上发表的“一个科学新领域——开放的复杂巨系统及其方法论”中强调：“由人、专家系统及智能机器作为子系统所构成的系统必然是人—机交互系统。各子系统互相协调配合，关键之处由人指导、决策，重复繁重工作由机器进行。人与机器以各种方便的通信方式，例如自然语言、文字、图形等，进行人—机通信，形成一个和谐的系统。”

1991 年 4 月 18 日在与戴汝为、汪成为、于景元、王寿云进行的“关于人—机智能系统的谈话”中谈到智能机专家组的长远目标问题时指出：智能计算机是非常重要的事，是国家大事，关系到 21 世纪我们国家的地位。如在这个问题有所突破，将有深远的影响。我们要研究的问题不是智能机，而是人与机器相结合的智能系统。不能把人排除在外，是一个人—机智能系统。机器是帮助人、使人的作用发挥得更加充分。我建议 863-306 的名称应改为“人—机系统”。人脑是开放的巨系统，计算机也是一个巨系统，再加上情报、资料、信息库……，而成为一个人—机智能系统。我们的目的就是构造这样一个系统，它就成为“总体设计部”的不可缺少的支撑了。因此，我们才称它为尖端技术，应列为国家攻关项目，应有相应的保密措施，因为它关系到社会主义的胜利。对我们最终所要争取的目标，现在我们大家还不知道如何实现呢，还要深入研究。我们要认识到我们的局限性，现代科学的局限性。我们目前只是对所要解决的问题有点认识而已，但如何解决尚待探索，现在我们还没门呢！目前机器还没法解决的事，先让人来

---

① 钱学森，戴汝为. 论信息空间的大成智慧. 上海：上海交通大学出版社，2007：74，75.

干。等机器能做的事慢慢多起来时，人也就被解放得多一些了，人就能发挥更大的作用了。我们要研究的是人和机器相结合的智能系统，但现在还不可能很快实现这种人—机智能系统。目前只能做些“妥协”，实事求是，尽量开拓当前计算机的科学技术，使计算机尽可能地多帮助人来做些工作。我希望把最终实现人-机智能系统这件事赶快定下来。这应该是 863-306 的目标。这是钱学森关于智能机问题上认识的重要发展，希望用来指导 863-306 主题的研究。

1992 年 3 月 6 日在致汪成为的信中则明确地指出：“我不以为能造出没有人实时参与的智能计算机。所以奋斗目标不是中国智能计算机，而是人—机结合的智能计算机体系。这是我对 1989 年讲的又发展了，我得益于近年来对从定性到定量综合集成的学习。”这是一个非常重要的见解。

从钱学森关于智能机的认识过程中可以看到，虽然对日本提出的第五代计算机的理解比较清楚、准确，但在一段时间内，也难免受到他们的影响，也曾经对智能机的研制寄托很大希望。随着认识的提高，才明确地认识到，不依靠人的自主性的智能计算机是不可能的，现实的是人—机智能系统。

2. 大成智慧工程

从定性到定量综合集成法属于思维科学的技术科学层次的科学方法论，是处理开放复杂巨系统的方法论。要应用它解决实际问题，既需要一定的组织形式，也需要一些具体的技术。因此，钱学森关于从定性到定量综合集成法的思想并没有到此止步，而是继续向前发展。

1992 年 3 月 2 日在致王寿云的信中提出：“从定性到定量综合集成研讨厅体系”，指出：“这是把下列成功经验汇总了：几十年来世界学术讨论的 Seminar；C^3I 及作战模拟；从定性到定量综合集成法；情报信息技术；‘第五次产业革命’；人工智能；‘灵境’①；人—机结合智能系统；系统学……。”并在信后加注一句：“这是又一次飞跃！”3 月 6 日在致汪成为的信中说：“最近我向王寿云同志提出一个新名词，叫‘从定性到定量综合集成研讨厅体系’，是专家们同计算机（可能要几十亿 Flop）和信息资料情报系统一起工作的‘厅’。这个概念行不行？请你们研究。”3 月 13 日在给戴汝为的信中讲得更明确：“我们的目的是建成一个‘从定性到定量综合集成研讨厅体系’。这是把专家们和知识库信息系统、各 AI 系统、几十亿次/秒的巨型计算机，像作战指挥演示厅那样组织起来，成为巨型人—机结合的智能系统。组织二字代表了逻辑、理性，而专家们和各种 AI 系统代表了以经验为基础的非逻辑、非理性智能。所以这是 21 世纪的民主集

① Virtual Reality 直译为虚拟现实．钱学森曾建议名词科学技术各国审定委员会翻译为“灵境”，未被采用．

中工作厅，是辩证思维的体现!” 在 3 月 23 日致戴汝为的信中，把从定性到定量综合集成研讨厅体系同思维科学联系起来，认为“思维科学的任务就是从思维的角度找出思维能力发展的途径并付诸实施。”“我们要研制的从定性到定量综合集成研讨厅体系就是完成思维科学这一任务的一个建议。” 6 月 30 日在致于景元的信中指出：“将来这个‘厅’是专家集体（在一位带头‘帅才’领导下）与书本成文的知识、不成文的零星体会、各种信息资料，以及由以上‘情报’激活了的专为研究问题的 supporting software 之间的反复相互作用，其中还要用电子计算机试算，算出结果又引起专家要查询资料、要新的激活了的‘情报’，就连‘命题’也会要修订，不是从一开始就定死了的。在一轮讨论中，这种交互作用出现可以很快，所以电子计算机要高速、并联工作。”

1992 年 8 月 27 日在致王寿云的信中提出“大成智慧工程”：我们的从定性到定量综合集成法和从定性到定量综合集成研讨厅体系所表达的概念还要深化。是否是：把人类几千年来的智慧成就集其大成，把计算机科学技术，人工智能技术，作战模拟技术，思维科学，学术交流经验，加上马克思主义哲学，合成为“大成智慧工程，Metasynthetic Engineering”。用这样一个词是吸取了中国传统文化的精华的，有中国味。信后附件对“大成”一词的含义与来源做了考察。10 月 10 日在致钱学敏的信中说：从定性到定量综合集成法要建立一个工作体系，从定性到定量综合集成研讨厅体系，这是利用我们的现代科学技术体系的思想，综合古今中外，上亿万个人类头脑的智慧！所以可以称之为：“大成智慧工程”！前无古人！10 月 19 日在给戴汝为的信中也说：我们是要把古今中外千亿人的头脑组织成为一个伟大的思维体系，复杂超巨型系统。可否称之为“大成智慧工程”?

1992 年 11 月 13 日钱学森在与王寿云、于景元、戴汝为、汪成为、钱学敏、涂元季六人进行的“关于大成智慧的谈话”[①] 中，第一个问题谈的就是从定性到定量综合集成研讨厅体系，强调情报、资料、信息系统建设的重要性，决策支持系统案例是较高层次的信息库，把参加研讨厅的专家意见综合起来，要进一步提高，更有针对性。第二个问题谈的是大成智慧工程，指出：“我们现在搞的从定性到定量综合集成技术，名称太长，也不好译成英文，按照中国文化的习惯，我给它取了个名字，叫大成智慧工程。中国有“集大成”之说，就是说，把一个非常复杂的事物的各个方面综合起来，集其大成嘛！而且，我们是要把人的思维，思维的成果，人的知识、智慧以及各种情报、资料、信息统统集成起来，我看可以叫大成智慧工程。英文翻译为 metasynthetic engineering，缩写是 MsE。“第三个问题是大成智慧学，指出：大成智慧工程进一步发展，在理论上提炼成一门

① 钱学森. 创建系统学（新世纪版）. 上海：上海交通大学出版社，2007：175～180.

学问，就是‘大成智慧学’。哲学家熊十力把文化、艺术方面的智慧叫‘性智’，把科学方面的智慧叫‘量智’。从前我只从科学技术方面讲人的智慧是不够的，还要看到智慧的另一个来源，即传统文学艺术；既要有‘性智’，又要有‘量智’，这就是大成智慧学。”

1993 年 4 月 10 日在致戴汝为的信中特别强调：“在从定性到定量综合集成研讨厅体系中，核心的是人，即专家们，整个体系的成效有赖于专家们。7 月 18 日在致钱学敏的信中，从“性智”与“量智”谈到大成智慧学：事物的理解可分为“量”与“质”两个方面，但“量”与“质”又是辩证统一的，有从“量”到“质”的变化和“质”也影响“量”的变化。我们对事物的认识，最后目标是对其整体及内涵都充分理解。“量智”主要是科学技术，是说科学技术总是从局部到整体，从研究量变到质变，“量”非常重要。当然科学技术也重视由量变所引起的质变，所以科学技术也有“性智”，也很重要。大科学家就尤有“性智”。“性智”是从整体感受入手去理解事物，中国古代学者就如此。所以是从整体，从“质”入手去认识世界的。中医理论就如此，从“望、闻、问、切”到“辨证施治”，但最后也有“量”，用药都定量的嘛。我们在这里强调的是整体观，系统观。这是我们能向前走一步的关键。所以是大成智慧学。”8 月 31 日在给钱学敏的信中说：“科学技术体系中从自然科学、社会科学、数学科学、系统科学、人体科学、思维科学、军事科学、行为科学到地理科学这 9 大部门都是由量智与性智建立起来的，但表现出来的则是量智。而文艺这一部门与众不同，虽然也是由性智与量智并用的，但表现出来的则是性智。这就是文艺和美学的特点，与众不同。当然从发展和深化了的马克思主义哲学来看，从大成智慧学的角度来看，这十大部门又是统一的。这就是大成智慧学的威力！”9 月 16 日在致王寿云、于景元、戴汝为、汪成为、钱学敏、涂元季的信中指出：“我们的从定性到定量综合集成法或称大成智慧工程，就要把众人的‘举重若轻’和‘举轻若重’结合统一起来；在定方针时居高望远，统揽全局，抓住关键；在制订行动计划时又注意到一切因素，重视细节。这可能是马克思主义哲学了，是大成智慧学了。”

1994 年 3 月 24 日致钱学敏的信中在谈到“大成智慧学”与“整体观”、“集大成，得智慧”时指出，“集大成”首先要“集”，这是“整体观”，但要注意，也必须有“集”的对象。这是说单有“整体观”不够，还得有大量零星的素材，即局部细致的研究结果。我们讲从定性到定量综合集成也必须有大量点滴“专家意见”才行。我国古代只有整体观，没有多少素材，所以对客观世界只剩下猜测了，不成为科学。我们的“大成智慧学”是建筑在现代科学技术的基础上的。4 月 10 日致戴汝为的信中认为，人工智能与模式识别是我们说的第二个时代的研究课题，而我们现在要开拓的是第三个时代——人—机结合的大成智慧工程及大成智慧学。第二个时代的研究当然有用，但目前我们要宣传第三个时代结合的研究。换句话说我们要扩大视野，用人—机结合来包括机器的模式识别和人工智能。

1995 年 1 月在钱学森与于景元、涂元季、戴汝为、钱学敏、汪成为、王寿云联合撰写的《我们应该研究如何迎接 21 世纪》中，对“从定性到定量综合集成研讨厅体系”、“大成智慧工程”作了比较全面、系统、完整的阐述：“这个研讨厅体系的构思是把人集成于系统之中，采取人—机结合，以人为主的技术路线，充分发挥人的作用，使研讨的集体在讨论问题时互相启发，互相激活，使集体创见远远胜过一个人的智慧。通过研讨厅体系还可把今天世界上千百万人的聪明智慧和古人的智慧（通过书本的记载，以知识工程中的专家系统表现出来）统统综合集成起来，以得出完备的思想和结论。这个研讨厅体系不仅具有知识采集、存储、传递、共享、调用、分析和综合等功能，更重要的是具有产生新知识的功能，是知识的生产系统，也是人—机结合精神生产力的一种形式。”

1995 年 5 月 8 日，王寿云、汪成为向钱老报告了建立研讨厅体系的情况，他非常高兴，在 14 日的回信中说：“我要向您二位祝贺已取得的成绩：已有了个能运转的研讨厅体系了。但从定性到定量综合集成研讨厅是件新生事物，我们只是从过去于景元同志的工作悟出这个想法，理论是极有限的。所以开展研讨厅体系要靠实践，实际用它加专家们一起，在实干中发现改进的一条条可能，再一步一步改进。所以要多用，多探讨改进。就是一个题目，也可以多次试用，找出最有效的工作方法。因此运转经费要多一些，也要有一帮肯下功夫同研讨厅‘泡’的同志。‘熟’能生‘巧’嘛。”

1997 年 4 月 6 日在致钱学敏的信中说：“我想我们宣传的‘大成智慧’与他们（指冯契与吴国盛）不同之处就在于微观与宏观相结合，整体（形象）思维与细部组装向整体（逻辑）思维合用，即不只谈哲学，也不只谈科学，而是把哲学和科学技术统一结合起来。哲学要指导科学，哲学也来自科学技术的提炼。这似乎是我们观点的要害：必集大成，才能得智慧！”

1993 年 10 月 7 日在致钱学敏的信中谈到了大成智慧教育问题：我在这几天又在想中国 21 世纪的教育，我 1989 年的那篇东西不够了；是要人人大学毕业，成硕士，18 岁的硕士，但什么样的硕士？现在我想是大成智慧的硕士。具体讲：熟悉科学技术的体系，熟悉马克思主义哲学；理、工、文、艺结合，有智慧；熟悉信息网络，善于用电子计算机处理知识。但是，1994 年 5 月 17 日在致钱学敏的信中又说：“到 30～50 年后，我国社会主义建设进入现代中国的第三次社会革命时，真正要实现‘大成智慧教育’，实现‘人—机结合’工作体制时，现代科学技术体系才成为一门必修课。”“我们是在做未来的事。所以我有‘悠悠历史感’”。1996 年 7 月 21 日在致钱学敏的信中也说：“我现在想，大成智慧是我们近年来工作的核心，第五次产业革命和科学技术体系的形成造成人—机结合的思维体系，以致要求人人18岁达到硕士水平。这是‘新人类’了！……能不能在建党一百周年开始？这才是头等大事。”

从定性到定量综合集成法⟶从定性到定量综合集成研讨厅体系⟶从定性到定量综合集成技术（大成智慧工程）⟶大成智慧学⟶大成智慧教育，这是钱学森耄耋之年运用一生积累的丰富经验、知识与高超智慧创造出来的最精彩成果，是系统科学与思维科学综合运用的结晶，也是他对一生积累的丰富知识、经验的总结。其中，从定性到定量综合集成法属于思维科学的技术科学（科学方法论）层次，从定性到定量综合集成研讨厅体系、从定性到定量综合集成技术（大成智慧工程）属于思维科学的工程技术层次，大成智慧学属于哲学层次，大成智慧教育是大成智慧学在教育领域的具体运用。可以说，这一思想贯穿了思维科学的整个体系，是思维科学中最具特色、最优秀的部分。

3. 结束语

上述这些仅仅是钱学森倡导、创建的思维（认知）科学体系结构中的主要内容，也是他在倡导、创建思维（认知）科学过程中所做出的主要贡献，从中可以比较清楚地看到他所创建的思维（认知）科学体系的概貌。

钱学森是世界评选出的20世纪20位伟大科学家之一，是唯一的亚洲人、中国人。这是中国人民的骄傲！他为中国人民的智慧宝库增加了大量宝贵的精神财富，值得我们认真研究与发扬，而且时间越久才会越觉得弥足珍贵！思维科学仅仅是其中的一部分而已。

目前我国思维（认知）科学界有些人对钱学森的思维（认知）科学思想在理解上往往从局部出发，各取所需，缺乏全面、完整、系统、综合研究，导致认识上的分歧与混乱。造成这种状况的主要原因之一，就是没有完整、系统地编辑出版钱学森关于思维（认知）科学的论著（人体学科、系统科学、地理科学、建筑科学等均已出版，有些领域甚至出版多本），这给思维（认知）科学工作者全面地理解、系统地研究、完整地掌握思维（认知）科学的丰富内容与体系结构造成一定困难。因为钱学森关于思维科学的文献已经公开发表的仅仅是一部分，而且分散在不同论著中，《钱学森书信》刚刚出版不久，更不是每位思维（认知）科学工作者都能够买得到或买得起的。这不能不说是思维（认知）科学研究存在的重要问题，应该引起有关方面充分重视。只有全面、完整地理解、掌握钱学森思维（认知）科学的丰富内容以及体系结构中各个层次、学科之间的相互关系，才能统一认识，消除分歧与混乱。

第三节 创造性思维的学科结构及其研究途径*

一、引言

几千年来，人类一直在不停息地探索自身大脑思维的规律。从中国春秋战国时代的诸子百家，古希腊的柏拉图、亚里士多德，到近代的莱布尼兹、培根；从19世纪的布尔、别林斯基到当代的各个哲学、逻辑学和自然科学流派；许多科学家都在这个领域中从事了艰苦的研究工作，获得了丰富的成果。尤其是无产阶级的革命导师马克思和恩格斯在总结人类阶级斗争，生产斗争和科学实验丰富成果和知识财富的基础上，在同各种唯心主义哲学流派的激烈斗争中，创立了马克思主义哲学，为人类认识客观世界、改造客观世界提供了正确而锐利的思想武器，为人类思维规律的研究奠定了稳固的基础，指出了正确的方向。

20世纪30年代英国数学家图灵重新肯定了著名逻辑学家维特根斯坦在深入研究逻辑思维活动的基础上给出的"真正的思维就是计算"的论断，提出了图灵机模型，为现代电子算机的诞生提供了理论基础。十年之后，美国科学家莫希莱、冯·诺依曼等在图灵机理论模型基础上，将布尔逻辑同电子技术相结合，研制出世界上第一台电子计算机ENIAC，从而打开了通向基于逻辑理论的现代计算机文明的大门。

20世纪下半期，随着计算机、通信技术和自动化技术的飞速发展，人类进入了信息化的时代。巨大的社会需求使人们提出了研制能像人那样进行认知和思维的智能计算机的目标。我国著名科学家钱学森高瞻远瞩，站在人类五次产业革命的高度上看清了这种巨大社会需求同现有理论基础（逻辑思维）之间的差距和矛盾，及时提出建立思维科学（noetic science）这一现代科学技术大部门的设想，并发表一系列论著为思维科学的创立奠定了基础。他明确指出，思维科学是处理意识与大脑、精神与物质、主观与客观的科学，是现代科学技术的一个大部门。推动思维科学研究的是计算机技术革命的需要。AI理论基础就是思维科学中的基础科学——思维学，即研究人有意识的思维规律的学问。

在钱学森的倡导和组织之下，我国一批计算机、人工智能、系统科学、数学、心理学、神经科学、哲学等学科的科学工作者迅速集聚起来，结成多学科合作的联盟，开展了一系列的研究工作。我们就是在钱学森的学术思想指导之下，面向智能系统，围绕科学技术中的问题，开展创造性思维模型及其实现技术研究的。

---

* 本节执笔人：李德华，华中科技大学。

二、创造性思维

创造性思维是人类发明创造的思维形式，是人类智能行为中最重要的方面，是人类知识和人造物质宝库赖以存在和发展的基本支柱。所谓创造，从根本上来说是根据已有信息，产生出新知识的过程。

人类的创造性思维活动是非常广泛的，有科学技术方面的发明创造，有文学艺术方面的创作，有经营管理方面的创新，有军事活动中的创新指挥和运作等，甚至日常生活中也包含有大量的创新活动。创造性思维是人类思维活动非常重要的一个侧面，因此它必然渗透在人类实践活动中的几乎所有的领域之中。面对浩如烟海的人类创造性思维活动，我们把研究工作的起点放在科学技术中创造性思维活动的研究上。

在科学技术的范畴之内，创造主要是指：

① 发现新事物、新现象、新特性。

② 给出新概念、新定律、新原理。

③ 提出新观点、新假说、新理论。

④ 为新的设计或制造，提出新思想、新方案，开发新产品、新工艺，做出新改革、新发明等。

很显然，科学技术中的创造具有两大基本特征，即实践性和创新性。

任何创造性思维活动中都不仅是理性思维，往往都包含有情感思维，有强烈的动机驱动和兴趣导向，有意志、爱好、信仰、毅力、热情等多种非智力因素的影响，因此是极其复杂的、综合性的。

在创造性思维的理性思维范畴之内，既包含有逻辑（抽象）思维的成分，又包含有丰富的非逻辑思维活动成分。在非逻辑思维成分中既包含有形象（直感）思维，又包含有灵感（顿悟）思维的各种形式，而且许多创造性思维活动往往是在社会（集体）思维环境中进行的。

在逻辑思维成分中，类比、归纳、演绎等思维形式占有重要地位。在形象思维成分中，联想、想象、直觉占有重要地位。目前人们对灵感（顿悟）思维还知之甚少，众说纷纭。我们认为灵感（顿悟）很可能是逻辑、形象思维活动中的一种突变形式。掌握创造性思维的机理是人类梦寐以求的宿愿，也是极困难复杂的探索任务。创造性思维就像是一座海上的冰山，人们在水面上看到的仅仅是一座峻削的冰峰，而在水面下却还存在着一个巨大无比的未知身躯。因此，要解开它的秘密，必须限定范围，结合具体领域一步一步地去做工作。我们将把研究的重心放在科学技术领域中创造发明的思维模型上，主要考虑理性思维范畴的问题，试图为解决这一重大理论问题做出有益的贡献。

三、创造性思维研究的历史和现状

我们可以把创造性思维研究的历史发展过程，根据其特征分为史前期、初期、形成期、发展期四个阶段。

1）史前期（公元前 400 年～15 世纪文艺复兴时代）

早在古希腊时代，亚里士多德就在《分析后篇》中提出研究科学发现与创造的任务。他研究的主要问题是“概念最初是怎样形成的，理论最初是如何产生的。”他认为科学研究是从个别事实出发，从中归纳出一般性原理，再以一般性原理为前提演绎出一个个具体结论。然而在那个时代，对于如何从个别事实构成一般性原理没有给予重视。当时主要关心的是如何从那些直观的、不证自明的公理（如欧几里得几何的公设）演绎出具体结果。因此把科学发现的思维方法主要归结为演绎。这当然是片面的。

2）初期（15 世纪～19 世纪末）

文艺复兴后，随着近代自然科学和技术的发展，许多科学家都在探索人类发现、发明、创造的规律。培根、笛卡儿、波义耳、洛克、莱布尼兹和牛顿都相信人的创造性思维活动是有规律可循的，可以确定某些规则，以导致关于自然理论的发现。培根就是哲学史上一位自觉地、系统地阐述科学创造和发现的逻辑的哲学家。牛顿也在他的著作中对科学发现的逻辑思维方法有许多阐述。在《光学》中他提倡并且卓有成效地将“分析和综合”的方法应用于光学的研究。在名著《自然哲学的数学原理》中他也像培根、笛卡儿那样，制订了一些“哲学推理规则”用于指导对解释性假说的探索。在这一历史阶段，以培根为代表的哲学家，强调了归纳方法的重要意义，认为科学原理的发现过程是依据实验由低级到高级逐步归纳、抽象出来的。所以，当时人们认为：科学发现的方法主要是归纳。

19 世纪初，出现了一种倾向，认为科学创造与发现主要是偶然因素或科学家个人的天才所造成的，是一种神秘莫测的事业。其中赫歇尔在 1874 年十分典型地表达了这种观点：“科学发现依赖于某些有运气的思维，我们不能追溯它的起源，某些智力的投射是超越于一切规律的，不存在必然导向发现的格言。”他完全陷入了不可知论的泥坑，这种观点显然是错误的。

在上述历史时期中，创造性思维规律研究的中心课题局限在科学发现问题上。主要研究者是哲学家和对此问题有兴趣的少数有成就的自然科学家。研究的学术观点比较片面，成果不系统，停留在哲学思辨的层次上。得出的结果作为经验知识在科学界高层次上进行传播，对社会的作用是间接的。尚未形成一个完整的学科和研究方向。

3）形成期（1900 年～20 世纪 50 年代）和发展期（20 世纪 50 年代以后）

进入 20 世纪以后，随着科学技术的迅猛发展，科学技术的门类、学科越来越多，越来越细，对创造性思维规律的探求也从古代的出自好奇心和个人爱好，转向更侧重于各方面应用要求，开始渗透进工程技术领域并产生实效。30 年代以后创造性思维逐步形成一个相对独立的研究领域，成为诸如科学哲学、心理学、教育学、生理学、计算机科学、人工智能等学科领域的科学工作者共同关心的研究方向。一般说来，出自以下三个目的：

① 对人脑思维结构、能力、特性等人类固有物质基础性质的研究，试图获得对人脑的深入了解。

② 总结人类发现、发明的方法技艺，开发人类的潜能，使人们的工作具有更高的效率。

③ 创造性思维模拟系统即计算机创造系统的研究。

国内外在近几十年中取得了较大的进展，主要表现在以下几个方面：

(1)“创造工程”的创立和应用

早在 1936 年，美国通用电气公司为了训练和提高职工的创造力，率先开设“创造工程”课程。同期奥斯本发表《思考的方法》一书，一门旨在研究创造性思维的学科应运而生，引起世界各国的重视，特别是战后的日本。在各国涌现出一批论述创造性思维的科学著作和论文，开始形成系统的科学观点和方法论。现今创造工程的研究和创造技法的应用已遍及各工业发达国家。各种创造技法目前在国际上通行的已达 300 余种，最著名的也有百种之多，在科学研究生产实践中发挥了重要作用。现在将这些创造法赋予计算机或智能机系统的研究任务已顺理成章地被提了出来。

在基础理论研究方面，二三十年代弗洛伊德提出的显意识、前意识和潜意识学说，六十年代心理学家皮亚杰提出的《发生认识论原理》为解释创造性思维的机理，为认识创造性思维的发生和建构过程提供了新的理论基础。

(2) 人工创造系统的研究

20 世纪六七十年代以后，由于人工智能和研制智能机器的需要，人们开始特别关注科学发现这一典型的创造性思维过程的机制，出现了“发现的合理性研究”和“发现逻辑”的复兴。美国的一些科学哲学家、心理学家和人工智能专家建立了“发现之友”这一类学术组织，结成亲密联盟，共同探讨创造性思维问题并考虑建立高级的 AI 系统。

① BACON 系统：70 年代末至 80 年代中后期，美国卡内基-梅隆大学计算机科学家兰利在西蒙的指导下研制了一个科学发现程序系列——BACON. 1～BACON. 6。该程序系列采用数据驱动模式，可以模拟人类从实验数据中发现规律的创造性思维方式。已可以从实验数据中发现多个早期的物理学定律（如刻卜勒行星运动第三定律、欧姆定律、动量守恒定律等）和一些化学概念，引起学术界的高度重视。

② AM 系统：1976 年美国斯坦福大学计算机系副教授 Lenat 研制出 AM 系统，该系统基于一批数学概念和知识，可以发现基础数论和集合论中的概念。在很短的运行时间内，AM 可以发现并确定 200 个新概念，提出一些假说，其中有一半是合理的。

③ Meta-DENDRAL：1978 年美国斯坦福大学 Buchanan 和 Mitchell 研制成这一系统，该系统可以发现质谱数据中隐含的新规则和样品的化学结构。

④ 最近几年出现了一批有很强的问题求解能力、学习能力的系统，如 CMU 的 SOAR，伊利诺斯大学的 Michalski 的 AQll、AQl5，Quinlan 的 ED3，Rendeel 的 PLSI，Mitchdll 的 LEX 和 LEAP 等。

(3) 各国制定的研究计划包含有同创造性思维有关的内容，并开始形成研究方向、成立学术组织

① 1986 年，在日本政府的科学技术委员会主持下，由通产省和科学技术厅等有关部门召集日本国内著名专家讨论后提出一个称为《人类前沿科学计划》(human ferntier science program，HFSP)，该计划第二章信息加工中第一项研究就是创造和思维的研究，计划指出："该研究是为了实现完全基于新原理的信息处理机器和真正的人工智能，这不仅是完全必要的，而且在今后日益复杂化的社会中也可满足人类越来越高的需求，为促进人类社会的进步作出巨大贡献"。

他们的研究计划集中在以下两点上：

第一，创造和思维过程的机制，引进以信息科学和计算机科学手段的认识科学方法论，阐明创造和思维的机制，并研究出它们的结构。同时用这些成果，为促进人机界面科学，为发展人工智能，为生物计算机的设计思想和结构进行基础研究。

第二，通过分析分子语言对脑的控制方式和智能工作中的脑活动方式，阐明大脑的工作原理。

② 澳大利亚悉尼大学已制定出"创造性设计研究计划"，重点进行创造性建筑设计的思维模型和计算机实现技术的研究。

③ 1990 年 5 月，在英国格拉斯哥召开了第一届国际科学与艺术中的创造性学术会议。美国著名计算机专家曼德布罗得参加了这次会议并作重要报告。

④ 数据库中的知识发现（knowledge discovery in databasses）已成为一个确定的研究方向。美国人工智能学会（AAAI）已召开了多次数据库中的知识发现国际学术会议，成立了一个国际学术组织，出版论文集。研究工作集中在集成与交互系统（intergrated and interactive）和发现方法（discovery methods）两个方面。许多研究工作同现有的大型数据库相联系，密切结合实际应用进行探索。90 年代中期以后数据挖掘、知识挖掘的研究形成高潮。

在 50 年代以后的发展期中（特别是 70 年代以后），创造性思维的研究已超越科学技术的范畴，开始渗透到艺术领域，对美术、音乐、建筑构形设计、剧作构思等方面的创造性思维进行研究的艺术工作者、科学工作者、哲学、美学专家明显增多，论著不断涌现，人—机结合的创造系统已成为一个研究领域。数据库中的知识发现方面的研究成果已开始变成应用软件。美国学者已成功地将莫扎特《未完成交响曲》顺利补完并且风格无懈可击。

综上所述，可以看出国内外创造性思维研究领域中出现了以下几个明显的趋势：

① 计算机科学、思维科学、人工智能、心理学、脑科学、科学哲学和相关具体应用领域的工作者开始形成多学科、多途径探索又彼此结合的新局面。计算机、人工智能和掌握计算技术的相关具体应用领域的工作者成为研究工作的主力军。

② 摒弃试图研制出一个解决一切问题的"大一统系统"的计划，转而结合具体领域，充分利用现有的计算机软硬件资源，实实在在地研究具有学习、发现、创造能力的模型和系统，开始出现一批有益的成果。

③ 当前的主攻方向是要提出相应的计算模型和其他非计算模型，为新一代的计算机和人工智能系统的研究提供理论基础。

四、创造性思维学的学科结构

钱学森 20 世纪 70 年代末 80 年代提出现代科学技术体系结构的理论，明确地将思维科学作为一个现代科学大部门。他又在 1984 年 8 月全国首次思维科学学术研讨会上系统地阐述了关于思维科学的学科体系。在论及创造性思维的时候，他指出"以前按我们习惯的称呼，把一个人的思维分成三种，抽象（逻辑）思维，形象（直感）思维和灵感（顿悟）思维。这只是说从思维规律的角度来说，有这么三种。但是，第一，不排除将来进一步研究会发现这样的划分不合适，或还有其他类型的、具有不同规律的思维。第二，虽然划分为三种思维，但实际上人的每一个思维活动过程都不会是单纯的一种思维在起作用，往往是两种、甚至三种先后交错在起作用。比如人的创造思维过程就绝不是单纯的抽象（逻辑）思维，总要有点形象（直感）思维，甚至要有灵感（顿悟）思维。所以三种思维的划分是为了科学研究的需要，不是讲人的那一类具体思维过程。

这三种思维学都是思维科学的基础科学，也可以合称之为思维学"[①]。接着他又明确提出"社会（集体）思维学"的重要概念。指出思维学属于思维科学这个学科大部门基础科学层次。在许多论文讲话和同我的通信中提出了许多同创造

① 钱学森. 关于思维科学. 上海：上海人民出版，1986：129，130.

性思维相关的精辟论述。例如，“如果逻辑思维是线性的，形象思维是二维的，那么灵感思维好像是三维的”①。“我们的中枢神经系统接受外界的信息，有几种可能性，一种就像人走路，已经开步走了，脚已经踩在地上，这些反映传到人的神经系统，神经系统产生反射式的动作，来控制人的肌肉。这些反射式的动作，是下意识的，根本没有进入到大脑的上层，所以人没感到想怎么走，自然就走起来了。另外，这些信息到了人的大脑之后，是经过显意识，就是人对意识到的思维过程进行加工，然后是有意识的动作，不是反射式的动作。但是所谓灵感，恐怕是人脑有那么一部分对于这些信息再加工，但是人并没有意识到，这在国外也称为‘多个自我’，即人不光是一个自我，而是好几个，一个是自己意识到的，还有没意识到的，但它也在那里工作。那么，假设一个很难的问题，在这些潜意识里加工来加工去，得到结果了，这时可能与我们的显意识沟通了，一下得到了答案。整个的加工过程，我们可能不知道，这就是所谓的灵感。从前我也讲过，灵感、灵感，不是什么神灵的感受，而是人灵的感受，还是人，所以并不是很神秘的事。不过在人的中枢神经里是有层次的，而灵感可能是多个自我，是脑子里的不同部分在起作用，忽然接通，问题就解决了。那么，这样一个说法，实际上就是形象思维的扩大，从显意识扩大到潜意识，是从更广泛的范围或是三维的范围，来进行形象思维。从这个意义上说，灵感思维与形象思维有密切关系，这也是胡建平同志说的意思。

这项工作怎么做？我觉得，现在我们还只好耐心，突破口在形象思维，如果形象思维解决了，那么灵感思维也就比较容易解决了。目前，我们只能收集资料，但灵感的描述有时色彩很浓厚，添油加醋的，所以收集资料时千万注意，要真实。”②

根据钱老二十多年来对我们的指教，我们开展了一系列研究工作，逐步形成如下的关于创造性思维学学科结构和研究途径的认识。

1. 创造性思维学的学科体系关系

创造性思维学在思维科学这个学科大部门中的位置及其与大部门中各有关学科的关系如图 3-3-1 所示。创造性思维作为思维科学这个大部门的子集，它也被分成 4 个层次。如图 3-3-2 所示。

在哲学认识论层次，要用马克思主义哲学和认识论的观点来把握创造性思维研究的正确方向和宏观总体特征。在机理层次（基础科学层），要研究清楚创造性思维的较具体的机理。在模型层（技术科学层），要根据机理研究的成果给出

---

① 钱学森. 关于思维科学. 上海：上海人民出版，1986：141.

② 钱学森. 关于思维科学. 上海：上海人民出版，1986：141，142.

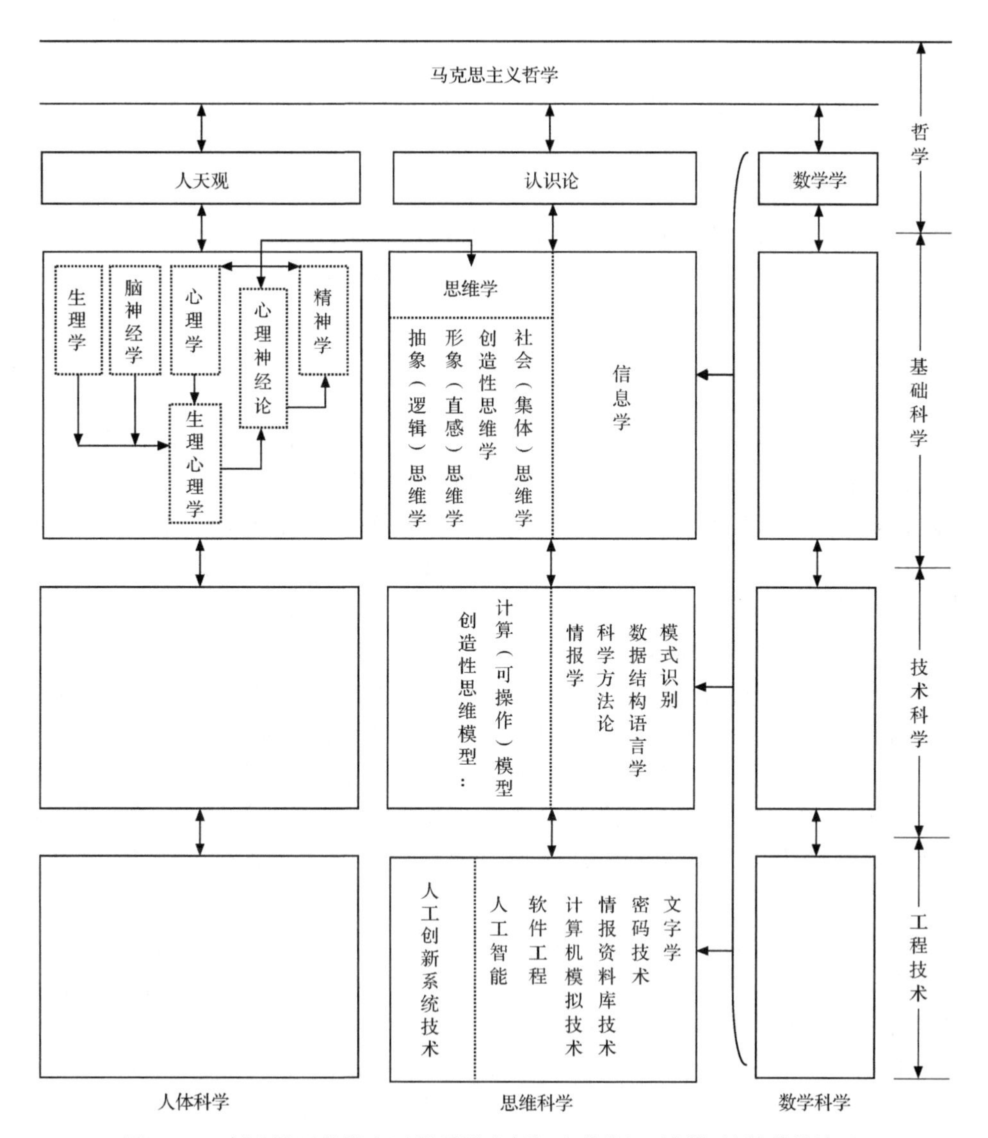

图 3-3-1 创造性思维学在思维科学大部门中的位置及同相关学科的关系

马克思主义哲学	哲学层	哲学层
认识论		
创造性思维学:理论与机理	基础科学层	机理层
创造性思维模型:计算与可操作模型	技术科学层	模型层
人工创新系统技术	工程技术层	系统实现层

抽象 → 具体

图 3-3-2 创造性思维作为思维科学大部门的子部门的四个层次

相应的创造性思维模型，进而研究这类思维模型的计算模型和非计算模型。在系统层（工程技术层），将计算模型转化为计算机软硬件系统或者提出采用非计算模型的新型智能系统的设计方案、方法，使创造性思维研究的成果物化。

创造性思维是综合性极强的人类最高级的思维活动。要揭开它的奥秘需要四个层次大量的艰苦探索，每一个层次的进展都是具有实质性意义的，不应该厚此薄彼。当前需要防止的是排斥哲学认识论层次的工作者进行的工作，而应该团结各层次工作者大力协同联合攻关。同时，应高度重视基础理论层次的工作，推动应用基础和应用技术研究工作。

2. 创造性思维学研究的主要内容

创造性思维作为一个研究领域，作为思维科学这个现代技术大部门的一部分，有着它自己的层次和主要环节。我们知道任何科学理论都来源于实践，都是实践积累的提炼升华的结果，其正确与否还必须经受实践的检验。毛泽东同志在《实践论》这一光辉著作中提出的“实践—理论—再实践—再理论”这一公式是指导我们研究创造性思维规律的根本指导思想。

1）创造性思维案例研究

研究创造性思维规律，第一个关键环节就是收集、整理、考证各个领域发明、创造、创新的大量事实，并且对这些事实要深入挖掘创造者的具体的思维过程，进行深入研究，给出每一次创造的真实全面的过程和内容（当前案例材料中不真实、不全面、添油加醋现象十分普遍，而思维细节又十分鲜见，给此项工作带来了困难），以此作为创造性思维研究的基础。我们称此环节为创造性案例研究。

正如恩格斯指出的：“每一时代的理论思维，从而我们时代的理论思维都是一种历史产物，在不同的时代具有非常不同的形式并因而具有非常不同的具体内容。因此，关于思维的科学，和其他任何科学一样，是一种历史的科学，关于人的思维的历史发展的科学”①。因此，研究创造性思维及其实现技术的一个重要入口就是用历史唯物主义和辩证唯物主义的观点来分析研究科学史、文学艺术史，科学家、发明家、艺术家、管理家等有发明创造成就的突出人物的传记，选取典型范例，深入分析每一案例发生的历史背景、知识背景，当时社会活动各种因素，当时科技人员的思想方法等，从中引出正确结论，抽取本质性的机理和模型。这是创造性思维研究的一项基础工程。在此过程中必须同形形色色的唯心主义观点划清界限，“去粗取精，去伪存真，由此及彼，由表及里”获取最重要的知识。

---

① 马克思恩格斯选集（3卷）. 北京：人民出版社，1977：465.

创造性案例研究的信息来源是多方面的，归结起来有如下几大类：

第一，历史资料：科学技术史、文学艺术史、绘画史、军事史、经济史、传记等。

第二，各学术著作：往往在著作中透露或论及创造过程的心理学著作，自然科学著作。

第三，影视资料片。

第四，科学哲学、自然辩证法等杂志论文。

第五，活着的正在进行创造性思维的科学家、政治家、文艺家、军事家、经济学家，有发明创造的各类人员。

2）创造性思维学：理论、机理的研究

90 年代后半期钱学森将灵感（顿悟）思维归入创造性思维的范畴。我们的研究工作是以科学技术中的创造开始的，可以想象到不同的领域和学科都有其特殊的规律性，因此必须在该领域基本案例的基础上进行深入研究，“由表及里，由此及彼”地抽取、提炼出理论和机理模型。那么这里有什么值得注意的东西呢？

第一，任何创造性思维都有一个过程，而过程总是分阶段的，应分几个阶段？每个阶段有什么特点？

第二，信息是如何被综合来的？

第三，使用了什么思维工具或算子？

第四，灵感（顿悟）产生的机制是什么？

正如钱学森在图 3-3-1 中早期指出过的，生理学、心理学、神经心理学、脑科学、精神学等人体科学学科对创造性思维理论研究会有很好的支撑和触发。

如前所述，人类的创造性思维活动的领域是极其广泛的，而且领域特征的差距是很大的。因此，我们将着眼点首先放在背景相对简单，史料相对丰富，描述相对精密，对未来人类社会生活影响大的科学技术方面的创造性思维的研究上，然后再有步骤地拓展到其他方面。在研究的思维形式上首先着重研究人的理性思维，然后再拓展到非理性甚至情感思维。

因为人的思维活动的研究分析是许多学科都关心的问题，所以我们必须从哲学、逻辑学、心理学、神经生理学等相关的具体科学领域及其专家吸取有益的营养。例如，人的中枢神经系统外周的感觉层次，逐级处理，逐步抽象综合，直至大脑前额叶进行高级加工的结构和左右半球合作的机制，对我们研究这一问题提供新的思路。弗洛伊德有关人脑潜意识、前意识和显意识加工和沟通机理对解释人的灵感顿悟有重要意义等。

由于创造性思维是人脑和人脑群体这种思维巨系统的运动，要掌握它的运动规律必须继承和运用系统科学的有益成果和方法，必须用系统论、整体论的观点来分析研究思维活动中的机理，与系统科学的理论方法概念相一致的一些具体研究思路与内容。对此，我们将以另文作专门地细致论述。

3）创造性思维模型：计算模型或可操作模型

我们研究创造性思维的目的是应用，是为了大大增强人类认识世界改造世界的能力，使人类进入创新的新时代。在创造性思维理论机理（基础科学——机理层）研究取得进展的条件下就应该及时地在技术科学层——模型层上进行研究，提出创造性思维模型。在当代我们首先要提出计算模型，必须充分利用信息时代最重要的物质基础——计算机与计算机网络系统来逐步实现人工创新系统。

现今大量的关于创造性思维的研究还停留在哲学、认识论和心理学的层次上。可操作的、可以变为对社会直接产生效果的工作很少。因此，模型层和系统层是我们工作的重点。正如恩格斯所说的，任何一门科学在它还没有用数学描述的时候，从严格的意义上讲，它还不能算是一门真正的科学。因此，必须运用甚至提出新的数学方法才能正确地描述各种信息的记忆方式和运动方式（例如将人的创造性思维活动用非线性动力学来进行研究和分析，只有在这个方向上进行探索，才有可能构造出新的可操作的思维模型。当前，一方面我们应该充分发挥当代计算机的潜力，尽可能地构造能在一定程度上模仿人的思维的系统，使之产生实效；另一方面我们应该清醒地看到现有的 AI 的理论基础——“以思维即计算为其理论基点，以‘演绎背景下的形式系统’为其理论框架，以形式化方法为其手段，以冯·诺依曼计算机系统为其执行环境。”——是有严重局限性的。面对创造性思维这样复杂的研究对象仅采用这种理论框架远远不够。因此，我们必须以此项研究为契机，另辟蹊径，寻找新的支撑基础，为研究新型信息处理系统提供新的原理和途径。

在同一创造性思维理论与机理之下，可以导出不同类型的创造性思维模型，应该不拘一格鼓励多方面的探索。

在创造性思维模型的研究中，数学、系统科学、生物学甚至物理科学方面的许多成果会起到支撑、触发的作用。

4）人工创新系统技术

有了创造性思维学的理论与机理作为理论基础，有了创造性思维模型作为技术科学（模型层）的支撑，我们就有条件开展人工创新系统的研究了。在这个研究层面当前主要是基于现有的计算机和人工智能的理论框架进行研究。这个层次的工作必须具有可行性和实践性。人工创新系统技术可以由两部分技术构成：现有的可以支持创新系统开发的通用技术和针对创新系统适应创造性思维要求的专有技术。

(1) 可移植通用技术

第一，计算机软件工程技术（包括面向对象程序设计、多 Agent 系统等）。

第二，计算机网络技术。

第三，人工智能技术（13 个子领域的多项技术）。

第四，计算智能技术，例如模糊计算模型、演化计算（遗传算法、混沌算法等）、人工神经网络。

第五，数据挖掘、知识挖掘技术等。

(2) 面向创新系统的专用技术

第一，人的记忆机理及其实现技术。

人的思维和记忆是密不可分的，记忆是思维的基础，各种思维算子的运用都同记忆结构相匹配，而创造性思维中思维算子的多样性必然导致记忆结构的多样性和复杂性。因此，对支持创造性思维的记忆机理、结构其实现技术的研究具有特殊重要性。

第二，支持创造性思维的工具箱技术。

创造性思维涉及的思维工具很多，如演绎、归纳、类比、联想、推理、猜测、直觉、想象、检验等。现在已有许多成熟的结果，也有许多尚未充分研究的对象，如何将已有成果综合集成到一个工具箱中组成一个可灵活使用的有机整体，如何探求新的实现方法，这都是迫切需要解决的问题。

第三，巨型知识库的理论和实现技术。

人之所以能有创造性，十分重要的条件是人在自己脑中和在外在环境中能自如地运用数量巨大、领域广泛、层次很多的各种知识。容纳、组织这些知识的巨型知识库是进行机器归纳、类比和联想的基本条件，这些思维活动是创造性思维中最重要的活动。近年来 Lenat、Feiganbaum 教授已在此领域开展了称为 CYC（大百科全书）计划的研究工作，但他们研制的仍然是一个封闭系统，而且在基础理论上准备不足。另外，美国 Alto 几个 AI 研究小组的专家 1992 年提出的公共知识载体（knowledge-bus）设想是一种半封闭的巨型知识系统方案，Hewitt 在 1989 年提出的开放信息系统语义的理论框架等都值得深入研究。

钱学森提出的从定性到定量的综合集成研讨厅技术框架，是当前解决人工创造系统的现实方法。至此，我们已经讨论了创造性思维这个思维科学大部门的子部门的四个层次（环节）的内容、结构、支撑学科及其他有关内容。综合以上内容可绘成图 3-3-3。

(3) 研究的方法和途径

因为创造性思维是人类最高级的综合性最强的思维活动，研究它的规律是极为困难的。经过二十多年的探索，我们认识到，创造性思维的研究者集体应该：

第一，有正确的哲学思想的指导。

第二，有比较宽广的知识面，往往要横跨自然科学和社会科学两大领域。

第三，有扎实的计算机科学与人工智能学科的研究开发能力和多方面的人才。

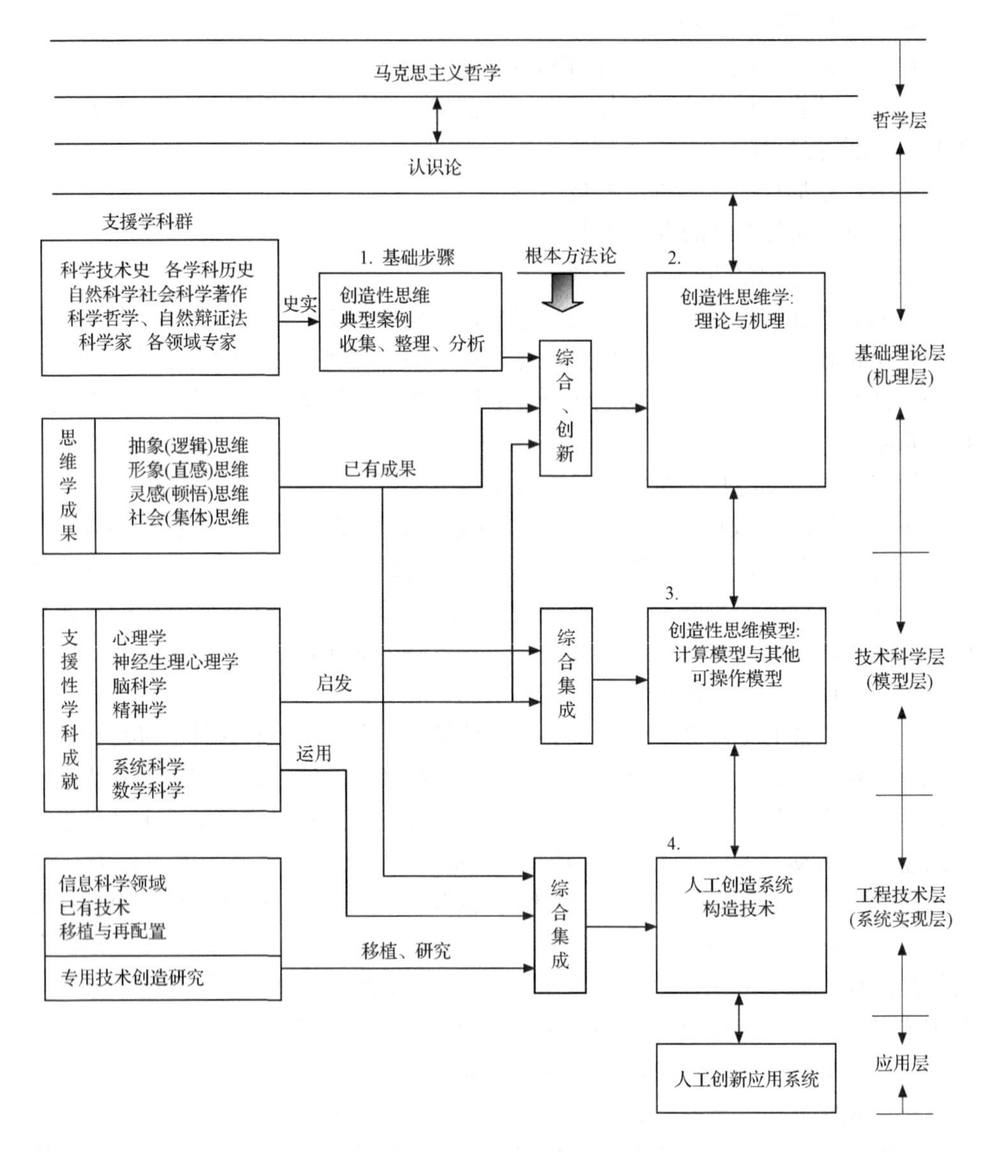

图 3-3-3　创造性思维领域研究路线图

第四，有好的研究方法。

我们认为钱学森、于景元和戴汝为提出的“从定性到定量的综合集成方法(Meta-Synthesis)”是从事创造性思维研究的好方法。在这里综合集成的含义是多方面的：

第一，要将哲学认识论层、机理层、模型层和系统层次中的有益成果集成起来。

第二，将定性分析和定量分析结合起来。

第三，将理性思维和感性思维结合起来。将逻辑（抽象）思维、形象（直感）思维、灵感（顿悟）思维、社会（集体）思维的方法、思路、成果综合集成起来。

第四，将演绎、归纳、联想、类比、直觉、推理、想象等多种思维操作综合集成起来。

第五，要把各种信息记忆模式、知识表达方法（包括形象信息的表达方法）、组织方法有机地综合集成起来。

第六，要把哲学知识、策略型知识、常识领域元知识或领域专门知识综合集成起来。

第七，在研究一个个具体的创造性思维过程并加以模拟的时候，对整个过程用综合集成的观点加以分析、研究和实现。

第八，将人和人的智慧作为创造性思维系统的一个重要组成部分综合集成到整个人—机系统中。

五、人—机结合的创造系统

千百年来，人们梦寐以求的目标是试图研制出能完全代替人自主进行发明发现的创造系统。但是，从根本上来说，由于地球上几十亿人的实践活动的极其丰富性，人与人之间关系的极其复杂性，人类实践活动发展的无穷性，研制完全脱离人帮助的纯自主式的人工创造系统是不可能成功的。而正确的道路是走钱学森指出的人—机结合的从定性到定量的综合集成的道路。研制人—机结合的创新系统或针对限定范围的创新系统。

人—机结合综合集成研讨的创造系统的研究是一项艰巨复杂的理论研究与系统工程。在这样一种以人为集成系统主导成员的系统之中，人能充分发挥产生创造动机，具有丰富的实践经验、知识，具有很强的定性分析、综合的能力，形象思维、灵感思维的能力及在外界多媒体刺激下迅速灵活地作出反应，产生新思路的能力以及意志、毅力、情绪、创造激情等激活因素优势，参与计算机系统之中。

集中了当今计算机领域内众多技术（分布式体系结构、网络、并行处理、大容量存储、操作系统、高级语言、多媒体技术、数据库、人机接口、保密安全技术、灵境技术、CAD CAM 技术）的计算系统具有高速计算、大容量存储、逻辑推理、组合搜索及利用可计算函数类构造图形图像、多媒体信息输入存储、操作、管理、人机交互及其他感知（如部分模式识别能力）与认知（如部分学习能力）能力。有许多指标，如高速计算等高于人类，亦有优势。如加强基础研究，还有可能将一部分人的想象思维和灵感功能用计算机模拟，不断地使计算机更接近人类。

在这样一种人—机结合的创造系统中，由于人和机器的合作，“人帮机，机帮人”，我们将进入人类进行创造活动的全新境界。

① 人产生创造动机、思路，进行定性分析，收集、组织定量数据、资料、信息，并存入计算机系统，引导计算机构造可能性空间的方向和选择方向。

② 计算机利用这些信息和积累的信息构造充分大的可能性构造空间，由于计算机的高速处理能力可以提供极为丰富的、人要在很长时间里才能提出的可能性构造空间中的元素，并且进行初选，及时将这些构造出来的元素用多媒体界面十分形象地提供给人。

③ 人在这种环境中可以得到比日常生活中所能得到的更多的信息和外界刺激，又容易激发创造思路，甚至“灵感”。人的经验又可帮助计算机缩小构造和选择的范围，提高机器的效率（如混沌学、分形几何和用计算机同人结合证明四色问题研究中出现这类现象）。

④ 如果在计算机系统的记忆机制和学习机制研究中有更多进展，那么计算机系统就有可能记下这些“人帮机”的经验，将人的经验和知识“转移”到系统之中，在下一轮运行之中将变得更聪明一些。

⑤ 可将人—机结合研究出的新的创造方案进行进一步的处理，运用 CAD、CAM 技术设计、生产出产品，运用照排系统直接印刷出理论著作和论文等。

上述设想的实现是一个长期的研究计划才能完成的，但是我们完全可以从现在着手进行理论准备和实现技术的研究。

六、我们的探索

二十四年来，在钱学森关于思维科学的一系列论著和学术思想的指导之下，我们这个研究集体在创造性思维领域进行了长期艰苦的研究工作，取得了一些进展。

1. 创造性思维中的可能性构造空间理论

从 20 世纪 80 年代中期开始，我们从各个方面收集、整理、分析研究了数百个科学技术发明创造的案例，从中抽取出一种创造性思维机理——可能性构造空间理论（probability construction space theory，PCST）[①]。它的要点如下：

① 透过创造性思维纷繁复杂的现象，我们可以看到创造性思维最本质的特征是不断地建构和延拓充分大的、新颖的、针对研究对象的可能性构造空间，并

① 李德华，王祖喜，周焰．创造性思维中可能性构造空间的特性分析．华中理工大学学报，1998，6：1～12.

且在空间中进行选择、搜索，寻找有意义的可能性构造空间中的元素。

② 可能性构造空间理论中包含两类主要的算子簇：其一是构造算子簇；其二是选择算子簇，分别对应于发散性思维和收敛性思维。人类常用的联想、类比、归纳、想象、组合等思维方法的共同特点都是可以从不同的侧面，以不同的方式构造和延拓可能性构造空间，增加新的更多的可供选择的元素。

③ 可能性构造空间的建构、延拓和搜索、选择是十分灵活地交叉进行的，各种构造算子和选择算子也是交替使用的，一方面克服信息的组合等问题，另一方面反映出思维的阶段性特征。

在这个方向上，我们发表了数十篇论文，四篇博士论文，提炼、联想、组合、归纳等四类构造算子集和一组选择算子集，论证了反映思维灵活性的算子的可构造性。

2. 人工创新实验系统

在可能性构造空间理论的支撑之下，近十几年来，我们研发了两个具有一定创造、发现能力的人工创新实验系统。

(1) 经验定律发现系统（QLH）

这个系统以钱学森、李国平、胡世华三位老科学家姓名的第一个汉语拼音字母 QLH 为名称。它是我国第一个科学发现系统，已从实验数据中重新发现了多个早期物理学定律。

(2) 中药创新配方系统

在这个系统中我们构造了一个拥有 8600 种单位中药的中药库，根据中医药理论，该系统可以依据症状，瞬间提出数个乃至数千个药方，供医生参考和选择，大大拓展医务人员和药厂用药范围，构造出全新的备选方。

这些初步的探索和研究证明了钱学森关于思维科学学科体系的一系列理论和论述是正确的，是前途远大的，我们今后将沿着这条道路继续前进。

第四节　关于思维科学的研究与教学*

“发展形象思维的理论研究和教学实验”是北京市哲学社会科学“八五”、“九五”、“十五”、“十一五”规划重点课题。课题名称“八五”为“开发右脑，发展形象思维的教学实验与研究”，“九五”、“十五”为“发展形象思维的理论研究与教学实验”，“十一五”为“学习中思维的全面、协调和可持续发展研究”，总称为“关于思维课题”。17 年来，先后参加实验的学校有 33 所，其中大学 2

* 本节执笔人：温寒江，北京教育学院。

所、中学 10 所、小学 16 所、特教 2 所、幼儿园 3 所。参加研究的人员约 650 人。现将 17 年来课题研究与实验的情况，概述如下。

一、问题和目标

1. 问题

课题研究是从基础教育中普遍存在的问题提出来的。“八五”期间，我们首先感到的问题是：中小学存在一个突出的问题，即我们的课堂教学相当普遍地存在枯燥、乏味、抽象和难懂。例如，学生对语文、地理等学科的学习，感到枯燥乏味、没有兴趣，对平面几何的学习认为抽象难懂。

随着研究的继续和深入，我们对基础教育中存在问题的认识也深入了。概括起来，当前基础教育存在的问题，可以从实践和理论两个方面来说：

① 在实践上，课堂教学相当普遍地存在 4 种现象，即枯燥乏味、抽象难懂、死记硬背、高分低能。

② 在理论上，现有教育理论存在 8 个未能解决的重要问题：

第一，人的全面发展（德、智、体、美）的内在联系是什么？为什么说，科学与艺术是相通的？

第二，人是怎样认识客观事物和理解所学的知识的？现有理论有较大的局限性，如不能阐明人如何领悟读一首诗、听一个故事或唱一首歌，也不能说明如何理解正确掌握一项体育技能。

第三，中小学生能否培养创新能力？技能、能力、创新能力内在联系的机制是什么？

第四，温故知新。学习从已知到未知，新旧知识内在联系的机制是什么（目前国外有多种学习的迁移理论，但没有统一的学习迁移理论）？

第五，学习是一种认识过程，关于学科学习过程的理论，有的学科存在缺失，如语文、几何；有的学科尚不清楚，如体育、音乐、美术。

第六，教育要信息化。信息技术与学科教学整合的原理、方法、特点是什么？

第七，学习是否可以持续？中小学各科教学存在教学难点，如何化解教学难点？

第八，学习脱离实际的理论根源是什么？

上述当前教育工作在实践上、理论上存在的问题，不是一般性问题，而是根本性问题。这些问题的长期存在，已严重地影响教育质量的提高和素质教育的发展。其根源在哪里？

2. 目标

我们课题研究与实验的目标是：让青少年的智力得到最佳发展；教会每一个学生，即不让一个孩子掉队。

二、指导思想、特点与基本内容

1. 指导思想

① 马克思主义认识论。
② 科学发展观。

2. 特点

课题的研究有三大特点：
① 以脑科学的新成果为科学依据。
由于近半个世纪来，脑科学取得重大成就，“脑认知成像技术的出现和发展，为认知过程提供了大脑的数据，心理学与脑科学结合而诞生的认知神经科学，正取代认知心理学”。它的诞生也使思维的研究，从过去的思辨式研究或思维研究与脑的研究相分离的状况，而走向科学。
② 有中国特色。
我们的研究成果有中国特色，体现在：
第一，课题指导思想是马克思认识论和科学发展观。
第二，有关理论的历史回顾中，重视我国学者的贡献。例如，孔子的学习思想，刘勰是最早研究形象思维的人，以及当代毛泽东、钱学森对形象思维的提倡等。
第三，改革实践经验是课题的改革实验成果。
③ 一边搞理论研究、一边进行教学实验，把理论和实践结合起来。
在教学中发展思维（形象思维）的问题是一项前人没有做过的工作，在国内外没有现成的经验，我们采取一边搞理论研究，一边进行教学实验，摸着石头过河。理论研究的成果促进教学实验，教学实验又初步检验了我们初步形成的理论成果。这就是我们研究的特点。

3. 基本内容

1）理论研究大致分为三个阶段
“八五”期间，我们首先进行了形象思维基本理论的研究，阐述了以下几个问题：

① 形象思维的科学依据。

② 形象思维的一般概念与特点（“十五”期间对思维定义作了修改）。

③ 形象思维的普遍性。

④ 发展形象思维的重要意义。

⑤ 形象思维的一般方法。

⑥ 形象思维的产生——观察与直觉。

⑦ 形象思维的表达。

⑧ 形象思维与教学等，初步形成形象思维的理论框架。

研究成果为《开发右脑——发展形象思维的理论与实践》中第一编，“形象思维概论”。

“九五”期间，我们研究了创造性思维和创新能力的培养。根据思维发展的全面性，分析了创造过程的思维活动，将创造性思维定义为：“创造性思维是创造过程的思维活动，它主要是两种思维（抽象思维、形象思维）新颖的、灵活的、有机的结合”。从而对创造性思维的理解获得了一个比较全面、可操作性强的概念。我们又总结了培养创造性思维、创新精神和实践能力的初步经验，阐述了构建中小学创新教育体系的目标、原则和途径，提出了中小学创新教育体系的一个初步框架，并撰写了《构建中小学创新教育体系》一书。

“十五”、“十一五”期间，我们主要研究学习理论，从三个方面进行研究。

(1) 学习理论的脑科学基础

人为什么能认识客观世界，脑科学从感知觉、注意、记忆、语言、表象、思维等方面作了比较系统的研究，是学习理论的本源和科学依据。

我们着重研究了：

① 思维是大脑的机能，人能进行思维，是由于大脑的两种属性。我们据此界定了思维的定义，并以此为核心，重新界定了技能、能力、创造性思维等基本概念①。

② “工作记忆是推理的核心”，我们根据工作记忆的理论，提出思维的基本法则。

③ “天生的机制使儿童能获取语言”，大脑存在语言模块。人在思维时就是运用语言模块形成的普遍语法进行思维，称为“语言的思维语法规则”。

---

① 关于思维、技能、能力的定义：

思维是人脑对客观事物在脑中的表征，即语言（概念）符号和表象，进行加工的一个过程，它能反映揭示事物的本质特征和事物间的规律性联系，又能预测、计划事物的未来.

技能是人们在认识活动中，外界信息经感官活动内化系思维或思维活动及其结果通过感官活动表达出来的活动方式、方法. 技能分内化技能和外化技能.

能力是一种顺利地或高质量地完成获取知识和运用知识的个性心理特征，是技能的高水平的综合.

这就是我们脑科学和学习理论相结合的基础或出发点。

(2) 学习的基本过程——思维、技能、知识三个要素及其相互的关系

学习是什么，是怎样进行的？我们根据马克思主义认识论，认为学习是一种认识过程，主要研究了：

① 新旧知识的衔接是学习过程可持续的基础，我们课题组提出了新的学习迁移的理论，解决了一个多世纪以来，国外不同心理学派从各自的哲学思想、学习理论出发，所提出的内容不统一的多种迁移理论。从而使迁移理论成为学习过程中新旧知识（包括知识、经验、技能、能力等）衔接的一项基本原理。

②“学习是一种认识过程，思维是这个过程的核心，技能、能力是它的两翼，知识是认识的主要成果”。这个学习基本过程理论，揭示了：思维、技能（能力）、知识是学习过程的三个基本要素；学习基本过程的顺序，并理顺了思维、技能、知识三者的关系；思维是学习过程的核心。并从心理学角度（思维、技能）阐述了从感性认识到理性认识和从理性认识回到实践的两个飞跃。

(3) 学习与发展——思维的全面、协调和可持续发展

学习促进学生身心的健康发展，关于发展我们着重研究了：

① 思维的全面性是人的全面发展的内在联系和基础，科学与艺术在思维上（形象思维）是相通的

② 思维的协调发展主要体现在：知识与技能之间的协调性；学科学习中两种思维（抽象思维、形象思维）的协调发展。

③ 现代教育媒体（以计算机为中心的多媒体与网络）是当代思维全面发展的好载体，媒体的变革促进了学习方式的变革。

客观世界在人的头脑中的反映是生动的、变化的、动态的有声有色的。语言、文字是事物的符号，传统的语言文字媒体反映的客观世界是静止的、抽象的、无声无色的。因而使学习产生距离感，脱离生活、脱离实际，使知识的学习成为枯燥乏味和难懂的事。

④ 发展的层次性。技能、能力、创新能力三者之间既相互联系又相互区别，是人的认识能力发展的三个不同层次，思维是三者内在联系的机制。

思维综合性的训练　　　　思维的新颖性、灵活性训练

技能 ———————— 能力 ———————— 创新能力

因此，能力、创新能力是可以操作的，中小学可以培养能力和创新能力，青少年智力可以得到最佳发展。

⑤ 思维的可持续发展。在思维全面协调发展的基础上，思维是可持续发展的。

⑥ 由于思维的全面协调和可持续发展，学科学习的难点是可以化解的。因此，学习是可持续发展的。深入教材教法改革，提高教师素质，教师可以教会每

一个学生，不让一个孩子掉队。

以上“十五”研究成果，撰写了《让青少年智力得到最佳发展》一书，“十一五”研究成果《学习中思维的全面、协调和可持续发展》一书亦已完成初稿。

2）教学实验。主要进行下面四个问题的实验研究

第一，思维发展的全面性协调性的学科特点、过程的实验研究，及构建学科教学过程模式的实验。

第二、学科教学中如何培养能力、创新能力的实验研究。

第三、学科教学中思维发展起步教学的实验研究。

第四、学科教学难点分析及化解教学难点的教学实验。

三、研究成果

从“八五”到“十五”的十五年中，课题组成员撰写了研究成果20本专著，其中理论著作主要有《形象思维概论》、《构建中小学创新教育体系》、《让青少年智力得到最佳发展》。“十一五”理论研究成果《学习中思维的全面、协调和可持续发展》一书亦已完成初稿。

解决了前面提出的目前基础教育在实践上和理论上存在的诸问题，也说明现有教育理论存在问题的根源，是思维的片面性，即思维的不全面、不协调和不可持续。

上述以思维的全面协调和可持续发展为核心的学习理论，已不同于现有的学习理论，它形成了自己的基本概念和原理体系，成为《学习学》或《新学习论》。

在科学发展观指导下，运用《学习学》，提高教师素质，深入教材教法改革，课题提出的目标，即让青少年智力得到最佳发展；教会每一个学生是能够实现的。

四、体会

自斯佩里的裂恼人实验以来，脑科学的研究取得重大的进展。脑科学与教育，脑科学在教育中的应用，成为当今世界性的前沿问题和热点问题。

脑科学在教育中的应用，课题很多，要找准切入点，要有正确的研究思路。我们课题研究的重点放在脑科学与学习，切入点是思维，研究思路是：开发大脑潜能（开发右脑）—发展形象思维—思维的全面发展（抽象思维、形象思维都要发展）—思维的全面协调和可持续发展。

经过近20年理论结合实践上的研究，我们的成果全面回答、解决了现有教育理论存在的重要问题，同时也基本上实现了课题研究的目标，即让青少年智力得到最佳发展，教会每一个学生。因此，可以认为我们研究的切入点和研究的思路是正确的。这是一条十分宝贵的经验。

教育如何落实科学发展观，途径是多方面的，如教育体制、学校管理、教育教学等。我们认为中心是教育教学的改革。而学习中思维的全面协调可持续发展，是进行教育教学改革，落实科学发展观的关键。

当今世界面临三个深刻的变革：

① 思维方式的变革，即从只重视抽象思维到思维的全面发展的变革。这是两千多年以前亚里士多德提出形式逻辑以来，最为深刻的变革，它涉及哲学、美学、心理学、语言学、教育学、文艺理论、体育理论等基础学科。

② 媒体方式的变革，即从纸质媒体（书本、报纸等）到电子文本的变革，这是约一千年前毕昇发明印刷术以来最为深刻的变革。

③ 学习方式的变革，即从集体教学到个人自学与集体教学的最佳结合的变革。其中，思维的变革是后两种变革的理论基础。

我们的研究只是作了一些思维变革起步的工作。

第五节　脑科学研究与学生素质培养*

一、问题的提出与根据

素质教育归根到底是要培养出善于用大脑进行科学思维的人。钱学森 1990 年在自然杂志第一期发表了题为《一个科学新领域——开放的复杂巨系统及其方法论》中认为“人脑的记忆、思维和推理功能以及意识作用，它的输入-输出反应特性极为复杂。人脑可以利用过去的信息（记忆）和未来的信息（推理）以及当时的输入信息和环境作用，作出各种复杂反应。从时间角度看，这种反应可以是实时反应，滞后反应甚至是超前反应；……所以人的行为绝不是什么简单的‘条件反射’，它的输入-输出特性随时间而变化。实际上，人脑有“10^{12}个神经元，还有同样多的胶质细胞，它们之间的相互作用又远比一个电子开关要复杂得多”。他把人与大脑在和环境信息以及对社会交往的这个复杂过程，叫开放的特殊的复杂性巨系统，所以我认为现代教育的方法论必须要符合人大脑这个开放的特殊的复杂巨系统建构发展的基本规律。当今先进科学技术经济发达的国家，教育改革中对认知神经科学的研究已成为一个非常重要的内容了。

要提高教育质量，我认为：重点要抓教育思想的转变与方法的改革。好的方法来源于对教育和学习深层次上规律性的认识和应用。以前经济发达国家对教育和学习规律方面的研究，多是以教育哲学和教育心理学为重点，但教育涉及面较广，不同的角度和不同的出发点则会有不同的结论。现在在西方，脑科学的研究

* 本节执笔人：张光鉴，山西省社会科学院思维科学研究所。

正迅速发展，这必将对教育改革产生深远的影响。

一百多年来，教育心理学虽然有了很大的进步，但门派林立，到20世纪末心理学界出现了各持己见、很难协调的局面，使后学者眼花缭乱、应接不暇。这是当前教育心理学中存在的问题，也是影响到我们教育改革中缺乏系统理论的原因。

脑科学是20世纪50年代迅速崛起的一门新学科。它集神经生理学、神经生物学、认知神经科学、语言学、认知科学、人工智能为一体，是一门跨学科的新兴科学。它对认识论、方法论、本体论等高层次理论建构上有着非常重要的意义。它对信息社会、知识创新、全面开发大脑潜在功能，对教学方法的改革，提高教学效率，以至人类的全面发展都具有深远的战略意义。

当代脑科学研究的主要内容如下：

① 研究视觉、听觉、触觉、知觉的脑生理机制，以及学习记忆、情绪、认知神经活动过程。

② 研究神经元的结构和功能，研究神经元之间联系和大脑中的三大联合体即额联合、颞联合、顶联合对信息处理的过程和机制，研究人类语言、意识、思维、行为的整合原理。

③ 研究大脑神经生长过程中所需要的物质与条件，神经建构对环境以及信息刺激在关键期与可塑性中的相互联系，避免教学过程中那种学科之间的相互脱节、相互不协调的局面。

④ 研究大脑神经对外界信息应答中电的、化学的转变方式并由此而产生的第二信使，以至第三信使等一系列复杂蛋白质构型变化和功能。研究细胞神经生长因子、转化因子及其受体变化的过程。研究脑神经生长过程中出现的用进废退的宏观规律。

⑤ 研究对大脑的保护，疾病的预防和治疗。研究脑电图、脑磁图、正电子层析扫描摄影和核磁共振成像等方法。

根据上述各自的研究特点可以看出，教育心理学着重是研究人在教育过程中的宏观规律，而脑科学研究的侧重点在于研究人在信息处理和教育过程中大脑神经活动微观变化的规律。要提高教育质量改善教育方法，最重要的问题是要全面的认识人大脑从微观到宏观发展变化过程中的系统规律。不能是研究教育心理学的人，不了解当前脑科学中取得的成果和规律，研究脑科学的人不了解教育中取得的成果和规律。应该是相互学习，取长补短，围绕当前我国教育中存在的实际问题开展共同的研究。这将会促使脑科学与教育心理学之间的沟通，以利于微观规律和宏观规律较好地结合。

在当前教育改革的实践中，有的幼儿园，五六岁的儿童能轻而易举地表达自己要想说的话，并基本符合语法；他们能在幼儿园日常的生活游戏中，不太费劲地认识 800～900 个左右的常用字；轻松愉快地学会 100 以内的加、减法。这些成果如果能使脑科学的专家和有经验的教育工作者共同协作、系统地加以研究，增加其符合神经科学与教育心理学规律的成分，上升为科学的理性认识，就能为科学教育增加很有意义的内容。

还有些小学能使学生快速地进行阅读和记忆，不单是对符号、文字进行记忆，而且能对图像、语义、事件进行记忆，并且学习兴趣很高，他们尊敬老师、关心同学、热爱劳动。有丰富教育经验的老师在大量实践中所进行的创造性教学成果，能为我们理论研究工作者提出很多发人深省的实际课题。

用脑科学的成果以提高人们的学习效率是我们亟待解决的问题。当代学习专家雪夫林、阿特金森的学习流程图，由感知到短时记忆以及长时记忆、激活、匹配目的、控制、反馈、输出所描述的学习行为，仅仅停留在显性学习和认识的那种慢变化行为上。如果按照雪夫林和阿特金森学习流程图的步骤和反应时间的计算就根本不能解释人在阅读中的快速反应行为，以及人们在说话中对答如流快速反应的事实。我们理论工作者对此绝不能视而不见。应该根据实际情况对它进行研究和改进。学习和记忆是人获取知识的重要行为，对教育质量的提高具有非常关键的作用。当前应利用脑科学、神经生理学中的最新发现和某些成果对雪夫林、阿特金森的学习流程图进行某些改进，使它更符合科学教育的实际需要。

当前很多人不重视心理健康，不了解自己大脑神经活动应该遵循的规律。常常是在不知不觉中胡思乱想，严重干扰、损害大脑神经的正常运作。久而久之便会出现各种各样精神疾病，轻则烦躁不安，对学习不感兴趣，注意分散、记忆衰退；重则危及身体健康，甚至造成人与人之间在社会交往中的不和谐和严重障碍。

二、用脑科学和相似论观点来改进教学

① 以思维科学《相似论》中重要观点为依据，用当代脑科学、生理学、心理学、认识科学、思维科学中的最新成果为基础，针对当前在学习研究中出现的各种不同的流派和学说，如顺应同化说、模仿说、条件反射说、刺激反应说、迁移说、范例说、模式说、同构说、模块-网络说以及建构理论等各种不同的学说进行深入的研究。研究其表面上各异而深层却存在的相似性以及相互联系，从中找出其融会贯通的大道理，使人们达到荀子在认识事物过程中所强调要认识的那个“千变万化其理一也”之“理”，老子强调的“道生万物”之“道”，以及人们常说的“万变不离其宗”的“宗”，从而达到举一反三、触类旁通，达到对整体系统，融会贯通开悟的境界。

② 用相似的观点将教育中的德、智、体、美、创新活动有机地联系成为一个快速反应的整体。

当前从教育自身来看，教育心理学主要有两大学派：一派是认知、信息加工学派；一派是行为主义学派。认知学派特别强调认知的重要性，而行为主义学派则认为操作和行为对人的成长关系重大。其实，这两个学派都有各自的科学道理，但都存在着一定程度上的偏颇和不足。我们只有把这两个学派的主张合理成分加以综合与贯通，找到它们在脑神经生理结构中微观上的相似性联系与建构过程，才能使我们的老师在教学活动中更能符合客观实际和规律。

人进行科学实验、学会说话、学会讲演、能写好文章、学会弹钢琴、拉小提琴、打乒乓球……其实都是一个道理。一个是主张以认知为主，一个是重视以行为操作为主，从表面上看，有着本质上的不同，但“万变不离其宗”的“宗”，“千变万化其理一也”之“理”就在于：要学会一项本领，不但要认识其中的道理，而且要进行大量的、相似的动手与操作过程上的训练，才能真正领会到事物之间在操作、运动、变化过程中的深刻联系，才能真正把知识转化为能力，才能真正培养学生的认知能力和直觉能力，才能真正培养出高素质的人才。

生理学与神经科学的研究告诉我们：人在动手操作的过程中，运动神经、肌肉和关节是以最直接的方式参与操作和运动的，感觉器官和神经系统则担负着随时监视这一运动过程的功能。而大脑的三大联合体不但要参与行为在发动前的决策，而且要综合神经系统在传入时的动态反馈信息，并根据自己已有的知识和经验对这些信息进行分析、判断、推理……再通过神经的指挥系统对肌肉和关节进行不断地修正，从而使人的行为方式越来越合乎规范，越来越准确、精细。有了这样的亲身体验，就会对抽象的概念、公式有更加形象、具体，更有深刻的理解，就会使思维更加切合实际，从而培养在解决实际问题过程中机动、灵活的本领。

另外，相似论在对学科的建构过程上认为，任何一门学科都是由认识现象相似开始，然后进入结构的相似，过程的相似，功能的相似，达到关系的相似及规律上的认识不断深化的。不管是物理学、生物学、化学、数学或是最现代化的神经网络计算机科学都是这个道理。

由于人的大脑的感知、情绪、认识以及思维都存在着神经、生理结构“硬件”上的相似性，还必须配合后天教育上符合神经认知发展规律的教法、学法在“软件”上的相似性。所以，一个正常的人会自觉的遵守“己所不欲勿施于人”、“己欲立而立人，己欲达而达人”的信条。因而孟子认为的“恻隐之心人皆有之”，这就是人们通常所说的道德、修养的基本根源。孔子所说的“仁者爱人”也是这个道理。当前我国社会很需要大量有这样真实感情的人，但这样有真实感情的人必须从小就要按照大脑情绪中枢建构的规律进行教育培养。

人们在生活、习惯、风俗的大量社会实践中造就了人们在大脑信息加工认识过程中的相似性，这种相似性的共鸣乃是美感的实质，也是该民族产生审美标准的基本原因。因此，中国人喜欢京剧、西方人喜欢歌剧，西方文化有相似于他们民族、生活、习惯、风俗的相似性。中国人有中华民族的相似性和审美观，河南人喜欢河南梆子，陕西人喜欢秦腔，四川人喜欢川剧，江浙人喜欢绍兴戏……皆是这个道理。由于人们听觉的相似性，人们喜欢音乐中频率、节奏方面的相似性。所以，诗歌、音乐便出现了结构、韵律的相似、和音、对位重复的规定性。这就是音乐美感的实质。中国如此，世界也是如此。

体育训练中各种标准的制定，全世界基本是相似的。人们学习各项体育运动必须从模仿范例开始，相似老师的标准动作，进行相似的练习，否则就不会形成高水平的动力定型。

总而言之，德、智、体、美必须抓住儿童发展的关键期、可塑性，按照相似性的原理来指导对儿童的培养和教育。

③ 以生理、神经科学研究中的最新成果为依据，研究短时记忆如何更好、更快地转为长期记忆。研究 LTP（长时程增强效应）与 LTD（长时程压抑效应）的机理，研究复述、韵律、注意、情绪与大脑存储的相似信息之间的内部的联系，为提高学习效率提供科学的根据。

④ 研究显性学习与隐性学习的内在机制以及相互转化的规律。通过神经机制中的相似性原理进行相似激活、相似匹配、相似重组，为显性学习过程中的演绎、归纳、类比、推理提供神经科学上的依据。

⑤ 研究创造性思维中最奥妙的直觉、顿悟在神经、生理方面的原因。为人们长期以来对直觉、顿悟、灵感中出现的迷惑提供新思路，为培养高素质创新人才打下可靠的基础。

⑥ 研究营养卫生、心理健康为一体的教育方法，使学生在实际的学习和生活中对身心健康有一个全方位的认识。

⑦ 研究儿童教育的关键期和可塑性中有关生理、神经、化学递质、建构的原理，避免儿童在关键期中那种不符合神经生理规律而导致的学习障碍。

⑧ 将人的认识、操作、建构、科学技术活动和工业生产与环境保护高度地融为一体去进行综合考虑，为人类本身科学的可持续发展提供根据。

几千年前我国著名的思想家就总结出了“天人合一”的大道理，并提出了高瞻远瞩的结论：“人法地，地法天，天法道，道法自然”的著名论断。话虽不长，但意义深远。人要健康成长，必须要符合大自然界的规律，必须要和生我养我之大自然规律相互适应。相似于这种规律，人类就能健康成长，持续向前发展。破坏了这种相似关系和规律，人类自身就会受到损害，甚至会走向衰亡。同理，教育的方法如果不符合大脑认知、行为教育中的自然规律，学生的学习效果和学习情绪就必然低下，钱学森认为建设科学化现代化的中国社会主义必须培养大量的大成智慧的人才。我们教育科学工作者应该自我进行观念的更新，教育是教人大脑有一个科学的思维，而人的生命、大脑的意识和思维是开放的特殊复杂巨系统。教育科研工作者自身必须努力学习这个新观念、新方法、新内容来培养人才，才能不辜负人民对我们教育科研工作者的希望。

参考文献

戴汝为，王珏. 关于智能系统的综合集成. 科学通报，1993，38（14）.

戴汝为. 社会智能科学. 上海：上海交通大学出版社，2007.

戴汝为. 形象（直感）思维与人—机结合的模式识别. 信息与控制，1994，23（2）.

董占球，等. 记忆与思维. 国家科委八五重大基础研究项目建议书，1989.

傅新楚，李德华. 创造性思维的非线性动力学原理. 计算机杂志，1993，21.

李德华，王祖喜，周焰. 创造性思维中可能性构造空间的特性分析. 华中理工大学学报，1998，6.

卢明森. 从定性到定量综合集成法的形成与发展. 中国工程科学，2005，7（1）.

卢明森. 开放的复杂巨系统概念的形成. 中国工程科学，2004，5.

卢明森. 综合集成法——整体论与还原论的辩证统一// 钱学森系统科学思想研究. 上海：上海交通大学出版社，2007.

罗跃嘉，姜扬，程康. 认知神经科学教程. 北京：北京大学出版社，2006.

钱学森，戴汝为. 论信息空间的大成智慧. 上海：上海交通大学出版社，2007.

钱学森，于景元，戴汝为. 一个科学新领域——开放的复杂巨系统及其方法论. 科学决策与系统，1990.

钱学森. 创建系统学（新世纪版）. 上海：上海交通大学出版社，2007.

钱学森. 关于“第五代计算机”的问题. 自然杂志，1985，1.

钱学森. 关于思维科学. 上海：上海人民出版，1986.

钱学森. 科学的艺术与艺术的科学. 北京：人民文学出版社，1994.

钱学森. 钱学森书信（1卷）. 北京：国防工业出版社，2007.

钱学森. 钱学森书信（2卷）. 北京：国防工业出版社，2007.

钱学森. 钱学森书信（4卷）. 北京：国防工业出版社，2007.

钱学森. 钱学森书信（5卷）. 北京：国防工业出版社，2007.

钱学森. 钱学森书信（6卷）. 北京：国防工业出版社，2007.

钱学森. 钱学森书信（7卷）. 北京：国防工业出版社，2007.

钱学森. 钱学森书信（8卷）. 北京：国防工业出版社，2007.

钱学森. 钱学森书信（9卷）. 北京：国防工业出版社，2007.

钱学森. 人体科学与现代科技. 上海：上海交通大学出版社，1998.

钱学森. 人体科学与现代科技发展纵横观. 北京：人民出版社，1996.

钱学森. 我国智能机的发展战略问题. 1985年5月26日在全国第五代计算机学术研讨会上的讲话，1985.

钱学森. 系统科学、思维科学与人体科学. 自然杂志，1981，1.

顺光威，刘树兰. 创造是一门精密的科学. 北京：北京航空航天大学出版社，1986.

吴国盛. 科学的历程. 长沙：湖南科学技术出版社，1997.

杨春鼎. 形象思维学. 合肥：中国学技大学出版社，1997.

杨雄里. 脑科学的现代进展. 上海：上海科技教育出版社，1998.

于景元，涂元季. 从定性到定量的综合集成方法——案例研究//九十华诞钱学森. 上海：上海交通大学出版社，2003.

曾杰，张树相. 社会思维学. 北京：人民出版社，1996.

张光鉴．科学教育与相似论．南京：江苏科学技术出版社，2000．
张家龙．数理逻辑发展史——从莱布尼兹到哥德尔．北京：社会科学文献出版社，1993．
章士嵘．认知科学导论．北京：人民出版社，1992．
赵光武．思维科学研究．北京：中国人民大学出版社，1999．
周昌忠．创造心理学．北京：中国青年出版社，1983．
周焰，李德华，王祖喜．可能性构造空间理论中选择模型的研究．华中理工大学学报，1998，8．

第四章　地 理 科 学

第一节　现代科学技术体系与地理科学研究*

一、地理科学发展的背景

地理科学发展必须放到生产力与生产关系发展的背景下去考查。生产力与生产关系的发展。如图 4-1-1～图 4-1-4 所示。

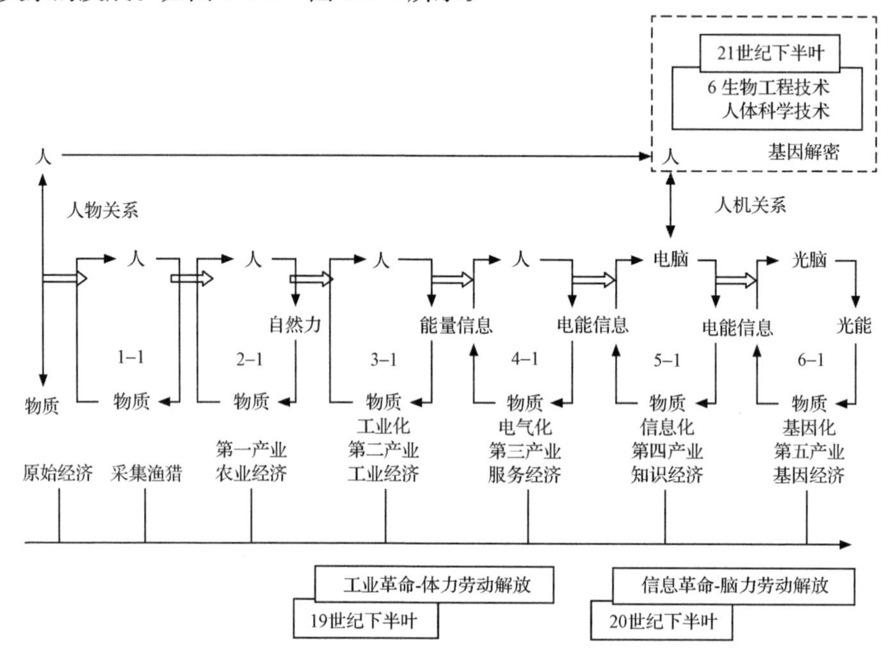

图 4-1-1　生产力发展的一般规律

从农业经济发展到知识经济，是一般社会生产力发展的规律，随着工业化、电气化、信息化的发展进程，必然使得生产力的发展复杂化，农业随之机械化、电气化、精准化；工业随之电气化、数控化；服务业随之自动化等。同样生产关系是与生产力相适应的，从图 4-1-3 可以看出，真正的社会主义社会是信息社会，因为信息与物质、能量不同，是可以共享的，有了共享的现实，必然产生共

* 本节执笔人：马蔼乃，北京大学。

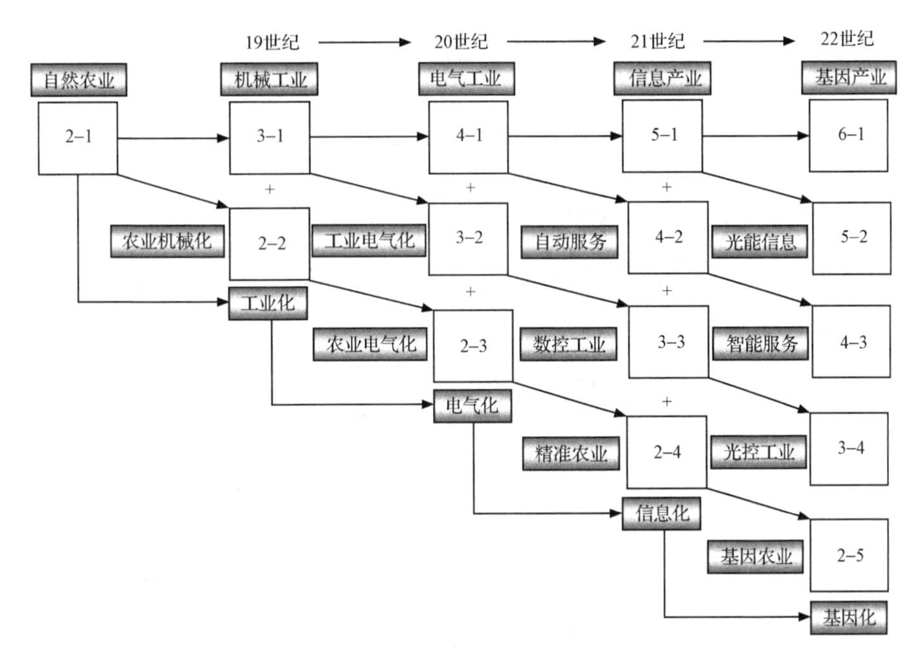

图 4-1-2　生产力发展复杂化

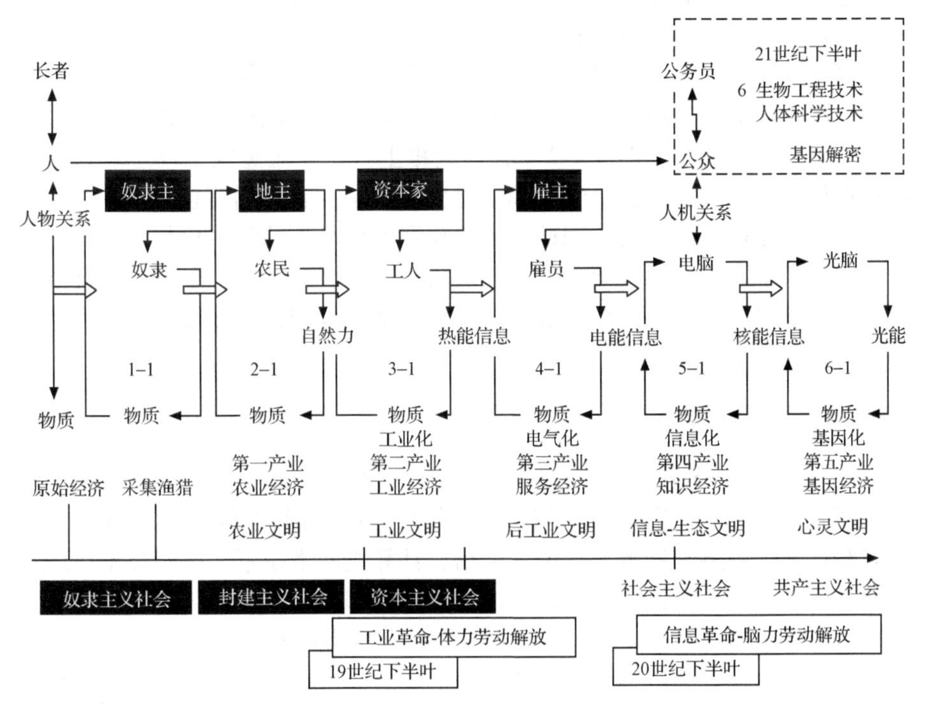

图 4-1-3　生产关系发展的一般规律

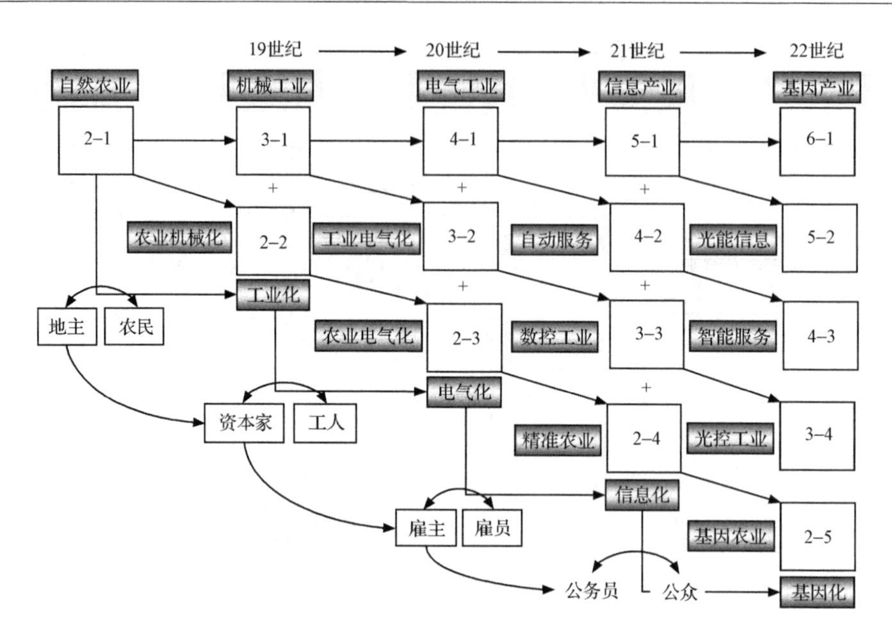

图 4-1-4　生产关系发展复杂化

享的理念，从而对私有概念提出挑战。

信息社会是以知识经济（钱学森倡导科学技术产业）为主导的，人类从顺应自然的农业社会，发展到征服自然的工业社会，再回到人与自然的和谐发展，社会与自然双赢的信息社会，是螺旋上升的进步，因此提倡地理建设，地理工程的建设是生态文明的建设。图 4-1-3 中在时间维上，三个短竖线是马恩时代、列宁时代和现代。马恩没有看到电气化和信息化，列宁没有看到信息化，今天人们已经生活在信息化社会的开端，因此继承马恩并发展马恩的学术思想是必然的。

从自然科学发展到社会科学，实际上是没有鸿沟的，历史证明了科学、技术、产业、政治、意识是连续发展的，产业经济—地理科学恰恰是自然科学向社会科学转化的中间桥梁。

二、地理科学的结构体系

1996 年发表“论地理科学的发展”[①] 一文，提出如图 4-1-5 所示框架。

从图 4-1-5 中，显而易见的是技术科学是建立地理科学体系的突破口，如果没有高新技术（遥感、遥测、定位、通信、计算机网络技术、虚拟技术、地理信息科学等）的发展与支撑，难以设想能够构建地理科学。地理信息科学是天地人机信息一体化的网络系统，钱学森在 1997 年给马蔼乃的信中提出：该系统是否经过实践的检验？应该说，是通过 20 多年一次一次的研究，累积构成的体系，

---

① 马蔼乃. 论地理科学的发展. 北京大学学报：自然科学版，1996，32（1）：120～129.

体系构成之后，尚未有整体的实践佐证。如图 4-1-6 所示。①

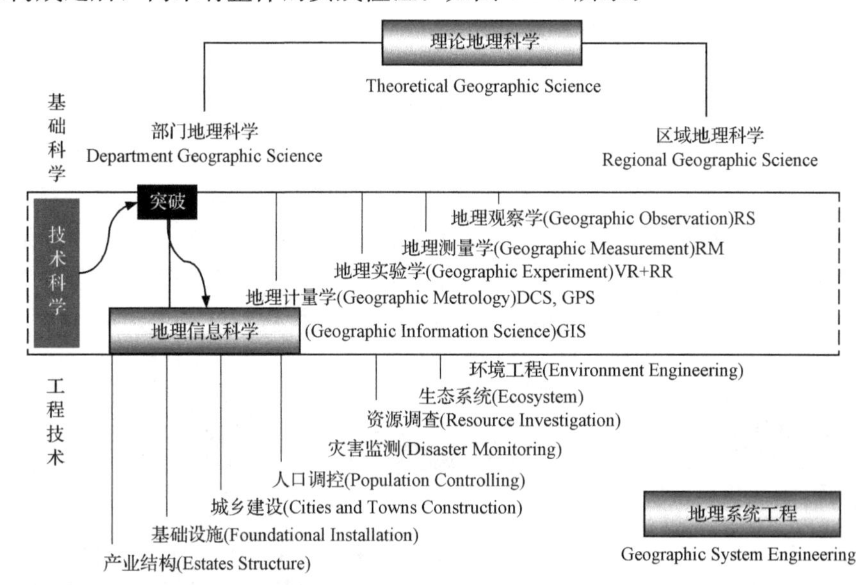

图 4-1-5　地理科学的框架①

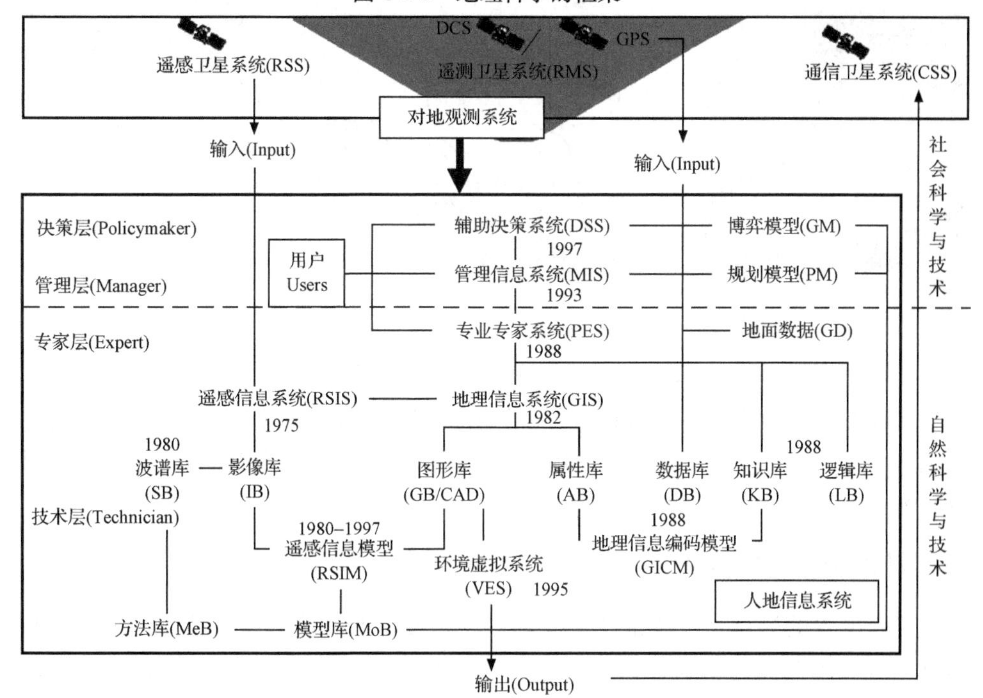

图 4-1-6　天地人机信息一体化网络系统

① 马蔼乃. 天地信息一体化网络系统及其应用. 北京大学学报：自然科学版，1998，34 (4)：533～541.

图 4-1-6 中的年代为开始研究的时间，可以看到从 1975 年开始，到 1997 年的整个研究过程，1998 年发表论文①。

地理科学体系中最为重要的是地理系统工程，地理系统工程的构建是根据当今社会系统从自然系统输入与向自然系统输出的，人类社会生态系统与生物生态系统两个生态系统的耦合来构建的。因此共分 8 个子系统，即输入有生物生态系统、自然环境系统、资源系统、灾害系统；人类社会的人口系统；输出有城镇系统（居民地）、基础设施系统、产业结构系统；人工污染（融入自然环境系统）。如图 4-1-7 所示。地理系统工程中的 8 个子系统是处于自然科学与社会科学之间的。它们既具有自然科学的属性，又具有社会科学的属性。

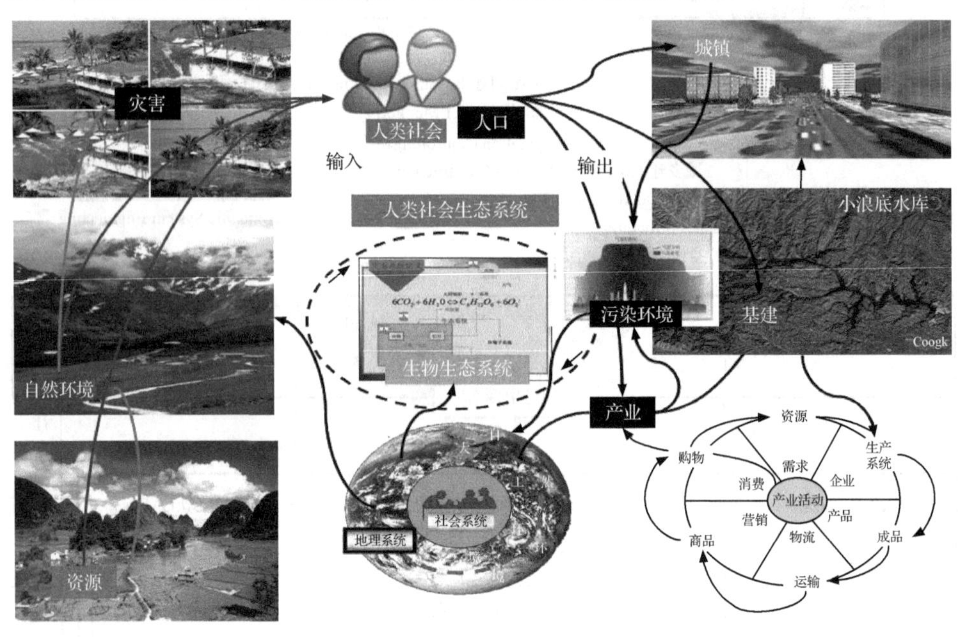

图 4-1-7 地理系统工程中 8 个子系统

人地系统的数学表达式如图 4-1-8 所示。图中 S_G，S_S 分别为地理系统与社会系统，i,j,k,l 分别为两个系统中的跨度与深度，$[R]$ 为关系矩阵，s,t 分别为空间与时间。

三、现代科学技术的体系

当今世界的科学技术体系从二分到三、四分，即所谓自然科学与社会学科的二分，自然科学中分数、理、化、天、地、生；社会学科中分文、史、哲、政、经、法。三分或者四分为自然科学，分出理科与工科；社会学科分为社会科学与

① 马蔼乃. 遥感信息模型. 北京：北京大学出版社，1997：1～165.

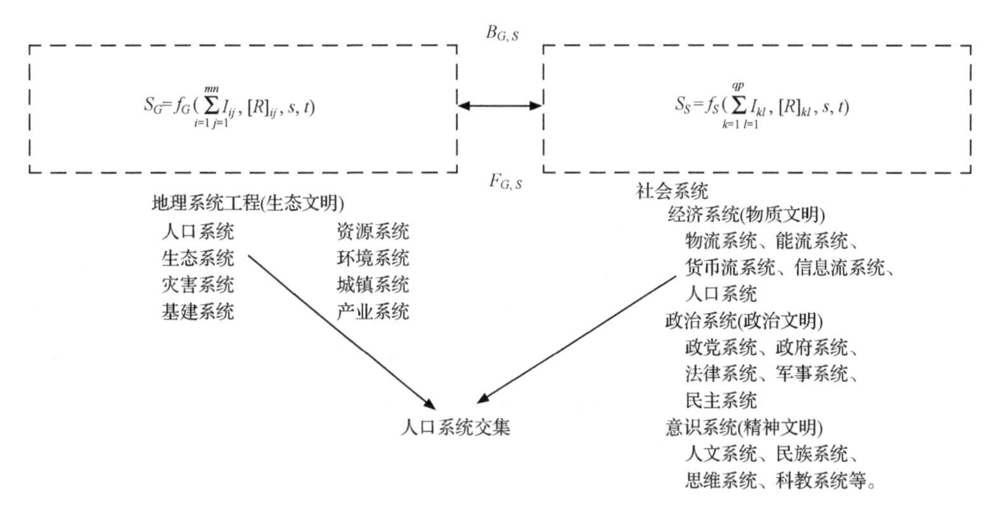

图 4-1-8　人地复杂系统数学表达式

人文学科。社会科学又分经济、政治、法律、军事、管理；人文学科又分文学、历史、哲学、宗教、人学、美学、心理、教育、伦理道德等。而钱学森从系统论的角度看待现代科学技术体系，认为客观世界本来是一个系统，只是研究的角度不同，造成分科。以这样的视角来认识问题，经过 40 多年的研究，提出了现代科学技术体系的框架。如图 4-1-9 所示。

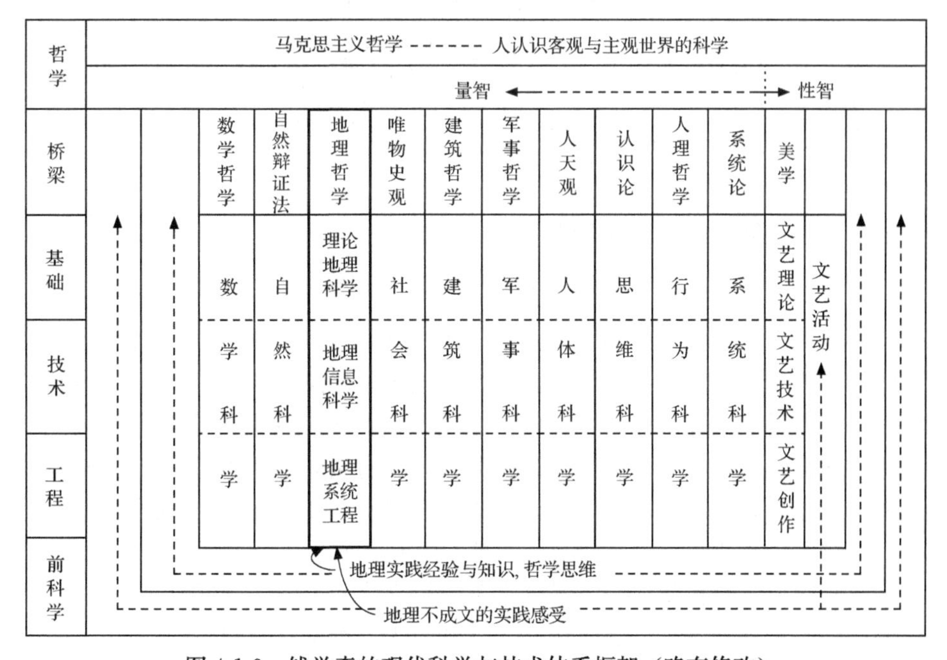

图 4-1-9　钱学森的现代科学与技术体系框架（略有修改）

如何认识科学技术体系，根据我们的解读，可以认识到，钱学森以自然科学为基础，对社会科学、对人的科学、对美学、数学、系统科学首先构成一个大的框架，然后对人分出人体科学、思维科学、行为科学等 8 个部门。后来钱学森发现地理学将自身按照自然科学、社会科学两个领域，分成自然地理学与经济地理学，极为不合理，1986 年毅然提出了地理科学，根据笔者的研究，无论从理论上、技术方法上、还是应用领域上，都是界于自然科学与社会科学之间的，于是将地理科学定义为自然科学与社会科学之间的桥梁科学。建筑科学是从地理科学中分离出来的，确实地理环境当前已经分为自然环境（以自然科学为基础）和人工环境（应该有一门人工科学为基础），钱学森将其称为建筑科学。钱学森为军事服务数十年，军事学中的“谋略”是无论如何也归不进上述 10 个部门的，因此提出人类智慧较量的军事科学。1993 年完成了如图 4-1-9 的框架，根据笔者的解读，如图 4-1-10 所示。

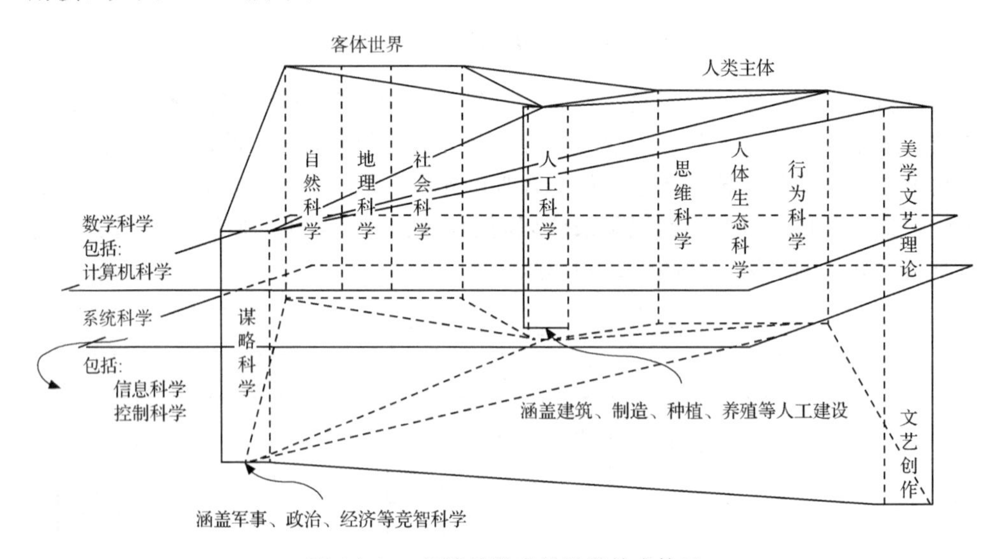

图 4-1-10　解读钱学森的科学技术体系

首先，将人类主体与客体世界分开，地理科学界于自然科学与社会科学之间。将建筑科学修改为人工科学，人工科学涵盖了建筑、制造、种植、养殖的人工建设，人工科学是在主体对客体的能动改造的科学，中间有许多美学的成分。将人体科学修改为人体生态科学，是因为人体与自然同源，体系系统与环境系统构成人体生态系统。将军事科学修改为谋略科学是因为，现代“战争”在经济、政治、信息等许多领域内都在进行，谋略科学更加符合钱学森的系统思想。而数学科学与系统科学是横断科学，横插在各门科学之中，美学则是纵贯在各门科学之中的，因为只要发现了客观规律，对发现者来说都是具有美感的。

笔者在完成了《地理科学丛书》之后，发现地理科学与其他10门科学技术之间或多或少都有一定的联系，于是进一步研究地理系统与科学技术体系总体之间的关系。

四、地理系统与科学技术体系总体的关系

地理系统与现代科学技术总体之间的关系非常密切。在地理科学研究的基础上，笔者初步研究了总体系统之间的网络（二维）关系。如图4-1-11所示。哲学包括11个门类的桥梁哲学；11个门类都有各自的4个层次；每一个层次，除了哲学之外，理论层次上可以概括为复杂性科学研究，技术层次上，由于面临的是信息社会，当今最重要的是知识化、信息化、数字化，利用计算机网络进行各门学科之间的整合，所以信息科学必然会提到重要的位置上来，几乎所有11个门类都有系统工程的实践需要，因此系统工程也会提到日程上来，所有的前科学都会有共通的原则与规律，前科学也将成为研究的领域。根据网络结构，不难看出有16个科学技术子系统，构成了科学技术体系的总体框架。

	元知识	①哲学	⑬复杂性科学	⑭信息科学	⑮系统工程科学	⑯前科学
	知识集合	哲学桥梁	基础科学	技术科学	技术工程	前科学
②	数学科学	数学哲学	理论数学	计算数学	应用数学	心算珠算
③	系统科学	系统论	系统科学	信息学-控制学 计算机科学等	系统工程	系统思辨
④	自然科学	自然辩证法	理化天地生	机械-电器-基因 计算机科学等	机械工业 电气工业等	实验
⑤	地理科学	地理哲学	理论地理科学	地理信息科学	地理系统工程	野外观测
⑥	社会科学	历史辩证法	经政法检管	社会信息科学	社会系统工程	社会调查
⑦	人工科学	人工哲学	理论人工科学	人工技术科学	建筑园艺等	民房
⑧	人体科学	天人观	人体生态系统	人体信息系统	生态医学	中医
⑨	思维科学	认识论	理论思维科学	思维测试技术	教育系统工程	梦境
⑩	行为科学	社会论	伦理道德学	行为准则学	创新系统工程	动作
⑪	谋略科学	谋略哲学	谋略理论	策划学-运筹学 计算机科学等	政经军法等谋略	孙子兵法
⑫	美学艺术	美学	艺术理论	艺术创作	艺术欣赏	生活体验

图4-1-11 现代科学技术体系网络结构

图4-1-12～图4-1-16为人工科学、社会科学、人体科学、思维科学、军事科学在技术层面上的技术体系框架，与地理科学技术体系框架有许多相似之处。

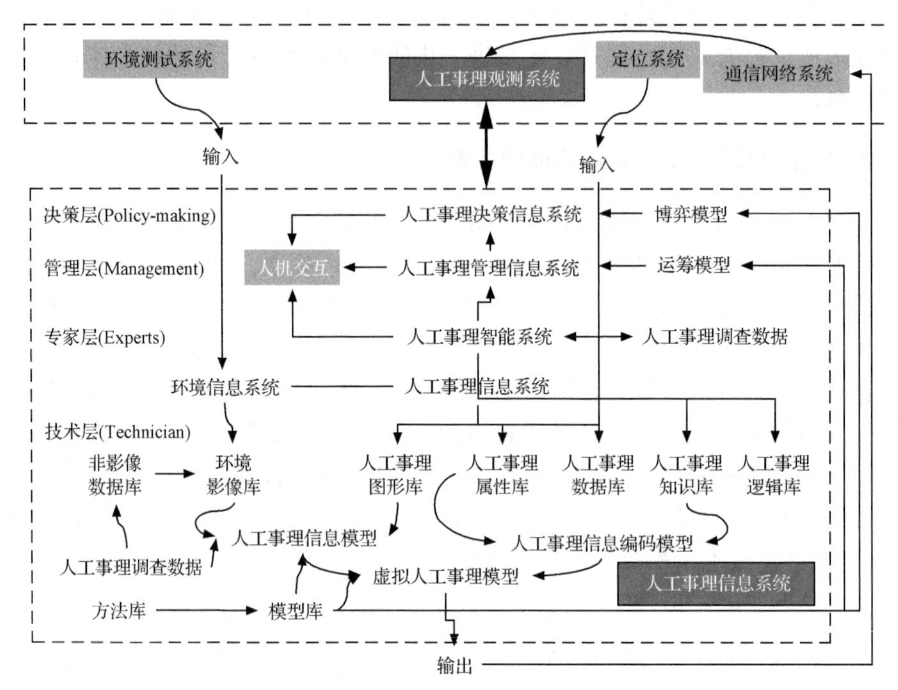

图 4-1-12　人工科学信息一体化网络系统

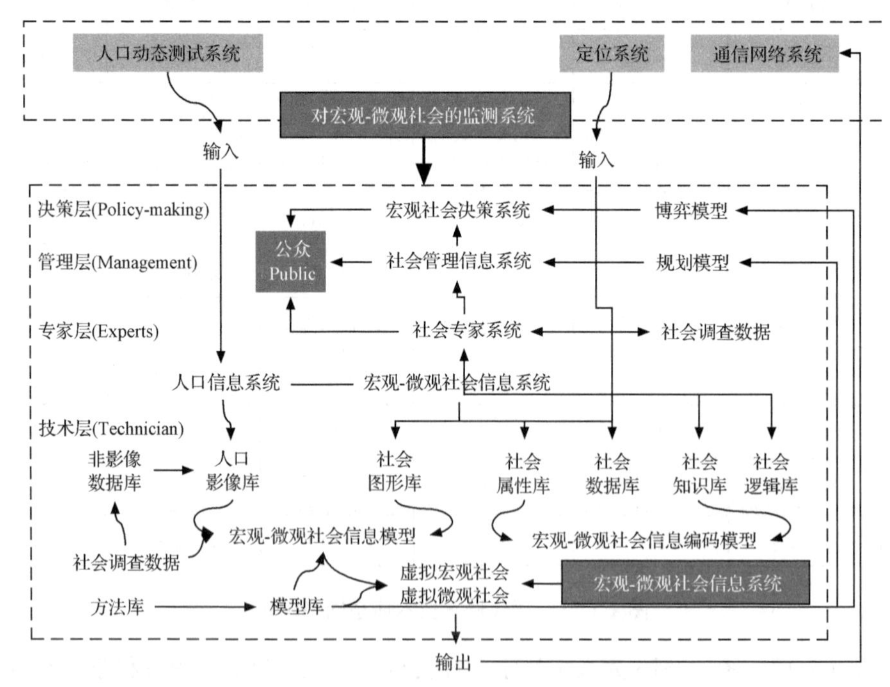

图 4-1-13　社会科学信息一体化网络系统

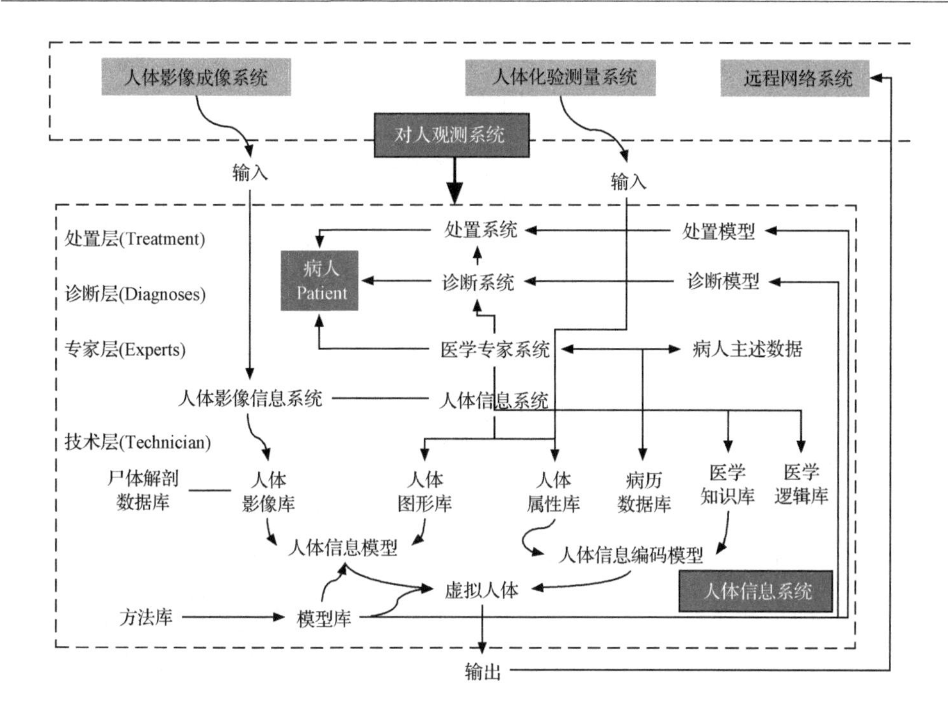

图 4-1-14 人体科学信息一体化网络系统

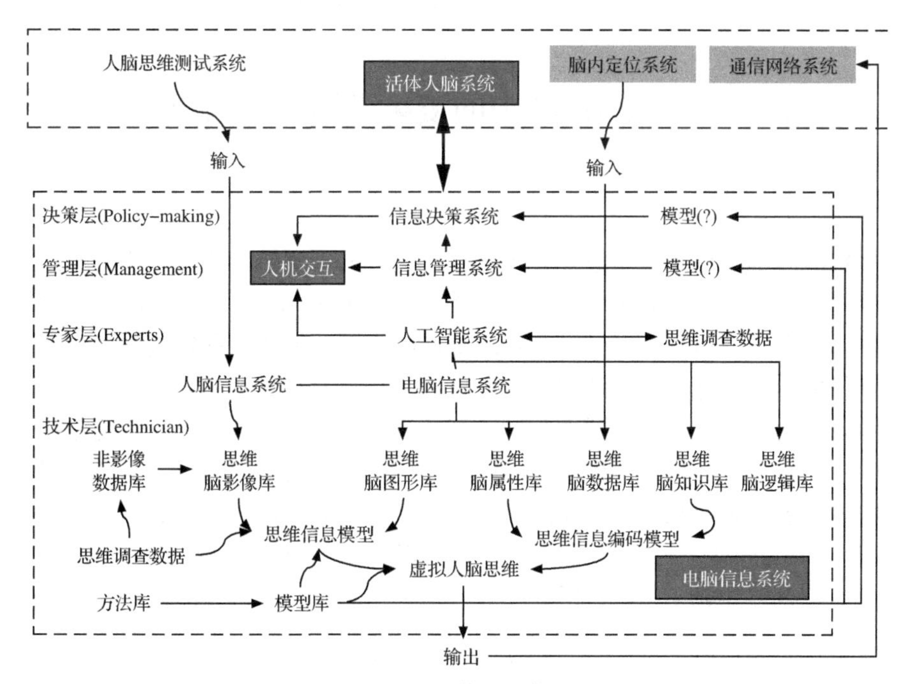

图 4-1-15 思维科学信息一体化网络系统

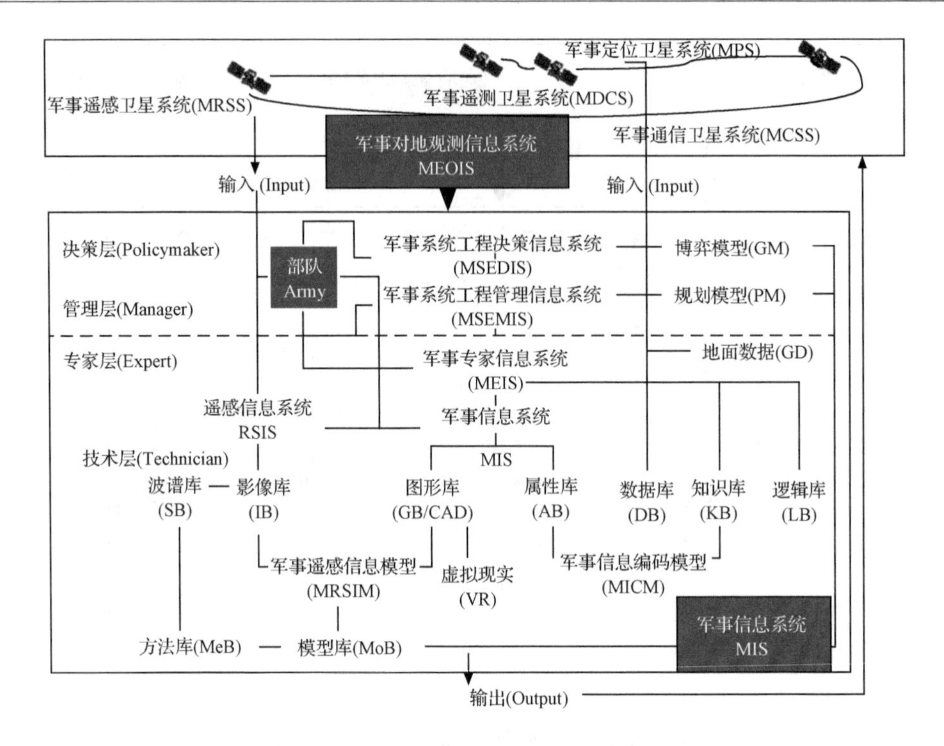

图 4-1-16　军事科学信息一体化网络系统

第二节　地理科学中的复杂性数学方法探索*

一、引言

自然地理学中早就应用数理方程研究理论公式，用数理统计方法研究经验公式，并且经常进行半经验半理论公式的研究。20 世纪 60 年代，计量地理学的革命，主要是在经济地理学中，利用数理统计的方法，处理各种年鉴数据和社会调查所获得的数据。近年来，地理学中还应用了许多现代数学的方法，例如耗散结构、协同理论、突变方程、层次分析、系统模型、模糊数学、灰色系统分形研究等，数学在地理学中虽然得到一定的应用，但是所用的数学方法大部分是以物理学为背景发展起来的数学，并非是以地理科学为背景发展起来的数学。遥感信息模型研究了 20 余年，后来进一步推广到地理科学的许多领域，把非遥感数据，经过内插，也转变成了图像，因此形成了地理信息模型。由于图像信息模型还会

---

* 本节执笔人：马蔼乃，北京大学。

进一步扩展应用领域，因而这里讨论其数学基础，从形式逻辑发展到辩证逻辑的计算；从抽象公式发展到抽象公式与形象图像结合的计算；开始了从地理科学自身规律引发的数学问题，步入了地理数学的新领域。

二、地理现象的复杂性

19 世纪是牛顿力学的时代，认为一切都有因果关系，一切都是确定性的，因此立方程和解方程是主要的科学研究方法。气象学、水文学、海洋学、地理学、地质学无不都是从立方程、解方程入手的。但是人们发现解方程时，要求的初始条件和边界条件十分苛刻，因此不得不简化，一次又一次的简化，所能解决的问题就非常局限了，而且所得结果往往与实测数据相差甚远，于是就用调参数的方法使得理论计算与实测数据接近。20 世纪是研究不确定性的世纪，首先从热力学的随机现象开始，分子热运动是随机的，继后是突破排中律的模糊不确定性、缺损数据的灰色不确定性、一部分确定方程中出现混沌的不确定性等。接踵而来的是气象学、水文学、海洋学、地理学、地质学又都求助于数理统计，所谓建立经验公式，经验公式与实测数据倒是比较吻合，但是往往理论解释又有困难，于是长期以来就在理论公式与经验公式之间徘徊。实际上，地理现象是复杂性的现象，既有确定性的一面，又有不确定性的一面。既有随机不确定性、模糊不确定性、灰色不确定性，又有分形不确定性。图 4-2-1 所示。从逻辑上分析，内涵与外延的关系，正如图 4-2-1 中的确定性与不确定性的关系。

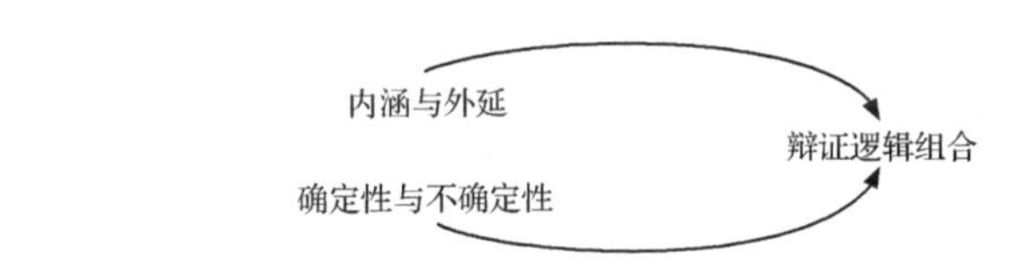

逻辑	内涵确定 外延确定	内涵确定 外延不确定	内涵不确定 外延确定	内涵不确定 外延不确定
系统	白色系统	模糊系统	灰色系统	黑色系统
方程	物理方程	模糊方程	灰色方程	统计方程

确定的物理方程中有一部分的解叠代后等式两边不等，形成越来越放大的作用，具有自相似的特点，称为分形的不确定性

图 4-2-1　逻辑上的确定性与不确定性

三、地理信息模型

1. 地理信息模型的建立

仍然从逻辑上思考，将确定性的、演绎逻辑的方程，不确定性的、归纳逻辑的统计和类比逻辑的相似准则结合起来，建立地理数学模型。如图 4-2-2 所示。

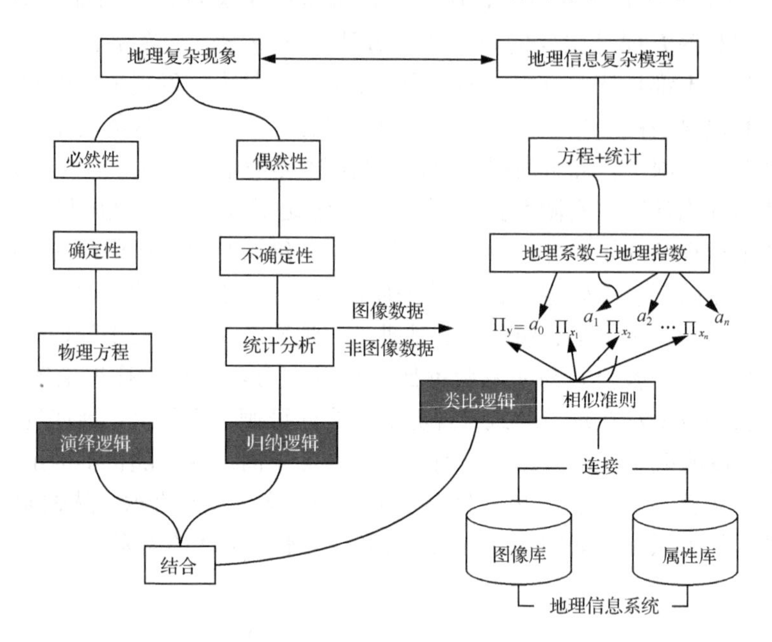

图 4-2-2　构建地理信息模型

2. 地理信息模型应用

地理信息模型在建立过程中，不简化，仅作量纲分析，得到一般式

$$\Pi_y = a_0 \Pi_{x_1}^{a_1} \Pi_{x_2}^{a_2} \cdots \Pi_{x_n}^{a_n}$$

其中，Π 为地理相似准则；$a_0 = f(\Pi_{x_3}, \cdots, \Pi_{x_{n-1}}, s, t)$ 为地理系数，是时间与空间的函数，包括尚未认识的相似准则；$a_1, a_2, \cdots, a_n = f(s, t)$ 为地理指数，是时间与空间的函数。

该模型在冬小麦缺水的估损模型、汽车尾气污染模型、植物光合作用生产力模型、旅游产值模型、各类动力地貌的速度模型等得到应用。

这里仅就一个实例说明问题，冬小麦缺水的估损模型。如图 4-2-3 和图 4-2-4 所示。

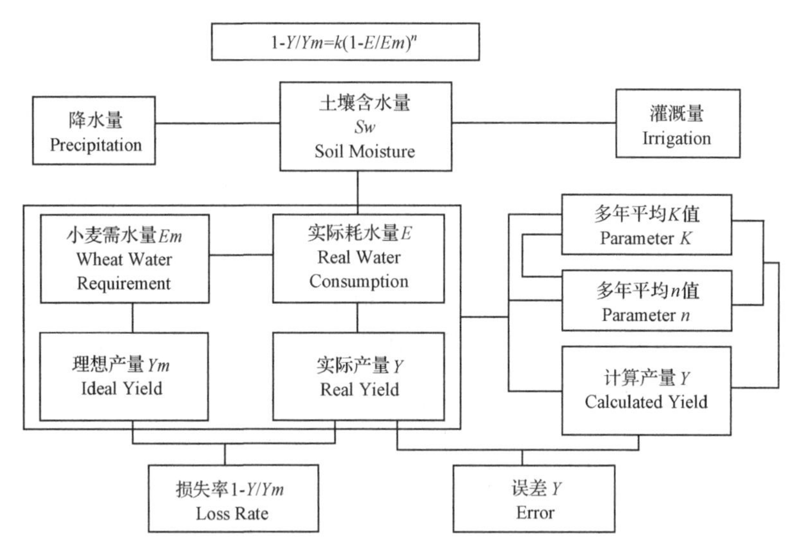

图 4-2-3　黄淮海平原冬小麦缺水估损遥感信息模型

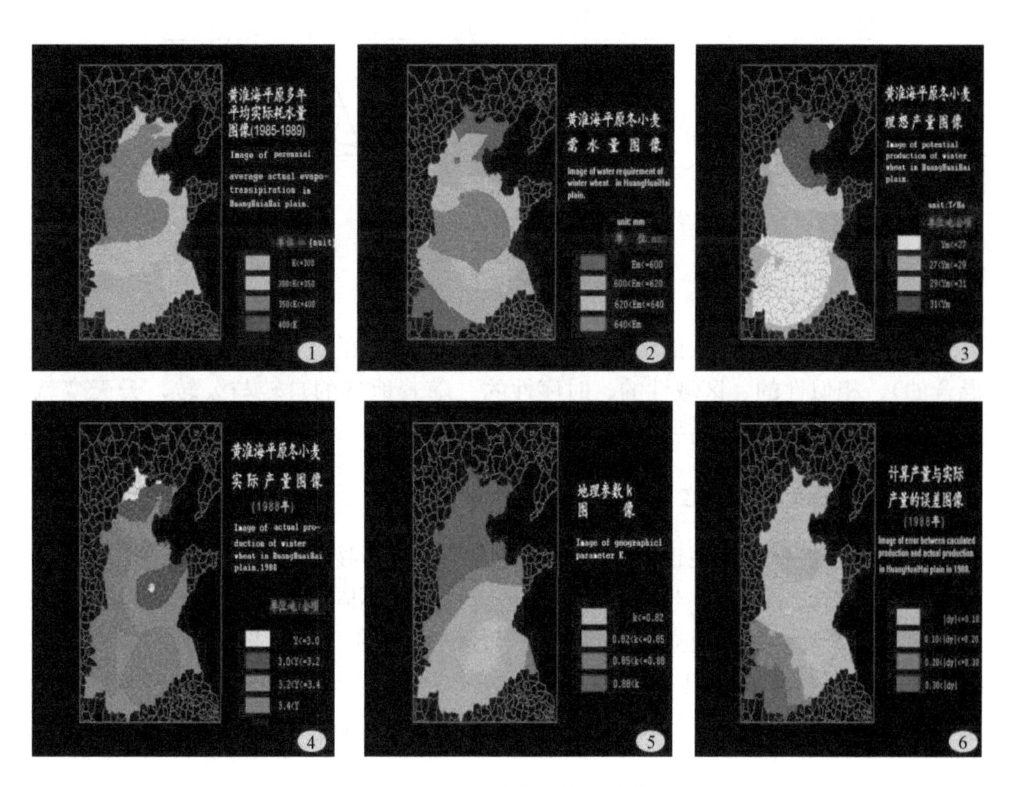

图 4-2-4　遥感信息模型计算

3. 地理复杂性模型推论

显而易见，$\Pi_y = a_0 \Pi_{x_1}^{a_1} \Pi_{x_2}^{a_2} \cdots \Pi_{x_n}^{a_n}$ 是一类复杂性的模型，地理指数表明了非线性，当地理指数 $a_i = 0$ 时，表明该相似准则与因变相似准则无关；$a_i = 1$ 时，为线性关系；$a_i = \frac{1}{2}, \frac{2}{3}, \cdots$ 时，可能为分形关系；$a_i = \frac{N}{M}$ 时，为一般时空关系。当地理系数 $a_0 = 1$ 时，为确定性关系。

地理复杂模型是像元方程，或者是“最小图斑”的方程，随着图像的缩放，相似准则也会自动显示为主要地位或者次要地位。如图 4-2-5 所示。

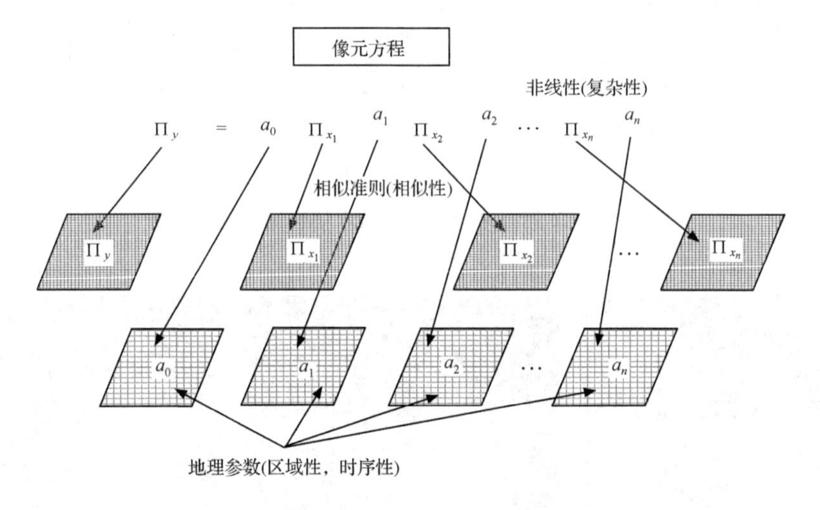

图 4-2-5　图与数结合的计算

由此可见，地理现象的特点是非线性的、复杂性的（确定性与各种不确定性混合的）、相似性的、区域性的、时序性的。随着地球的自转与公转，天天变就需要天天算，年年变就需要年年算。

4. 地理复杂性模型意义

地理复杂性模型是在遥感、地理信息系统等高新技术的发展过程中，发展起来的一类新的数学方法，与解方程、数理统计既有不同，又是传承的关系。从历史的长河中来看，地理复杂性模型是具有开创意义的。如图 4-2-6 所示。近代科学史仅 400 年，而地球史 45 亿年，人类史 200～300 万年，文明史 5000～8000 年，可见科学计算的方法还是极为简单的，还有许多需要发展的领域。

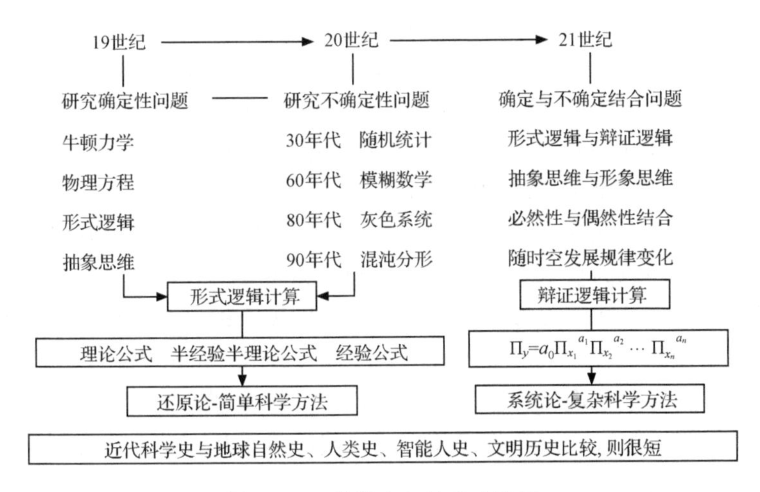

图 4-2-6　科学史与地球史比较

第三节　协同虚拟地理研讨室的框架设计与实现*

一、引言

地理系统是一个开放的复杂巨系统。地理学是自然科学和社会科学之间的桥梁科学。地理系统和地理学的这些特性也决定了地理问题的复杂性。随着地理问题在深度和广度上研究的拓展，如全球变化、可持续发展等问题的研究已非一人之力或某一学科可以解决，而是需要不同领域、不同学科、不同国家和不同地区专家共同参与、协同研讨。地理问题的研究存在着由个体研究向群体研讨发展的趋势。为了解决像地理问题这样的复杂性问题，钱学森早在 20 世纪 80 年代末 90 年代初就提出了“从定性到定量综合集成研讨厅体系”概念和“从定性到定量的综合集成方法”，希望将专家群体（各方面有关的专家）、数据和各种信息与计算机技术有机地结合起来，把各种学科的科学理论和人的经验知识结合起来，以发挥整体优势和综合优势，来解决“开放的复杂巨系统”及“开放复杂巨系统”之间关系的一种方法。综合集成研讨厅体系和综合集成方法已经在实践中被证明是成功的。

但很多情况下，让专家们尤其是不同国家和地区的专家们，在任何时候都能聚集在一起对地理问题进行协商，这显得不大现实。因此，地理问题的群体研讨/研究还必须具备从集中研讨向分布式研讨扩展的能力。这就需要现代通信技

---

* 本节执笔人：李文航、龚建华、周洁萍，中国科学院遥感应用研究所。

术和现代表达方式的支持。协同虚拟环境就是这样的一种技术。协同虚拟环境(collaborative virtual environment，CVE)以网络为基础、虚拟现实为主要表达方式，主要用于远程协商和分布式协同的交流交互平台，目前已经成为国内外的研究热点，已经有许多CVE框架模型和原型系统被成功的开发出来，并在包括军事和教育等领域内得到了成功的应用。

因此，我们可以在综合集成研讨厅体系的框架下，在综合集成方法的指导下，以协同虚拟环境为技术支撑，以地理问题为主要研究内容，构建一种有别于传统地理问题研究模式的支撑平台。参考研讨厅体系的概念，称这样的研究平台为协同虚拟地理研讨室(collaborative virtual environment studio，CVGS)。这里主要探讨协同虚拟地理研讨室的相关内容，首先从理论框架角度探讨协同虚拟地理研讨室相关的组成、协同特点和方式，然后着重从技术层次探讨原型系统设计、实现及其应用。

二、协同虚拟地理研讨室的组成和流程

1. CVGS与综合集成研讨厅的关系

协同虚拟地理研讨室是以地理问题的协同研讨为主要目的，着重考虑地理问题的复杂性，在分布式网络和虚拟现实等技术的支撑下，变传统的单人研究为群体研讨的支撑平台。协同虚拟地理研讨室是在现代通信和可视化技术和地理问题研究广度和深度发展的背景下，对地理问题新型研究模式的有益尝试。

协同虚拟地理研讨室是在协同虚拟环境的技术支撑下，通过数据层次、知识层次上升到思维层次，并最终以综合集成研讨厅的形式展现出来。如图4-3-1所示。

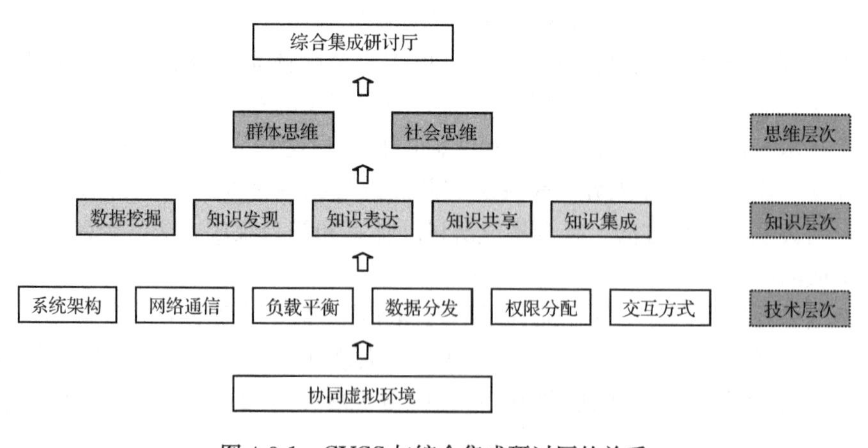

图4-3-1　CVGS与综合集成研讨厅的关系

2. CVGS 的组成

CVGS 由地理数据、研讨场景、研讨者和硬件环境等几部分组成。

数据是基础。数据是协同虚拟地理研讨室构建的基础，也是后续研讨开展的前提。现实地理现象或地理过程由不同层次、不同角度和不同形式的数据（包括模型）来记录和描述。这些数据通过网络共享进入虚拟场景，对现实现象或过程进行虚拟和重构，形成了研讨室中供协同研讨的对象。

网络是载体。网络是协同虚拟地理研讨室存在的载体。网络通信是实现地理数据、地理信息共享、人和人之间协同交互的手段。网络的存在也使得分布的数据得以集成，为数据挖掘、知识发现提供保证。网络的存在还可以消除现实空间的距离，使人们产生在同一个场景中存在的感觉。

虚拟场景是平台。虚拟场景是协同虚拟地理研讨室的可视化平台，是研讨室客观存在的表现。所有的数据和信息均进入虚拟场景中进行表达和共享，人和人之间的交互和感知也在虚拟场景中得以实现。虚拟场景源于现实：虚拟场景必须是三维的。虚拟场景也是高于现实的：虚拟场景可以是会议室、教室环境，也可以是野外环境甚至是某个虚构的协同空间。

人是协同虚拟地理研讨室的核心。人是对地理问题探讨和研究的中心，协同虚拟地理研讨室中也是如此。人是研讨室中可以能动思考的智慧群体，是把研讨室中的数据升华到信息、知识，乃至智慧的主要途径。人在各协同客户端分布，以化身的方式参与协同，根据各自的先验知识对研究对象进行研讨，最终形成地理认知知识，而不仅仅是数据的共享是研讨室的一大特征。

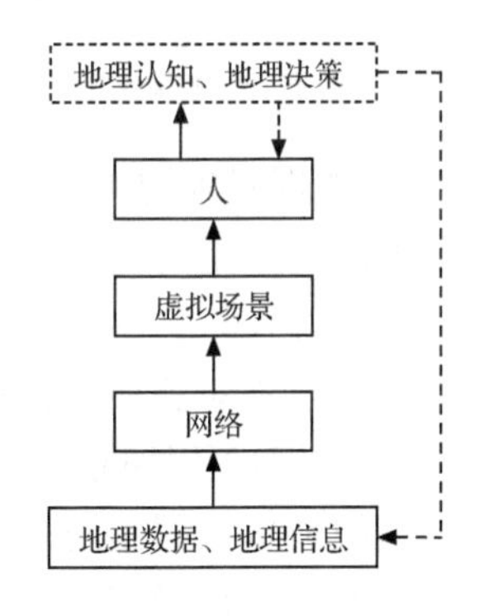

图 4-3-2 研讨室的组成和流程

协同虚拟地理研讨室的研讨流程就是以地理数据为基础、以网络为载体、以虚拟地理场景为交流平台、通过人的协同感知和能动思维，最终发现地理规律或形成地理决策的过程。协同虚拟地理研讨室的组成和流程。如图 4-3-2 所示。把数据上升到地理认知、地理决策是研讨室的最终目的（图中实线）；相关地理认知或地理决策又可反馈入现实，形成新一轮认知（图中虚线）。这也与从定性到定量的综合集成研讨方法相一致。

三、协同虚拟地理研讨室的协同特点及方式

地理问题的复杂性一方面决定了群体研讨的同时，也决定了对地理问题的描述是多角度、多层次的，地理数据可以以文字、图形/图像、录像、录音等多种

方式存在。因此，研讨室需要提供多种方式对地理问题从各种角度进行还原，同时地理问题的复杂性也决定了参与协同的人和人之间的交流也是多角度、多层次的，包括表情、动作、甚至是心情。因此，协同虚拟地理研讨室中的协同是多感知的协同，从类型上可以大致划分为场景协同、地理问题协同和人的协同等三个部分。

1. 场景协同

场景协同是其他协同开展的前提和基础。它首先限定了研讨室中研讨的背景，用户只有在相同的场景下才有可能真正的参与到地理协同中来。其次，场景协同还体现在，当由于某种需要而动态改变场景时，如由会议室场景切换到野外场景，所有参与该主题的客户端的场景也必须同时切换和跳转，以保证后续协同的开展。再次，场景协同还体现在用户加入和退出虚拟地理场景时引起的场景变化。当用户新加入时，场景、场景中的三维地理对象、过程模型、各种图形以及其他用户的化身等都要同时加载。当用户退出时，该用户化身形象包括其往场景中所有内容都要从所有客户端删除。需要指出的是，协同虚拟研讨室虽然所有客户端都共享一个三维场景，但场景协同中用户看到的不是 CSCW（computer supported cooperative work）中 WYSIWIS（what you see is what i see）[①] 的完全相同的场景，而是随用户视点变化而变化的个性化的场景。

2. 地理问题协同

1）地理对象协同

地理对象是对现实地理现象的三维静态表达，最常见的地理对象是三维地形（三维电子沙盘）。三维对象在各客户端同时存在，可以由客户端协同浏览、操作。三维地理对象还可以作为协同环境的一部分而存在，以扩充协同场景内容。

2）地理过程协同

虚拟地理过程是对现实自然过程的虚拟模拟，是占有三维空间的、历经发生、发展和消亡时间序列的、具有时空四维特征的模型。虚拟地理过程是可以协同的，它在所有客户端都同时存在，供各客户端观摩和研讨。地理过程协同为在虚拟场景中开展协同虚拟地理实验提供了可能。

3）地理分析协同

遥感、GIS 软件是分析地理问题不可或缺的工具，其内置的分析模型和可视化方式往往使得地理数据提升到信息层面得以展现。但不能要求所有参与协同的

① 史美林，向勇，伍尚广. 协同科学-从“协同学”到 CSCW. 清华大学学报：自然科学版，1997，37 (1)：85～88.

客户端都安装有这些软件，因此如何向其他参与协同的客户端实时展现分析过程和分析结果将在一定程度上影响着地理问题的讨论。桌面协同可以解决此类问题。它把某一客户端的计算机桌面的部分或全部的内容（如遥感、GIS 软件操作等）向其他客户端广播，使得其他客户端即时了解分析的进程，做出自己的判断，彼此讨论，实现协同。

4）图形/图像协同

图形/图像是对自然现象、自然过程记录的一种方式。虚拟场景中允许根据协同进程的需要而动态加入各种类型的图形/图像（如遥感影像、现场实拍照片等），供客户端协同研讨；同时，通过对图形/图像的动态切换，还可以实现对某一地理主题的远程幻灯片演示等，为在虚拟地理研讨室中开展地理教学上提供方便。

5）地理文件协同

地理信息、地理问题最主要的记录方式是文件（包括录音、录像等多媒体文件）。当需要把这些信息共享时，一种方式是把文件传送给对方，对方阅读后了解文件内容，做出反应，进行协同；另一种方式是把文件内容直接传送给对方，双方同时查看并研讨。从协同上讲，前一种可能在时间上不一致，但适用于所有类型的文件信息共享；后一种在时间上一致，但通常适用于多媒体文件如视频文件、音频文件的广播。

3. 人的协同

1）化身协同

人以化身（avatar）的形式参与虚拟协同。化身是人在虚拟场景中的代表，由位于现实场景中的用户操纵，在虚拟场景中漫游，同时代表用户的行为、动作，并实时的在其他客户端反映，由其他客户端感知，实现现实用户—虚拟化身、虚拟化身—虚拟化身以及现实用户—现实用户之间的协同。

2）视频/音频协同

视频/音频协同在虚拟场景中同化身合为一体，经由视频/音频采集设备向其他客户端发送。视频/音频协同在化身形体的基础上又增加了真实形象和现实声音，丰满了用户形象，使得用户间更容易交流和感知，增强了虚拟场景的沉浸效果。音频的加入方便了对复杂性地理问题的实时“讨论”，而视频的加入则解决了因化身模型不专属于某一人，多人同时使用同一化身彼此难以分辨的难题。

3）文字协同

文字是最基本的信息载体，文字协同也是最普遍、最基本的协同和信息交流方式。几乎所有的协同环境和即时通信工具都具备该种方式。

四、协同虚拟地理研讨室的系统架构和关键技术

1. 系统架构

系统设计采用C/S架构，考虑到地理数据的数据量通常很大，选用胖客户端—瘦服务器端的复制式结构，基本的数据如场景、化身等均在客户端存储和读取，除视频、音频等流媒体格式数据外，网络上传输的仅仅是对场景中某个对象的添加、删除、平移、缩放等的操作信息和指令，而不是场景本身或场景中的某个节点，以最大限度地降低网络的通信量。同时，在逻辑上把服务进行拆分，一是为了不同种类的数据传输和管理的方便，更重要的是考虑到视频、音频通信量比较大，对服务进行拆分，服务程序可以部署到不同的服务器上，同一种服务更可以构建服务器群/集群，在不同服务器之间形成负载平衡，充分降低单一服务器的通信压力，保障多用户同时在线时数据传输速度和效率。为了系统可以在Intranet和Internet上运行，同时也为了通信的准确性，客户端同服务器相关服务的联系通过Socket进行。为了保障客户端通信的准确性，数据传输采用单通道机制进行，即在一条专用连接中传送/接收相关数据。

服务器端每种服务都是一个多线程机制的服务器Socket，响应并接受客户端的连接请求，启动新的服务线程，同时在服务器端记录并统一管理这些线程。线程启动后将按照自身的规则去主动运行，判断并响应用户指令，传送特定类型数据，在客户端中断连接时自行结束，并主动从管理线程中删除。所有的操作不需要额外的干预，从某种程度而言，其特征类似于Agent（智能体），因此系统称之为ServerAgent，客户端正是通过五种类型的ServerAgent实现彼此间10种方式的协同的。5种服务类型及相关功能列于如表4-3-1所示。

表4-3-1 服务类型及功能

服务名称	服务功能
MessageServer	负责所有操作信息的协同，包括所有请求的发送和除文字协同、视频协同、音频协同和文件协同以外的三维场景中的其他协同
ChatServer	负责文字格式协同时的信息服务
VideoServer	负责视频格式的协同，包括视频协同和视频文件广播等
AudioServer	负责音频格式的协同，包括音频协同和音频文件广播等
FileServer	负责文件格式的协同，包括二进制文件的传送等

客户端则通过Socket同不同类型的ServerAgent相连，为了响应并中转其操作信息，动态建立通过服务器同其他客户端的数据通道，客户端在其生命周期内始终同唯一的MessageServer类型的ServerAgent相连。客户端捕获的鼠标、

键盘、菜单等用户事件，根据指定协议编码成相关数据包向外发送，其他客户端在接收到这些数据包之后，判断数据格式，根据协议或解码成操作指令，修改场景对象属性，或还原成流媒体数据进行显示，由此实现客户端和客户端的协同。

系统整体架构如图 4-3-3 所示。

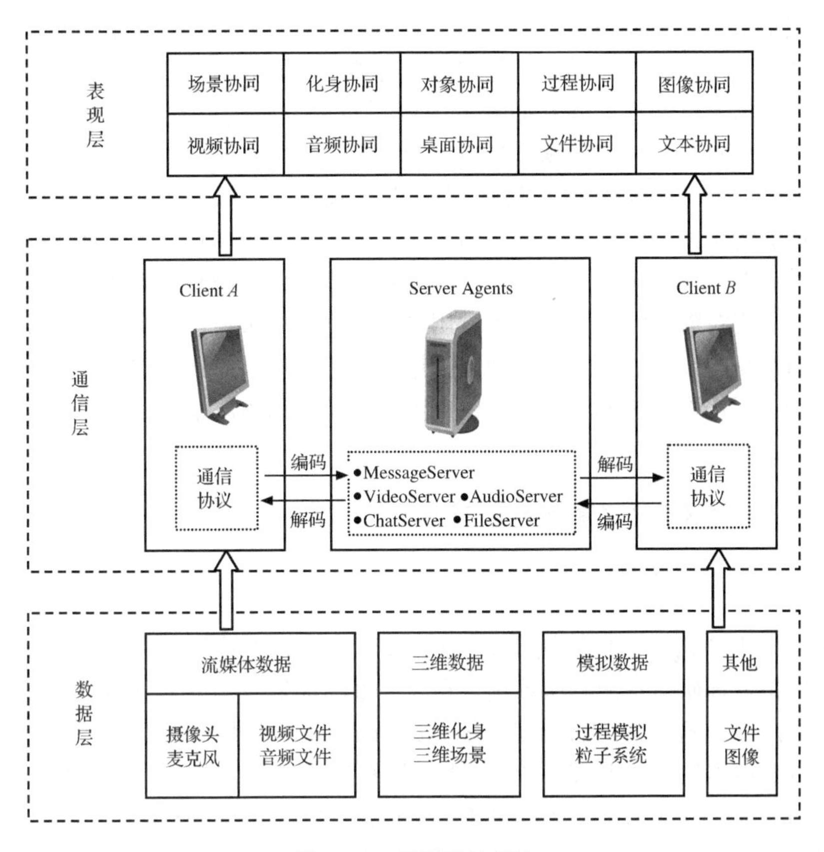

图 4-3-3 原型系统架构

2. 并发控制方式

常用的多用户协同虚拟环境的并发控制方式有锁定机制、令牌传递协议、依赖探测和集中控制等。考虑到系统目前尚不提供对场景对象的长事务性操作功能，因此系统采取了类似于集中控制的“先到先得”的并发控制机制，即客户端的所有操作均瞬间完成，操作信息向服务器传送，服务器根据信息到达的先后顺序赋予不同的时戳，并依次向所有客户端广播，从而使操作有序，确保数据的一致性。

3. 权限配置方式

权限分配上，考虑到对地理问题的讨论经常需要往虚拟场景中动态添加大量数据、信息，而这些数据、信息又往往分散的分布在各客户端，为了便于场景管理，系统采取“集中控制＋分散管理”的场景权限配置模式。对某一地理问题的协同研讨由主持人发起并主持，他拥有所有参与协同的用户管理权以及对用户动态加入的数据的控制权，并在必要的时候对可能发生的并发冲突进行协调；同时，为了充分对某一地理问题从各个角度进行重构，系统赋予参与协同的用户动态的添加诸如地理对象模型、地理过程模型、视频、音频等数据的权利。这些数据属于添加的用户，归用户所有，因此用户理所应当的享有对所添加数据的控制权，同时在客户端记录这些数据，以完成对所添加数据修改、删除、保存、读取等操作，实现对数据的分布式管理。用户对数据的分布式管理还体现在客户端程序上：当有新的用户加入时，主动向新用户发送消息添加这些数据，保证场景的一致性；当用户退出虚拟场景时，还负责将其所添加的数据从其他用户场景中删除的任务。

五、协同虚拟地理研讨室原型系统与实验

1. 原型系统开发

基于以上架构，我们使用 Java 和 Java 3D 开发出了一个具有自主知识产权的协同虚拟地理研讨室的原型系统，在全三维的场景中实现了上述所有类型的多感知协同。服务器端的各种服务（ServerAgent）由多线程的 Java ServerSocket 实现，以响应多用户的请求；客户端三维场景使用 Java 3D 引擎开发，并通过 Java Socket 同服务器相连；相关地理数据如三维模型、粒子系统、录音、录像、图片等在三维场景中共享，用户以视频、音频和化身等方式在三维场景中交流，用户的鼠标、键盘、菜单等操作的事件被捕获并经由服务器中转向外广播，由此实现了可以跨局域网协同的虚拟地理研讨室原型。

2. 原型系统实验

选取非典型性肺炎（SARS）的传播模拟作为分布式群体研讨的主要内容对协同虚拟地理研讨室进行了实验。研讨开始前，地理学和公共卫生等领域的专家们各自的办公地点通过互联网进入研讨室，每一位专家在研讨室中都有一个对应的三维化身，以标识其在研讨室中的位置和状态。如图 4-3-4 所示。其中，①虚拟会议室；②是专家化身；③是动态加载的虚拟社区；④是动态 SARS 感染人数统计曲线图；⑤是参与协同的专家列表；⑥是运动中的上下班的汽车；⑦是代

表社区中人群的多智能体，绿色代表健康人，黄色代表潜伏期病人，红色代表已发病的 SARS 病人。

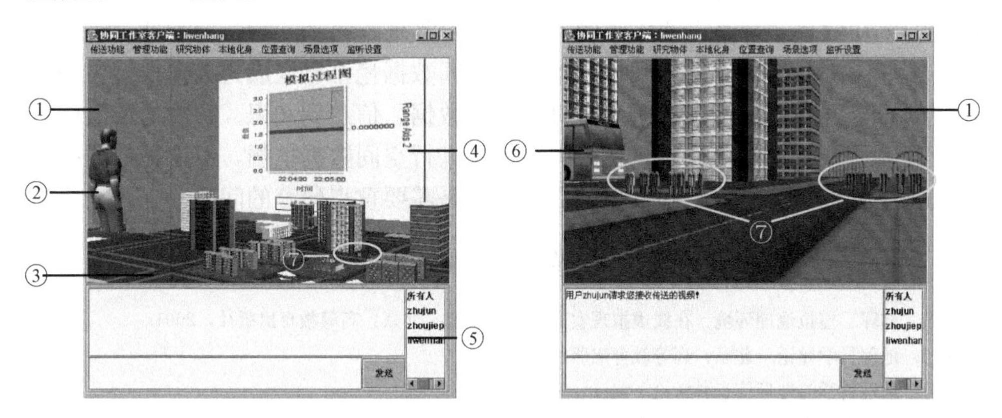

图 4-3-4 原型系统实验——协同 SARS 研讨

研讨首先使用多智能体系统（multi-agents system）在协同虚拟地理研讨室中模拟了 SARS 的传播过程。SARS 发生在一个被“放”在会议桌上的虚拟小区中（图 4-3-4 ③），虚拟小区包括医院、学校、住户等。每个 Agent 都是一个生活在虚拟小区中的人（图 4-3-4 ⑦），有着自己的日常行为（上班、下班、就医等），有着自己的健康状况（易感染或不易感染）。当设定不同的初始状态，随着时间的进展，Agent 开始运动，并在彼此之间的传播，SARS 就在虚拟小区中开始蔓延。不同的初始参数和状态和控制措施会得到不同的传播规律。这些传播规律以曲线图（图 4-3-4 ④）的形式在研讨室中实时的展现出来。

研讨时，专家使用视频、音频和文字等方式对不同起始状态和控制措施下的 SARS 传播规律进行讨论，综合地理学、公共卫生等学科的知识从不同的角度分析，得出比较可信的 SARS 传播的控制措施。

六、结论与讨论

我们将综合集成研讨厅体系引入地理问题的研讨，提出了一种新型的地理问题研讨模式和平台——协同虚拟地理研讨室，并探讨了框架模型、协同特点和原型系统实现。但地理问题非常复杂，这里只是对协同虚拟地理研讨室框架中的部分内容进行了初步探讨，除了实验中发现的问题外，以后的发展需要解决以下一些问题：

第一，提供更多的地理协同方式。首先把对地理问题讨论和地理现象现场调查非常有用的移动设备（如手机、PDA 等）纳入协同框架中来，把移动设备也作为协同客户端的一种，以便为虚拟场景对地理问题的研讨提供更多的现场支持。

第二，地理协同的流程的研究。在协同虚拟地理研讨室中，众多协同方式之间通过何种方式组合可以达到最优的研讨效果，以何种方式设计研讨流程以达到最优的感知效果，都是需要深入的，甚至需要其他学科如心理学的支持。

第三，协同方式下的空间数据挖掘。空间数据挖掘已经成为数据挖掘中一个重要的研究方向。协同虚拟地理研讨室中由数据、信息到知识、智慧的层次的升华，其中一个主要的途径就是在协同环境下进行空间数据挖掘，但这种数据挖掘方式已经有别于传统的空间数据挖掘，同样是需要重点研究的问题。

参考文献

龚建华，林珲. 虚拟地理环境一在线虚拟现实的地理学透视. 北京：高等教育出版社，2001.

马蔼乃. 地理科学导论. 北京：高等教育出版社，2005.

马蔼乃. 地理科学与地理信息科学论. 武汉：武汉出版社，2000.

马蔼乃. 地理系统工程. 北京：高等教育出版社，2006.

马蔼乃. 地理信息科学. 北京：高等教育出版社，2006.

马蔼乃. 动力地貌学概论. 北京：高等教育出版社，2008.

马蔼乃. 理论地理科学与哲学. 北京：高等教育出版社，2007.

马蔼乃. 论地理科学的发展. 北京大学学报：自然科学版，1996，32 (1).

马蔼乃. 钱学森论地理科学. 中国工程科学，2002，4 (1).

马蔼乃. 天地信息一体化网络系统及其应用. 北京大学学报：自然科学版，1998，34 (4).

钱学森，戴汝为. 论信息空间的大成智慧——思维科学、文学艺术与信息网络的交融. 上海：上海交通大学出版社，2007.

钱学森，等. 论地理科学. 杭州：浙江教育出版社，1994.

钱学森. 钱学森给马蔼乃的信. 北京：国防工业出版社，1997.

史美林，向勇，伍尚广. 协同科学-从“协同学”到CSCW. 清华大学学报：自然科学版，1997，37 (1).

赵沁平. DVENET分布式虚拟现实应用系统运行平台与开发工具. 北京：科学出版社，2005.

Carlsson C，Hagsand O. DIVE-a multi-user virtual reality system// Proceedings of the IEEE Virtual Reality Annual International Symposium，1993.

Greenhalgh C，Benford S. MASSIVE：a distributed virtual reality system incorporating spatial trading// Proceedings of the 15th International Conference on Distributed Computing Systems，1995.

Macedonia M R，Zyda M J，Pratt D R，et al. NPSNET：a network software architecture for large scale virtual environments. Presence，1994，3 (4).

Manninen T，Pirkola J. Comparative classification of multi-user virtual worlds. http：//www. tol. oulu. fi/～tmannine/game_design/multi-user_virtual_worlds. pdf.

第五章　其他科学部门与现代科学技术体系

第一节　建筑科学与现代科学技术体系研究*

一、建筑科学大部门的提出

1996年6月12日，钱学森在一封信中，谈到一本关于山水城市的书的时候说：不久前（6月4日下午）我同这本书的两位主编（鲍世行和顾孟潮）面谈，“那天我们谈得很开心”兴奋之情跃然纸上。

当天谈了什么问题，致使钱老如此开心呢？他在这封信中说：“我们想到可能要确立一门新的科学技术——建筑科学。”“这是现代科学技术体系中的第11个大部门。这是融合科学与艺术的大部门。”

那么，为什么要提出“建筑科学”这个科学技术的大部门呢？钱老在1996年7月14日的信中说：“提出第11大部门是强调马克思主义哲学的指导”。“现代社会主义中国要有新时代的建筑，新时代的城市。”“不能跟着洋人跑，也不能迷于中国古代皇宫、富家园林、北京四合院、江南水居。”他还说：“目前这一部门中的现实问题很多，要用马克思主义哲学来推进其解决。”

1. 现代科学技术体系是一个逐步完善的过程

在这之前钱学森曾提出过一个包括自然科学、社会科学、数学科学、系统科学、思维科学、人体科学、地理科学、军事科学、行为科学和文艺理论。10大科学部门的现代科学技术体系框架图如图5-1-1所示。这10个大部门都分别包括基础理论、技术科学和应用技术三个层次。它们又各自通过自然辩证法、唯物史观、数学哲学、系统论、认识论、人天观、地理哲学、军事哲学、社会论（后来称人学）和美学10座桥梁通向马克思主义哲学。

2. 钱学森现代科学技术体系思想发展过程的追溯

早在20世纪70年代末80年代初，钱学森就开始思考和研究现代科学体系思想。在这之前，学术界是按数理化，天地生等传统分类法，来进行学科分类

---

* 本节执笔人：鲍世行，中国城市科学研究会。

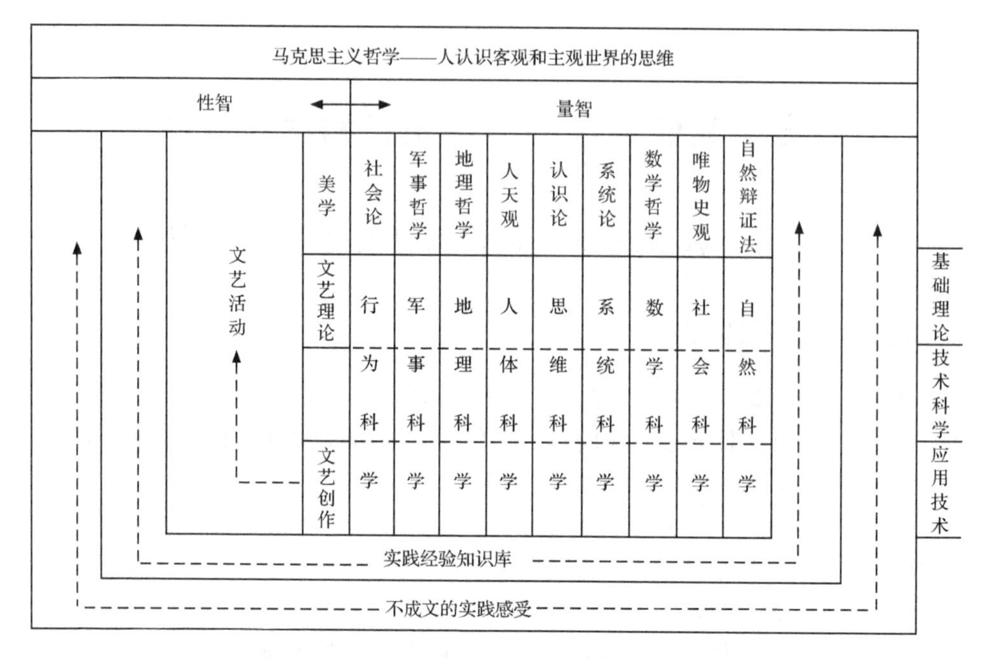

图 5-1-1　1993 年钱学森手绘，1995 年修改的现代科学技术体系构想图

的。但是，随着科学技术的迅猛发展，新兴的学科不断涌现，这种学科分类的方法已经远远不能适应学科发展的需要了。钱老在总结近代科学的普遍规律时指出，一定要突破长期以来科学家中间的还原论思想。什么是还原论思想呢？这就是长期以来人类开展科学研究的指导思想，特别是西方的传统观念：认为认识一个问题，就要认识它的各个部分；如果你认识了各个部分，就等于认识了全部。但是，钱老继承和发扬了中国古代哲学，特别是《易经》等著作的精华——整体观，同时在总结了半个世纪以来社会主义建设的经验，吸取现代科学技术，特别是系统科学的最新成果的基础上，强调“要从整体上考虑并解决问题”，也就是要在“整体论”、“系统论”的思想基础上来研究和解决问题。钱老认为“科学必须能够相互联系起来，构成一个体系。……整个现代科学技术要连成一个整体。”他的出发点是“建立起一个科学体系，并运用这个科学体系去解决中国社会主义建设中的问题。”

1982 年以前，钱学森在谈到科学技术体系时，是把现代科学技术划分为自然科学、社会科学、数学科学、系统科学、思维科学和人体科学 6 个大部门后，这个框架逐步发展。

军事科学作为科学技术部门提出。在 1986 年的一篇文章中，钱学森说：“后来发现这还不够，忘了我们这些穿军装的了，把军事科学忘了。……军事科学到马克思主义哲学的桥梁是军事哲学。”

文艺理论作为科学技术部门提出。钱老又说：“文艺作品不是科学。但是，研究文艺的文艺理论是科学。文艺理论到马克思主义哲学的桥梁就是美学。”

行为科学作为科学技术部门提出。钱老还说：“今年初，我发现这八门科学、八个桥梁还是不够，发现还有个行为科学。……马克思主义行为科学到马克思主义哲学的桥梁，如果暂时取不出更好的名称，就叫它社会论。”

地理科学作为科学技术部门提出。1986 年，在第二届全国天、地、生学术讨论会上，钱学森又正式提出地理科学作为科学技术的一个大部门。这样与自然科学、社会科学、数学科学、系统科学、人体科学、思维科学、军事科学、行为科学，还有文艺理论科学并列，就形成 10 个现代科学技术大部门的框架。

3. 建筑科学作为科学技术大部门提出的过程

从上述论述中可以看出，随着实践和认识的发展，这个现代科学技术体系是会发展的，而建筑科学作为第 11 个大部门的提出是现代科学技术体系发展的一个新的高度。

1996 年 6 月 4 日以前，钱老在构想现代科学技术体系时一直把建筑包括在文学艺术之中。1982 年钱老说：“我曾在谈到科学技术的体系时，把现代科学技术划分为 6 个大部门：自然科学、社会科学、数学科学、系统科学、思维科学和人体科学，扩大了传统的科学体系。与这相似，我想文学艺术也有 6 个部门。”钱老认为，这 6 个文学艺术大部门是小说杂文、诗词歌赋、建筑艺术、书画造型艺术、音乐和综合性艺术。在说到建筑艺术时，钱老认为：“另一个文学艺术的大部门是建筑艺术，我想这不宜只包含土木构筑，还应把环境包括在内，也就是园林艺术，它们本来是一个整体，不能分割。……因此这个部门应该称为建筑园林。”1984 年钱老把技术美学和园林艺术包括在文学艺术内。1986 年钱老又把烹饪和服饰美容包括在文学艺术之内。1987 年，钱老又增加了书法，这样文艺就有了 11 个部门。

总之，从 1982 年以来，不管把文学艺术分成多少个部门，钱老都是把建筑和园林包括在文学艺术这个大部门之内的。

至于城市规划和城市学，在 1996 年以前，钱老都把它们分别划入地理科学的应用技术和应用理论层次。

综上可以看出，把建筑、园林与城市三个部分作为建筑科学从现代科学技术体系中的第 11 个大部门独立出来，确实是认识上的一大飞跃。它对于建筑科学理论体系的建立具有巨大的推动作用。如图 5-1-2 所示。

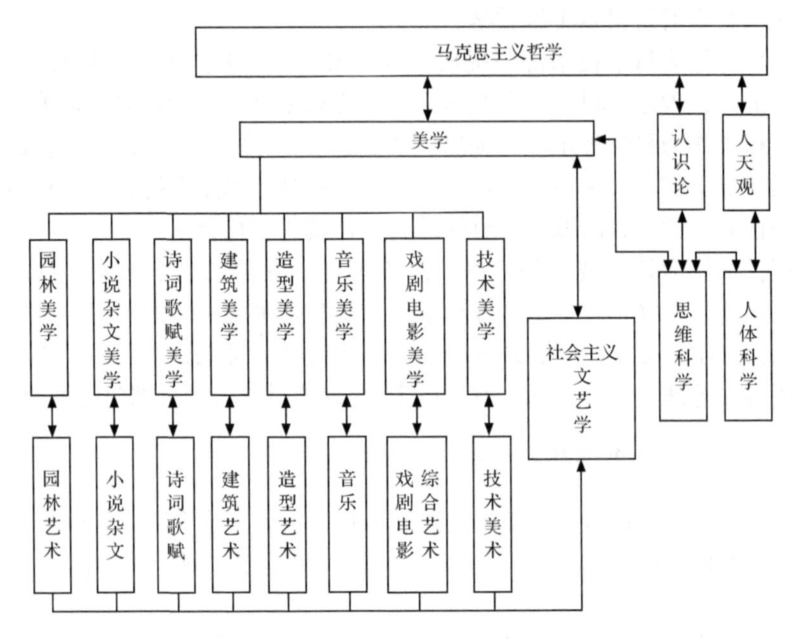

图 5-1-2　马克思主义的、科学的美学结构图

4. 建筑科学作为科学技术大部门提出后反应强烈

建筑科学作为现代科学技术体系的第 11 个大部门提出以后，引起建筑界、城市规划界、园林界广大学者的关注和兴趣，反应十分强烈。学术界举行了多次研讨会，热烈讨论相关问题。各学科从本学科的观点出发，畅谈了对这些问题的不同看法，极大地推动了学科的发展。不少城市结合各自的具体情况设课题，开展调查研究，总结经验、规划未来，并且落实到城市建设中。媒体对这些问题也作了广泛的报道和宣传，不仅见诸报纸、杂志，而且电子媒体也作相应报道，中央电视台“百家讲坛”、中央人民广播电台“专家热线”都播出了相关的节目。

对于这些情况钱老十分关注。有一次我在播出节目后向他写信反映：在节目播出过程中，不时有受众打来电话参与讨论，说明这些崭新的概念正在逐步地为广大群众所接受，产生深刻的影响。同时，由于钱老的巨大威望，也正在推进社会各方面对学科的理解和认同，使专家的研究与群众的实践广泛地结合起来……。钱学森教授收到信后，立即回信说：经过大家的共同努力，山水城市及建筑科学的确受到重视。这是我深有体会的：早先些时候我曾提出要建立地理科学大部门，并列于自然科学、社会科学、数学科学、系统科学、思维科学、人体科学、军事科学、行为科学与文学艺术 9 大部门，形成现代科学技术体系的 10 大部门，但除了少数人之外，反应不很强。但这次提出建筑科学大部门却引起大家的支持，山水城市也如此。什么原因？这是我们该好好反思的。

我想可能有两方面原因：

① 居室及工作环境是人们都有日常体会的。您信中说的群众对您广播讲话的反应不就这样吗？而地理环境却不是群众都有切身体会的。

② 从科学大部门来看（这是学者们重视的）地理科学只是自然科学与社会科学的交叉结合，而建筑科学则是自然科学、社会科学和美术艺术的三结合，更复杂高超！

二、建筑科学大部门学科体系的构架

提出建筑科学这第 11 个现代科学技术的大部门，就有必要增补现代科学技术体系框架的图表。1996 年 11 月 6 日《人民日报》发表钱学敏“钱学森论科学思维与艺术思维”一文时，披露了钱学森教授增补完成的现代科学技术体系框架的构想图。如图 5-1-3 所示。

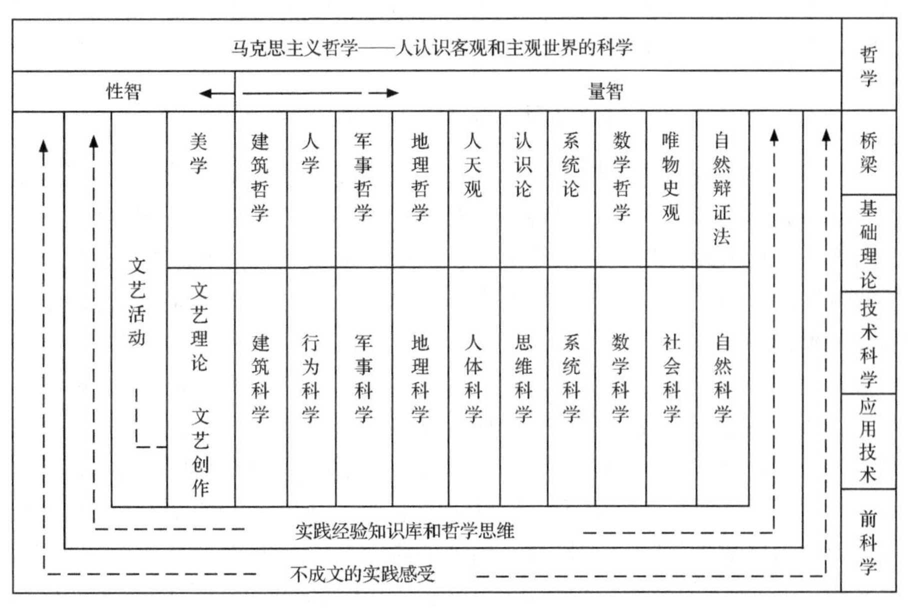

图 5-1-3　现代科学技术体系构想图

此图系 1993 年钱学森绘，1995 年略作修改，1996 年增补

认真研读这些内涵十分丰富，意义十分深刻的图表，我们可以体会到：

1. 钱学森对建筑科学给予充分的重视

现代科学技术体系的建立是伟大的创新行动。钱学森早在 20 世纪 80 年代中期的一次座谈会上就说过：“我上面讲的整个知识体系的结构大大超出传统的知识分类法，是经典著作中没有的，是不是‘离经叛道’啊？离经的罪名可能逃不了了，因为‘书’上没有呀，但我自以为不是叛道，是根据马克思主义的普遍原理阐释与发展的。”

钱老把建筑科学与自然科学、社会科学等部门并列，作为第 11 个大部门列入现代科学技术体系框架，具有深远意义。

钱老建立了现代科学技术体系这个平台，并架起了众多桥梁，让各学科联系起来，这样各学科之间的就有了学术交流和学科交叉的场所。对于建筑科学来说，这种极为广泛的联系，过去是不可能想象的。有了这种学科之间的联系和交叉，就会产生火花，产生新的思想，从而促进学科的发展。这种联系的桥梁跨度越大，促进学科发展的价值也就越大。

钱老把马克思主义哲学（辩证唯物主义），放在现代科学技术体系框架金字塔的塔尖，并且架起了 11 座桥梁，用这些部门哲学和 11 个科学大部门联系起来。对于建筑科学来说，就是用建筑哲学和马克思主义哲学联系起来，这就使马克思主义哲学深深地扎根于建筑科学之中，用马克思主义哲学指导建筑科学的发展，解决建设实践中发生的众多问题。

2. 将建筑科学列入现代科学技术体系框架绝非偶然

在思考和构建现代科学技术体系中，钱老经过深思熟虑，最后提出了建筑科学这个学科大部门，把它和自然科学、社会科学等部门并列在一起，作为 11 个大部门之一，列入现代科学技术体系中，这绝不是偶然的。我想这主要是由建筑科学的性质决定的，因为“建筑是科学的艺术，也是艺术的科学”。它是融合了科学与艺术的一个部门。

从现代科学技术体系框架图来看，右侧的学科，如自然科学、社会科学、数学科学、系统科学、思维科学、……都是以科学技术为主，而左侧的学科“文学艺术”，又是以文化艺术为主。那么，它们之间的学科究竟是什么呢？对于这一点钱老经过了长期的思考。对于一个科学家来说，对图中右侧的学科都是比较熟悉的，理所当然地首先提出的是这些相关的学科，对于左侧“文学艺术”学科，钱老又提出：“文艺作品不是科学，但是研究文艺理论是科学”的论断。钱学森在完成 10 个大部门的“现代科学技术体系结构图”以后，最后把“建筑科学”作为一个大部门提出，使现代科学技术体系相对更加完整了。它的提出使现代科学技术体系发展达到了一个新的高度。现代科学技术体系的建立是科学技术发展历史上的一项具有里程碑的重大成果，而建筑科学是科学技术体系中闪烁着熠熠光辉的结晶。

3. 建筑科学是科学与艺术相融合的一个大部门

“这一大部门学问是把艺术和科学揉在一起的，建筑是科学的艺术，也是艺术的科学。”钱老借鉴熊十力先生关于把人的智慧分为“性智”和“量智”的观点，把人类全部科学技术知识分成“性智”和“量智”两个部门。其中，文学艺术理论和文学艺术创作属“性智”，而其他 9 个部分则属“量智”。现在他把建筑科学置于“性智”与“量智”之间，可能也是基于上述出发点。

从钱老绘制的上述现代科学技术体系框架图中可以看出，钱老认为科学技术侧重于“量智”，文学艺术侧重于“性智”，它们又是互相联系的。“量智”着重把握从局部到整体，从量变到质变所获得的知识；“性智”着重把握整体的感受，从事物的质上入手去认识所获得的知识。钱老说：“我们对事物的认识，最后目标是对其整体及其内涵（包括质与量）都充分理解。”因而，应是“性智”、“量智”兼备，但要特别注意不应该忽视“性智”。他强调说：“大科学家尤其要有性智”。

从思维方法来看，“量智”侧重于逻辑思维，即具体分析事物的各个部分、各个层次、各个方面，加以严格的逻辑推理，去把握事物的整体，而“性智”则侧重于非逻辑思维，即通过直观感受、灵感、潜意识等，运用形象思维去领会，形成对事物的整体认识。这两种思维方式在科学与艺术活动中虽然有所侧重，但在认识过程中，往往交织在一起，互相促进。因而，只注意逻辑思维、埋头于细节，易犯机械、片面的毛病；只注意非逻辑思维，则易犯主观、表面、抓不住本质的毛病：要善于自觉地把它们结合起来。

钱老在讲到“建筑是科学的艺术，也是艺术的科学”时说：“所以搞建筑是了不起的，这是伟大的任务。我们中国人要把这个搞清楚了，也是对人类的贡献。”

4. 建筑科学也有基础理论、技术科学和应用技术三个层次

钱老说过：“由于人认识客观世界是为了改造客观世界，我们划分层次可以按照是直接改造客观世界，还是比较间接地联系到改造客观世界来划分……。”

“这就是理论的层次——基础理论层次，直接改造客观世界的工程技术——应用技术层次和介乎这两者之间的技术科学层次。”

关于建筑科学内部的三个层次的组成，钱老在 1996 年 6 月 4 日接见我们时就提出，第一层次是真正的建筑学，第二层次是建筑技术性理论，第三层次是工程技术。钱老的这次讲话为建筑科学体系的架构奠定了基本格局。

5. 建筑哲学是建筑科学通向马克思主义哲学的桥梁

所谓桥梁，有两层意思：一方面是现代科学技术大部门要在马克思主义哲学

的指导下，也就是要用科学的世界观和方法论去认识世界、改造世界，并在实践中检验我们理论的正确性，从实际出发，实事求是地发展现代科学技术；另一方面，钱老认为：马克思主义哲学是“人认识客观和主观世界的科学”，它是“人类一切实践经验的最高概括”。马克思主义不是无源之水、无本之木，它是扎根于科学技术中的，是以人的社会实践和科学技术的发展而不断发展的。所以，各个科学技术大部门的发展，也会通过这些哲学桥梁的总结，提升丰富、发展马克思主义哲学，使马克思主义成为鲜活的科学。

钱老说：“真正建筑哲学应该研究建筑与人、建筑与社会的关系。”“建筑哲学就是要用马克思主义的世界观和方法论来认识建筑，是要用辩证唯物主义和历史唯物论的观点和方法来看待问题，是要解决为谁服务的根本问题。”

钱学森先生是一个自觉的马克思主义者，即使在有人回避马克思主义，甚至否定马克思主义，并以此作为时尚的时候，他仍然坚定地坚信马克思主义，自觉地学习马克思主义，自觉地运用马克思主义。

关于钱老学习马克思主义的过程，他在 1996 年 6 月 4 日，接见我们时谈过：“我回国后一直忙于工作，没有时间深思，也没有考虑知识体系的问题，倒是‘文化大革命’给了我很大的促进。‘文化大革命’使我认识到，不懂社会科学不行，不懂马克思主义哲学也不行。我就自学了一点。学了以后，就觉得马克思、恩格斯、列宁讲的这些话对从事科学技术工作确实有启发指导作用。从那以后，我就把自然科学、社会科学联系起来，从整个科学技术体系的角度来看问题。这就是解放思想。要多向各行各业专家请教，和你们讨论也是如此。”

6. 科学技术是不断发展的，科学技术的体系绝不是一成不变的

从现代科学技术体系构想图中（图 5-1-4），我们还可以看出，在科学技术的层次中还应有“前科学”的层次，它包括了“不成文的实践感受”，它将再上升为“实践经验知识库和哲学思维”。它们是科学技术发展的基础和前提。

钱学森同志认为：人从实践中认识到很多东西，其中有些东西还没有进到科学的结构里面去，是经验。……我们谈信息，或者说知识，说人类的精神财富，包括两大部分：一部分是现代科学体系；还有一部分是不是叫前科学，即进入科学体系以前的人类实践的经验。

钱老还说：“我们又要清楚地认识到不能纳入现代科学技术体系的知识是很多很多的，一切从实际总结出来的经验，即经过整理的材料，都属于这一大类。我称之为‘前科学’，即待进入科学技术体系的知识。”“科学技术的体系绝不是一成不变的，马克思主义哲学也在不断充实、发展、深化。……人认识客观世界的过程：实践—前科学—科学技术体系。所以我们决不能轻视前科学（经验科学），没有它就没有科学的进步，但也决不能满足于经验总结出来的科学而沾沾

自喜，看不到科学技术体系还要改造和深化，因此要研究如何使前科学进入科学技术体系。”

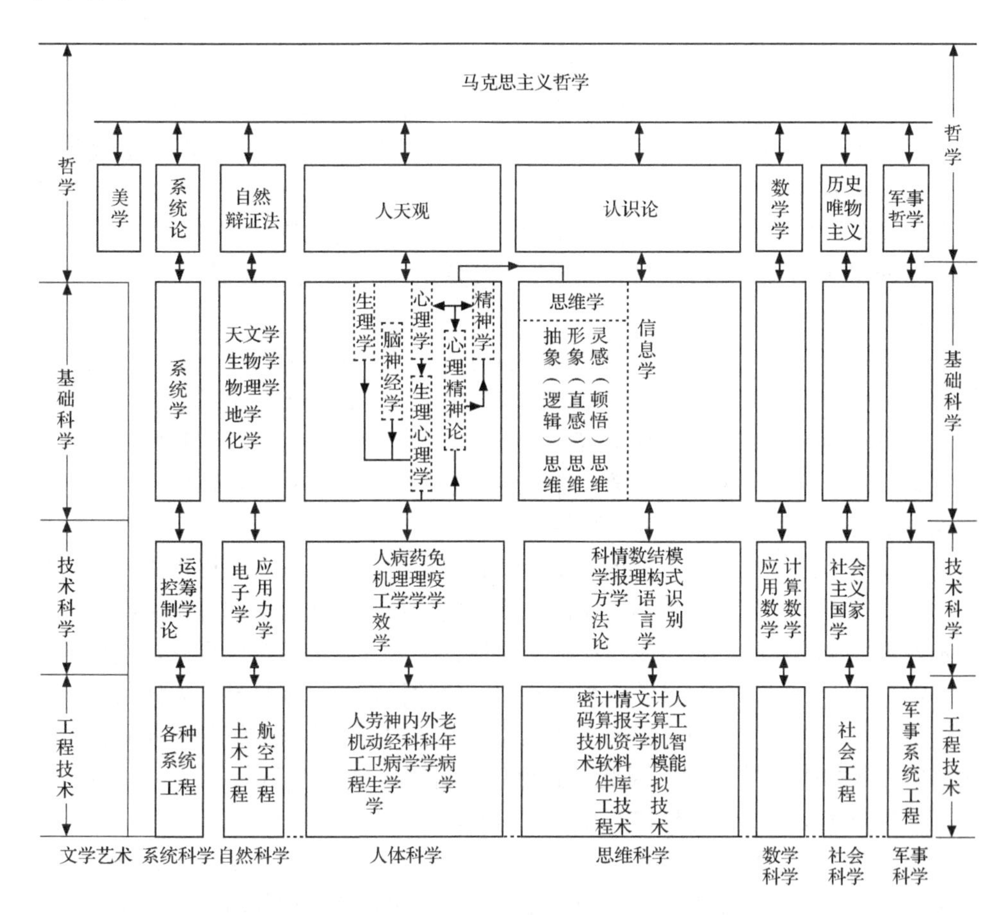

图 5-1-4　现代科学技术体系构想（1986）

7. 建筑科学的层次划分

1998 年 5 月钱学森在一封信中说：“我近日想到的一个问题是如何把建筑和城市科学统归于我们说的‘建筑科学’，……。我建议‘城市科学’改称为‘宏观建筑’（macroarchitecture），而现在通称的‘建筑’为‘微观建筑’（microarchitecture）。”同时，钱老在讲到园林时也多次把它和城市与建筑联系在一起。他说过：“它们本来是一个整体，不能分割”。因此，钱老所称的“建筑科学”实际上包括了城市、建筑和园林三个部分。

至于建筑科学的层次划分，钱老在 1996 年 6 月 4 日接见我们时说：“我们是不是可以建立一门科学，就是真正的建筑科学，它要包括的第一层次是真正的建筑学，第二层次是建筑技术性理论包括城市学，然后是第三层次是工程技术，包括城市规划。”对于第一层次，即基础理论的层次，钱老把它称之为“真正的建筑学”。既然称为“真正的建筑学”，它当然是一门年轻的学科，这就给我们提供了广阔的探索空间。由于建筑科学包括了城市、建筑和园林三个部分，它理所当然地应该包括真正的建筑学、真正的城市学和真正的园林学三个部分。

1996年9月钱老在一封信中曾说过：“对建筑科学，其基础理论层次的学问，可以是多门学问，不必限于一门学问，例如在自然科学这另一大部门，其基础理论层次就有物理学、化学、生物学、……所以，在建筑科学这一大部门，其基础理论层次，也可以有多门学问；广义建筑学当然可以是其中之一。此意请酌。”

对于这三门学科的总称，我设想可否称为“人居环境科学?”钱老在接见我们的当天说：“建筑真正的科学基础要讲环境等。这个观点要好好地学，思想才真正开阔。”钱老1996年9月15日给笔者的一封信中也曾说过：“我们要用马克思主义哲学来指导，用建筑科学来建立21世纪社会主义中国人居环境!”可见，建筑科学的中心内容是研究人居环境。

那么，真正的建筑学，真正的城市学和真正的园林学（或许可称为广义建筑学，广义城市学、广义园林学）应该包括哪些内容呢？作为基础理论层次，它当然是理论性比较强的。它作为广泛吸纳其他科学大部门的综合性理论，应该是建筑科学与自然科学、社会科学、系统科学、数学科学、思维科学、人体科学、行为科学、军事科学、地理科学和文艺之间的交叉学科。它是建筑科学与其他科学大部门相通的横向的桥梁。因此，必然涉及建筑与人、建筑与社会、建筑与自然、建筑与文化、建筑与科技等相关的内容。

钱老强调科学是一个整体，它们之间是互相联系的，而不是相互分割的。钱老是从现代科学技术体系的全局和整体来理解建筑科学，把建筑科学置于现代科学技术体系的全体之中，强调了它们之间的必然联系。这样建筑科学就不再是一个孤立的与其他大部门割裂的部门。由于广泛汲取其他大部门的学术成果，使建筑科学成为生气勃勃的学科，必然会促进建筑科学这个大部门的发展。

建筑科学在现代科学技术体系中的建立，确定了它在体系中的地位，明确了上下左右的关系，这就有利于学科之间的相互借鉴，促进其发展。

当然，交叉学科的建立与发展，需要相关学科的共同努力，而不仅是建筑科学一家的任务了。

上海同济大学陈秉钊教授编写的《城市规划系统工程学》一书把系统分析的方法运用于城市规划，在这方面做了有益的尝试。如果把系统科学与城市学嫁接，并做理论上的阐述，就可以建立城市系统学（或称系统城市学）。同样，思维科学、行为科学……都可以与城市学嫁接，当然更不用说地理科学和文艺了，甚至军事科学也与城市学有密切的关系，过去有一门城市防卫学，专门研究城市中的作战等问题。那么，在现代战争下，情况又将会怎么样呢？这些都值得研究。

以上关于建立建筑科学基础理论学科的想法还很不成熟，这里提出来，向大家请教。

对于建筑科学的第二层次，即技术科学层次，应该包括建筑技术性理论，如城市学、建筑学、园林学等。技术科学层次的学科是工程技术的理论基础。钱学森十分重视理论的建设，早在 1985 年 8 月，他就提出关于建立城市学的设想，以后又与不少学者、专家共同探讨关于城市学的问题。我们在“钱学森建筑科学思想的由来与发展”一文中，把钱老的城市学研究总结为六个特点：

① 强调理论探索的重要性。

② 强调必须用马克思主义的哲学来指导城市学的研究。

③ 强调研究城市要用系统科学的观点和方法。

④ 重视研究城市发展中出现的新事物和新问题。

⑤ 重视借鉴国外的经验，走出一条中国自己的城市建设道路来。

⑥ 重视对未来城市的探索。

对于建筑科学的第三层次，即工程技术层次，包括建筑设计，城市规划设计、市政工程设计（道路、桥梁、给水、排水、煤气、热力、供电、电信……）和园林设计等。现在建筑、城市和园林等专业的学生，在学校里学习技术与艺术的知识和技巧的相关学科大多属于这一层次。

三、钱学森建筑科学思想研究的历程

在 20 世纪 90 年代，建筑界和城市规划界对“建筑科学”开展了热烈讨论，其中有三次高潮，值得注意。第一次是 1991 年以后的讨论城市学的高潮，第二次是 1992 年以后的讨论山水城市的高潮，第三次是 1996 年以后的讨论建筑科学的高潮。

第一次高潮是由于在 1991 年 4 月 27 日《科技日报》头版“科学家书简”栏目，刊出了钱学森和鲍世行的通信，在这封钱老给中国城市科学研究会副秘书长鲍世行的信中，再一次提出要建立城市学的问题。钱老在信中说：“你们城市科学研究会要研究全部有关城市的问题。……但应当有个牵头的理论学科，不然怎么汇总？”“这门理论学科是我以前提出的‘城市学’”。这封信被《中国建设报》等众多报刊转载，影响极为强烈。1992 年 2 月和 3 月，中国城市科学会与北京城市科学研究会先后举行了两次关于建立城市学的座谈会，一场探讨建立城市学的热潮就此轰轰烈烈地开展起来了。在关于城市学的讨论中，钱学森先生提出了很多真知灼见。他认为：城市学是城市科学的理论基础。它是一门研究城市整体功能和发展的学问。他还认为：城市是变与不变的统一，这就是城市的功能，是比较不变的，而城市又一定要随着科学技术的发展、生产力的发展和社会的发展而发展。所以，一座有特色的城市或者一栋建筑，不是拆了另建，而是应该保护外部，用科学技术改造内部，做到现代化。钱老认为：城市是开放的复杂巨系统，而处理开放复杂巨系统的唯一有效的方法就定性定量相结合的综合集成方法。

第二次高潮是由于钱老在 1992 年 3 月以后，分别给吴翼、王仲、顾孟潮等去信讨论山水城市而引起的。随后，在 1993 年 2 月 27 日，由钱学森提议召开了山水城市讨论会。讨论会由中国城市科学研究会、中国城市规划学会等单位联合主办，参加会议的有城市科学、城市规划、建筑、园林、地理、旅游、美术、雕塑、文学等方面的专家、学者和作家、媒体工作者五十余人。会上宣读了钱老的书面发言，“社会主义中国应该建山水城市”。会议探讨理论，介绍实例，这次多学科、多方位的讨论获得了很大的成功。会后不少城市列专题开展研究、进行专题规划、召开论坛、讨论会，一场探讨 21 世纪社会主义中国人居环境的高潮就这样开始了。山水城市是建筑科学中的核心问题之一，它关系到人们的生活、生产环境，因而备受人们的关注，它的讨论影响面最广、持续时间最长、研究问题也最深入。

1996 年 6 月 4 日钱学森先生在会见我们时，正式提出建筑科学，作为一个大部门与其他十个大部门并列于现代科学技术体系之中，这就使讨论更加引申了一步，从技术层面引向理论体系的层面。这就是建筑科学讨论的第三次高潮。建筑科学作为一个科学技术大部门的建立，使它与其他大部门之间建立了“桥梁”，加强了学科之间的联系。特别是与马克思主义哲学之间建立了建筑哲学这座桥梁，可以接受马克思主义的指导，解决当前建设中存在的问题，因而具有深刻的意义。

第二节　钱学森与现代军事科学*

钱学森是国内外享有崇高声誉的著名科学家。他自 1955 年 10 月克服种种阻挠和困难，返回祖国后的半个多世纪以来，全身心地投入发展包括国防科技在内的中国现代诸多领域科技事业。他领导和参与研制“两弹一星”的成功，只是他卓越贡献之一，他给予国家和人民更广泛、更深邃、更美好、更久远的是他睿智的创新思维、执著的探索精神、渊博的科学知识、高尚的品德情操。他对事业鞠躬尽瘁；他视荣誉淡如浮云；他做学问一丝不苟；他待后生真诚扶掖；他对未来

* 本节执笔人：糜振玉，军事科学院。

充满信心。1991 年 10 月 16 日，为表彰钱学森对祖国和人类在科学事业上所做的特殊贡献，国务院、中央军委决定授予钱学森“国家杰出科学家”荣誉称号和一级英雄模范奖章。钱学森成为 20 世纪我国科学界唯一获此殊荣的科学家。江泽民赞誉他是“人民科学家”。

钱学森是我最崇敬的师长，他的道德学问，他的榜样作用，激励着我努力去做好军事科学研究工作。在这里，我主要依据个人的了解，谈谈钱学森对现代军事科学学科建设和军事科学体系构建所作出的贡献。

一、深刻地诠释了军事科学的意义，提出“要用现代科学技术来研究战争规律，研究战争这门科学”

关于军事科学（亦称军事学）的意义，钱学森指出，战争是一门科学。他认为“战争是由许多部分构成的不可分离的有机整体。在人类全部的社会实践中，没有比指导战争更强调全局观念、整体观念，更强调从全局出发，合理地使用局部力量，最终求得全局最佳效果的了。”① 他还说打仗不仅受地势、气候等条件的限制，而且敌我双方是敌对的，谁也不知道对方的情况，知道一些又不都知道，“所以打仗就是在限制条件下，敌对双方并不完全了解对方全部情况下进行的。”② “战争问题尽管很复杂，但它也是客观世界的现象，因而也是有规律的，是可以被认识并掌握的，这就是战争的科学。”对于现代军事科学，钱学森同志说：“由于科学技术的发展，新的武器、装备不断涌现，改变了战争的客观环境，这就要求军事指挥家的思想必须跟上战争环境的变化，总结、提炼出新的规律，否则就是危险的，要打败仗的。”③ 他指出：“我们要用现代科学技术来研究战争的规律，研究战争这门科学，这就形成了现代军事科学。”④ 这里需要指出的是，“要用现代科学技术来研究战争的规律”，据我所知，在此之前，还没有人提出过。我理解，钱学森提出了一个军事科学研究要与现代科学技术相融合的新观点。对“现代军事科学”的形成，有着重要的指导意义。

钱学森还特别强调：“军事科学有广泛的意义”⑤。军事科学来源于打仗，但它研究的对象不只是打仗，经济的竞争、科研里面的策略、国际贸易的商谈、外交斗争等，都是有对抗的，都是“打仗”，只不过是打“文仗”。他说“搞研究工

---

① 钱学森. 工程控制论（新世纪版）. 上海：上海交通大学出版社，2007：20.

② 钱学森. 作战模拟是一门重要科学技术//作战模拟的研究与应用. 北京：军事科学出版社，1987：9.

③ 钱学森. 我国今后二三十年战役理论要求考虑的几个问题//通向胜利的探索（上）. 北京：解放军出版社，1987：63，64.

④ 作战模拟的研究与应用. 北京：军事科学出版社，1987：12.

⑤ 作战模拟的研究与应用. 北京：军事科学出版社，1987：13.

作的，思想也要开阔一些。所以，在这里我要把军事科学的意义展开一下，实际上它的意义已超出了军事范畴。现在人类已经进入到这样一个历史阶段，即人类的斗争是非常复杂的，除了军事上斗争，还包括政治的、经济的、民族的、社会的等，各种斗争无不与军事科学思想有关。……这样说来，所谓军事科学就是斗争的科学，除了用兵器之外，还有许多‘斗’的手段。……作为学问，我们要看到军事科学理论的许多东西可以用在其他方面。所以，军事科学是很重要的一门学问，可以说，我们建国就离不开军事科学。”“军事科学的意义，当然对国防建设是非常重要的，但是军事科学的意义不限于仅仅是国防建设。对于社会主义的物质文明建设，对于社会主义的精神文明建设，对于我们实现四个现代化都具有重大意义。”[①] 因而他主张：“真正用全部军事科学的方法，用于打多种文仗，把军事科学也作为学习‘领导科学’的一门必修课，使领导者高瞻远瞩，雄才大略，作用将是很大的。”[②] 军事科学是“领导科学”的重要组成部分，也是钱学森首先提出的。对于军事科学的重要意义，他与我们专门研究军事科学的人相比，想得更多、理解得更深，诠释得更透彻。

二、促进现代军事技术科学的建立与发展

1. 组织领导火箭、导弹、人造卫星的设计、研制和发射、测控，促进中国军事航天学科群的建立与发展

钱学森于 1955 年 10 月回到祖国，立即投入到新中国建设的热潮中。1956 年 1 月，钱学森用不到 3 个月的时间，领导组建了中国科学院力学研究所，并担任所长。同年 2 月，在周恩来总理的鼓励和支持下，他起草了《建立我国国防航空工业的意见书》，为我国火箭和导弹技术的创建和发展提供了极为重要的实施方案。3 月，钱学森担任新中国第一个《科学技术发展远景规划纲要（1956—1967）》综合组组长，主持起草建立喷气和火箭技术项目的报告书，为推动新中国科学技术、国防工业发展起到了重要作用。同时，他受命负责组建我国第一个火箭、导弹研究机构——国防部第五研究院。10 月，钱学森任国防部五局第一副局长、总工程师兼第五研究院院长，担负起新中国导弹航天事业技术领导工作的重任。研究院成立之初，在组建液体导弹研制队伍的同时，钱学森预见性地组织科技人员探索固体复合推进剂，为后来研制固体火箭发动机和固体地地战略导弹打下了良好基础。

1957 年，钱学森随聂荣臻元帅访问苏联回国后，遵照党中央提出的国防工

---

① 作战模拟的研究与应用. 北京：军事科学出版社，1987：14.

② 作战模拟的研究与应用. 北京：军事科学出版社，1987：12，13.

业发展方针，突出抓了技术消化、科研协作和制度建设等工作，参加了导弹、卫星发射试验基地勘察选址，负责运载火箭、人造卫星以及卫星探测仪器的设计、协调及研究机构建立等工作。中苏关系破裂后，他团结带领科技人员艰苦奋斗，联合攻关，依靠我国自身力量，实现了导弹武器研制试验一系列重大突破。1960 年 2 月，钱学森指导设计的我国第一枚液体探空火箭发射成功。同年 11 月，他协助聂荣臻同志成功组织了我国第一枚近程地地导弹发射试验。1964 年 6 月，钱学森作为发射场最高技术负责人，同现场总指挥张爱萍同志一起组织指挥了我国第一枚改进后的中近程地地导弹飞行试验。

1965 年 1 月，钱学森任第七机械工业部副部长，主持制定了《火箭技术八年（1965—1972）发射规划》，组织领导地地导弹、地空导弹、岸舰导弹以及卫星研制试验等任务。1966 年 10 月，他作为技术总负责人，协助聂荣臻同志组织实施了我国首次导弹与原子弹“两弹结合”试验，把国防现代化建设向前推进了一大步。1968 年 2 月，钱学森兼任新成立的中国空间技术研究院院长，在周恩来总理等中央领导同志的支持下，他努力排除“文化大革命”的干扰，狠抓研究机构组建、工作规划、基础设施建设和卫星研制质量，指导地面发射和跟踪测量系统建设。1970 年 4 月，他牵头组织实施了我国第一颗人造卫星发射任务，成为新中国科技发展史上的一座重要里程碑。

1970 年 6 月～1987 年 7 月。钱学森先后担任国防科学技术委员会副主任、国防科工委科学技术委员会副主任，担负起国防科学技术领导工作。1971 年 3 月，组织完成“实践一号”卫星发射试验，首次获得我国空间环境探测数据，为我国研制应用卫星、通信卫星积累了经验。1972～1976 年，钱学森参与组织领导了运载火箭和洲际导弹研制工作，提出了建立导弹航天测控网概念；领导设计制造了我国第一艘核动力潜艇；组织启动了远洋测量船基地建设工程；指挥成功发射了我国第一颗返回式卫星，使我国成为继美国、前苏联之后第三个掌握卫星回收技术的国家。进入改革开放新时期，钱学森先后于 1980 年 5 月、1982 年 10 月、1984 年 4 月参与组织领导了我国洲际导弹第一次全程飞行、潜艇水下发射导弹和地球静止轨道试验通信卫星发射任务，为实现我国国防尖端技术的新突破建立了卓越的功勋。

正是由于钱学森在技术上组织领导火箭、导弹、人造卫星的设计、研制以及发射、探测等方面的理论与实践，促进了包括航天运载技术、航天器技术、航天发射技术、航天测控技术和航天指挥管理技术在内的中国军事航天学科群的建立与发展。人们称钱学森为“中国航天之父”，是名副其实的。

2. 倡导并指导军事系统工程和军事运筹学学科的建立与发展

军队的军事系统工程和军事运筹学学科是在钱学森的倡导和指导下建立和不

断发展的。

早在 20 世纪 40 年代，钱学森就认识到在自然科学与工程技术之间，形成了一个科学与技术紧密结合的独立的科学，即工程科学。1947 年夏，他回国探亲，就应邀在浙江大学、上海交通大学和清华大学作“工程与工程科学”的报告。1954 年，钱学森著《工程控制论》英文版出版（中文版是 1958 年由科学出版社出版），1957 年钱学森为该书获中国科学院自然科学奖而写的获奖内容《工程控制论简介》一文中指出：“工程控制论是一门为工程技术服务的理论科学。它研究的对象是自动控制和自动调节系统里具有一般性的原则，所以它是一门基础科学，而不是一门工程技术。”[①]《工程控制论》中许多章节讲的是各种系统问题。许国志、王寿云、柴本良在《论系统工程》（新世纪版）的前言中就指出，《工程控制论》有些内容大大超出了当时自动控制理论的一般研究对象，实质上是系统学的问题。

1979 年 7 月，钱学森在军队总部机关领导同志的学习会上，就以《军事系统工程》为题作了演讲。演讲中，他首先引用了恩格斯的话：“革命将以现代的军事手段和现代的军事学术来与现代的军事手段和现代的军事学术作战。”指出：“实现国防现代化，就要实现军事手段的现代化和军事科学的现代化”[②]，他演讲的主旨，就是为了如何实现军事手段现代化和军事科学现代化提供一种科学的技术和方法。

钱学森这次演讲的主要内容：

1）对军事系统工程的作用和功能进行了“定位”

在军事路线和军事战略这些根本性问题解决以后，军事系统工程就是运用现代科学方法更好地去解决贯彻军事路线、军事战略中的实际问题。他说：“讲得具体点，就是利用现代科学技术的新成果来帮助搞好新武器研制、参谋业务、组织指挥、后勤业务和军事学研究的问题。”“所谓现代科学技术新成果特别是指运筹学的发展和电子计算机的发展。由于这两大发展带来了一大类组织管理技术的迅速成长，也就是各种系统工程的成立和各方面的应用。与军事直接有关的一门系统工程就是军事系统工程。”[③] 专门解释了为什么用“工程”两字，这是因为“工程，这个词最先出现时（18 世纪），专指战争兵器的制造和执行服务军事目的的工程。

2）呼吁重视开展军事系统工程的研究与运用

他在论文的引言中指出，就是通过对军事系统工程的介绍，以冀引起大家对

① 钱学森. 工程控制论（新世纪版）. 上海：上海交通大学出版社，2007：293.
② 钱学森. 论军事系统工程（新世纪版）. 上海：上海交通大学出版社，2007：20.
③ 钱学森. 论系统工程. 长沙：湖南科学技术出版社，1982：20.

这项新技术的重视，从而开展这方面的工作，促进我军的现代化。他通过介绍英美两国在第二次世界大战中及以后运用军事系统工程方法解决许多军事实际难题，和当今西欧各国、日本、苏联都很重视和应用军事系统工程的实例，指出“军事系统工程方面的专业机构，已经成为现代化军队不可缺少的业务部门了”①。我军重视军事系统工程，开展军事系统工程的研究与运用，成立军事系统工程的专业机构。

3）指出运用军事系统工程能解决的主要问题

演讲详举古今中外事例说明军事系统工程运用数学理论和电子计算机技术能解决我军现代化面临的主要课题。

① 进行战术模拟。钱学森指出：“战术模拟技术，实质上提供了一个‘作战实验室’，在这个实验室里，利用模拟的作战环境，可以进行策略和计划的实验，可以检验策略和计划的缺陷，可以预测策略和计划的效果，可以评估武器系统的效能，可以启发新的作战思想。战术模拟技术，把系统工程的模型、模拟和最优决策方法引入到军事领域技术②，是参谋业务的现代化，是军事系统工程的重要课题。”

② 进行武器装备系统的设计方案论证、战术技术指标的确定与效能评估。钱学森指出，以此做到“根据国家的战略方针和战术原则，针对现有装备在未来的或现实的战争中与对方装备对抗可能出现的问题，利用科学技术的最新成就，提出发展新武器系统的建议；根据国家批准的发展新武器系统的任务，在委托的研制单位对拟议的新系统进行总体方案分析的同时，拟订出新系统的性能要求、技术规格，作为实际设计工作的依据；根据新武器系统运用的战略和战术环境，预测新武器系统对作战方式带来的影响，拟订最优的使用原则”。

③ 后勤系统的组织管理。钱学森指出，要进行战争和赢得战争，一方面必须有雄厚的物质基础，另一方面还需有一套科学的管理技术，包括各军用物资的库存、需求、消耗、性能规格、供应标准、运输等方面的数据信息和利用计算机技术进行信息处理。解决现代化后勤的组织、计划、管理工作，是军事系统工程的另一个重要课题。

④ 组织建立作战指挥体系。钱学森指出：“现代化指挥系统，是由电子计算机、指挥运算程序、通信网络、终端和各分系统之间的接口形成的体系结构。搞好这一体系结构，是复杂的系统工程。……因此必须建立一个高度集中的领导机构，利用系统工程的原理和方法，设计出一个全面统一的整体规划，全面地制订标准化与通用化计划，才能真正实现高度集中的自动化的指挥系统，是军事系统

① 钱学森. 论系统工程（新世纪版）. 上海：上海交通大学出版社，2007：22.

② 钱学森. 论系统工程（新世纪版）. 上海：上海交通大学出版社，2007：25.

工程的又一个重大课题"①。

⑤ 使用定量的方法，进行战略研究。钱学森指出，在没有产生电子计算机、模拟技术、系统工程和运筹学的理论、方法之前，一个统帅作出战略决策，主要是靠统帅个人的智慧、经验定性分析作出。所以，克劳塞维茨把军事科学称之为军事艺术。随着科学技术的迅猛发展，并运用于军事，使武器在精度、速度、射程、威力等方面发生了质的变化；装载和发射武器的平台及配套设施自动化、信息化程度大为提高；现代战争各要素之间的关系错综复杂地交织在一起，战争指挥、技术和后勤保障的难度空前增大。在这种复杂的战争环境下，仅靠战争指导者和战略指挥员个人以及参谋部门的经验、能力，单纯用定性的方法是很难迅速、正确地作出决断，必须利用计算机技术和模拟技术，采取军事系统工程的理论与方法，进行信息的搜集、处理和传输，以及用定量的方法解决战略难题。这是军事系统工程需要解决的重要课题。

钱学森在演讲中还指出："我们在前面几节中陈述了军事系统工程在参谋业务方面、在武器使用方面、在后勤业务方面、在组织建立指挥体系方面、在战略研究方面的应用，试图说明系统工程对我军现代化的重要意义。"② 提出了两点建议：第一，"应该首先考虑在我国建立必要的工作队伍，这又包括两个方面，一是在有关部门配备军事系统工程的专业人员，如在从总参谋部到各级司令部都要有专业人员，从总后勤部到各级后勤部也要有后勤系统工程的专业人员。他们都是用军事系统专业技术来加强参谋和后勤业务的。他们要与本部门的其他人员密切协同配合，共同完成上级交给的任务。""在我军设置研究和运用军事系统工程以及发展各种军事系统工程理论的专门单位。例如，在军事科学院；在各军、兵种都应该有军事系统工程的研究单位；各兵种的单位除研究战术外，还要对新武器的研制提出论证和战术技术要求。"

钱学森的这次演讲，反映了他对军队现代化面临的问题的深入了解，对解决这些问题进行的深入研究，提出并论证了军事系统工程的理论与方法是解决这些问题的重要手段，也反映了他对实现军队现代化强烈的愿望。这是他为推动军事系统工程研究而作出的重大努力。可以说，钱学森为军事科学研究开创了一个新的学科——军事系统工程。

为了普及推广系统工程知识，1980 年，钱学森在中央电视台举办的系统工程讲座讲了第一讲："系统思想与系统工程"，从古代的农事、水利工程、医疗、天文等方面到现代社会各种实践活动的系统思想和系统工程的基础理论和应用理论。

---

① 钱学森. 论系统工程（新世纪版）. 上海：上海交通大学出版社，2007：30，31.

② 钱学森. 论系统工程（新世纪版）. 上海：上海交通大学出版社，2007：33.

1989年，钱学森根据系统工程研究中遇到的问题，提出了“从定性到定量综合集成法”；1992年，钱学森又进一步提出了这种方法的运用形式——“从定性到定量综合集成研讨厅”。这些都对军事系统工程学的深化与发展起到重要作用。在中国科学技术协会、中国科学院、中国工程院、国防科工委为庆祝钱学森九十周岁寿辰而联合举办的钱学森科学贡献暨学术思想研讨会上，时任中国工程院院长的宋健同志在会上所作的学术报告中，对此作过评论：“近几年，他和他的合作者们把基础理论和现代计算机技术中的人工智能相结合，提出了处理复杂巨系统的新方法论，把理论、经验和专家判断结合起来，从定性到定量综合集成(meta-synthesis)以及‘从定性到定量综合集成研讨厅’等。这是由信息采集、处理、存储、智能专家系统和科学知识库综合集成的，以人为主、人—机结合的研究决策系统。综合集成方法为解决复杂巨系统的定量研究指出了一条可行的道路。”①

运筹学于20世纪50年代初被引入中国，在外国称为Operation Research，原意是作战研究。我国数学家许国志教授从《史记》“夫运筹帷幄之中，决胜千里之外”这一名句中，取其“运筹”两字作为这一学科的中国译名，既正确地译出了英文原意，又符合中国传统的军事文化，对这一精确的译名，钱学森和专家们都认为译得好，赞同用这译名。1956年，在钱学森、许国志教授的倡导下，中国科学院数学研究所成立了第一个运筹学研究机构，在军事领域也得到传播。1978年5月，中国航空学会在北京召开军事运筹学座谈会。会上，钱学森、许国志教授建议在军队开展军事运筹学与系统工程的研究试点工作。这一建议得到了张爱萍、刘华清等领导的支持，首次应用军事运筹学与系统工程的理论和方法于评估武器装备的试点工作，取得了很好的成效，证明了这一理论与方法是可行的。

1978年11月，中国科学院在成都召开了数学学年会，作为数学学会运筹学分会在会上进行了学术交流活动，并确定成立运筹学学会。

受钱学森系统思想的启迪和参考美苏等国相关文献的论述，1977年10月26日，军事科学院外国军事研究部研究员朱松春和战争理论研究部研究员糜振玉联名向院党委呈上“关于系统分析问题”的报告，论述了系统分析在军事科学研究工作中应用的意义和作用，为使军事科学研究适应现代技术装备发展的需要，建议军事科学院先组成研究小组，对国内外有关文献进行调研，并在此基础上开展军事问题系统分析的试点工作。时任院长宋时轮、政委粟裕很快批示，同意先组织系统分析研究小组。由朱松春、王德谦、邹祈组成的研究小组于1978年1月成立，展开调研工作，包括对钱学森秘书兼国防科工委科技委副秘书长王寿云、

① 宋健．钱学森科学贡献暨学术思想研讨会论文集．北京：科学出版社，2001：8.

国防科工委情报所研究员柴本良的访问，并向院办公室呈送了十多份调研报告。据此，院党委指示院办公室组织研究机构的筹建小组。1979 年 9 月 17 日军事科学院院长宋时轮、政委粟裕签署了就我院增设作战运筹分析研究室事向中央军委的报告。10 月 25 日，总参谋部批准了军事科学院的报告，同意增设作战运筹分析研究室，编制 30 人。之所以以“作战运筹分析”作为研究室的命名，是经调研考虑到既要研究运筹学，也要研究系统工程在作战中的应用。研究室的主要任务是，应用系统分析和运筹学的理论和方法，以及计算机等手段，采用现代模拟技术，研究现代战争的组织指挥和作战行动等问题。这是我军第一个军事运筹学和军事系统分析的研究机构。

1984 年，成立了中国人民解放军军事运筹学会。1992 年成立了军事系统工程专业委员会、国防系统分析专业组。许多机关、院校、部队也先后建立了各种军事运筹和军事系统工程研究教学机构，在军内有组织地开展了军事运筹学和军事系统工程的研究与推广运用。1987 年 6 月，军事科学院军事运筹分析研究所创办了《军事系统工程》杂志，后改为《军事运筹与系统工程》杂志。1993 年 4 月，军事科学院出版了《中国军事百科全书》《军事运筹学》分册；同年 5 月，军事科学院出版了《军事运筹学》专著；同年 6 月，军事科学院出版了《中国军事百科全书》《军事系统工程》分册。其他军事院校和科研机构也出版了相关的论著。

至 2008 年 10 月，中国人民解放军院校和科研机构共有 41 个博士、61 个硕士学位授权单位。其中，军事运筹学博士授权点 2 个，硕士授权点 29 个，军事系统工程或系统工程博士学位授权点 4 个，硕士授权点 8 个。军事科学院、国防大学、国防科技大学等建立了军事运筹学或军事系统工程博士后流动站。这些博士、硕士授权点和博士后流动站，为我军培养了一大批军事运筹学和军事系统工程专业的高层次人才，为军队建设和作战指导作出了重大成绩。而军事运筹学和军事系统工程学科的发展和取得的成绩，都离不开钱学森多年来的关心和指导，并得到了许国志、王寿云等专家、学者的支持和帮助。

三、提出了中国现代军事科学体系构想

钱学森在《哲学研究》1979 年第 1 期发表了“科学学、科学技术体系学、马克思主义哲学”的论文。这篇论文中，钱学森第一次提出科学技术体系应该是自然科学、科学的社会科学、技术科学、工程技术四大部分加数学，并强调指出：“马克思主义哲学作为科学技术的最高理论，就必须用来指导科学技术的进一步发展”①。

① 钱学森．论系统工程（新世纪版）．上海：上海交通大学出版社，2007：112～116.

1981 年，钱学森认为现代科学技术体系的结构，“在自然科学、数学科学和社会科学这三大部门之外，现在似乎应该考虑三个新的、正在形成的大部门：系统科学、思维科学和人体科学”①。钱学森提出的现代科学技术体系就由上述六大部门组成。

1984 年 1 月，钱学森在《中国大百科全书》军事卷的领条“军事科学”释文的第二次学术座谈会上的讲话中，讲了军事科学的结构问题。他指出：“现代科学技术发展到今天，部类是扩展了。从前，我们说科学分自然科学和社会科学，这是把数学放在自然科学里。但自然科学要用数学，社会科学也要用许多数学的方法。这就要求把‘数学科学’分出来。最近科学院召开了学部大会，数学家们说，把数学和物理、工程捆在一起不合适，要扩大领域，提出了‘数学科学’这个概念。我当然赞成，我早就主张把数学科学拿出来。其他如‘系统科学’，因为要研究复杂的系统，实在太重要了，要单独出来；‘思维科学’，研究人的思维，也应单独出来；‘人体科学’因为人是高级的‘万物之灵’，确实复杂，也应单独出来。这样不包括‘军事科学’，已经有了六个大部门。”② “军事科学的最高层次还是马克思主义哲学，下面分一个桥梁和三个台阶。”“军事科学这个部门到马克思主义哲学的桥梁是军事哲学，下面三个台阶是基础科学，应用科学和军事技术。”在讲话中，钱学森谈了他对军事系统工程和军事运筹学问题的想法，指出：“军事技术这个词，它所指的就是军事上的工程技术，即用来改造客观世界的科学技术，包括军事工程、武器装备技术（包括人—机工程）和军事系统工程。在它的上面，是军事应用科学，我们习惯上称为‘军事学术’。”关于军事运筹学，他指出，看来好像是介于“军事学术”和“军事技术”之间的，“但要彻底一点，我觉得可以把它归结到‘军事学术’里，因为在系统科学里是这样划的，系统工程是工程技术这个台阶的，运筹学是它上面的一个台阶，要归就归到‘军事学术’里，这是我个人的看法。”③

钱学森在这次座谈会上的讲话，首次将“军事科学”作为一个大部门列入他的现代科学技术体系。此后，仅据作者个人了解，钱学森在 1986 年 9 月首届全军战役理论学术讨论会的报告中，1994 年在《科学的艺术和艺术的科学》一书中，在 1998 年 3 月 31 日原国防科工委为纪念钱学森提出建立与发展军事系统工程学科 20 周年而召开的“军事系统工程学研究发展 20 年报告会”的书面发言中，1999 年在与军事科学院王祖训院长谈军事科学发展问题时，都就军事科学体系问题阐述过他的思想和观点，并不断有所发展。其中以 1998 年 3 月的书面

---

① 钱学森. 论系统工程（新世纪版）. 上海：上海交通大学出版社，2007：128.

② 钱学森. 论系统工程（新世纪版）. 上海：上海交通大学出版社，2007：218.

③ 钱学森. 论系统工程（新世纪版）. 上海：上海交通大学出版社，2007：221.

发言中作了完整的表述，他在书面发言中写道："在80年代初，王寿云和我就开始注意到现代科学技术在军事作战参谋上的运用，我们提出要建立军事运筹学和军事系统工程学。后来我又进一步构筑了现代科学技术的体系：在整体上以马克思主义哲学、辩证唯物主义作指导，在军事方面有军事科学这个大部门，与之并列的有自然科学、社会科学、数学科学、系统科学、思维科学、人体科学、行为科学、地理科学、建筑科学和文艺理论，加军事科学一共11个大部门。每个部门又分三个层次：基础理论层次、技术理论层次、应用技术层次。在军事科学，基础理论层次是军事学，技术理论层次是军事运筹学，应用技术层次是军事系统工程；当然还有其他学问。这是人类知识的体系了。"这里，钱学森把军事科学作为现代科学技术体系的一个大部门，提出了军事科学这一部门的框架结构。受钱学森这一框架结构的影响，在1989年5月出版的《中国大百科全书·军事》卷，宋时轮在《军事科学》领条提出的军事科学体系中，在军事理论科学的军事学术这个层次就列入了"军事运筹学"，在军事技术科学的应用科学这个层次就列入了"军事系统工程"。1990年的军事学《授予博士、硕士学位和培养研究生的学科、专业目录》中，军事学术层次就列入了"军事运筹学"学科①。1994年军事科学院院长郑文翰主编的《军事科学概论》，把"军事运筹学"列为军事学的"边缘科学"。1997年《中国军事百科全书》第一版，张震撰写的《军事科学》领条中，把"军事运筹学"列入军事学术层次，"军事系统工程"列入军事技术层次。2005年刘继贤主编的《中国军事百科全书》第二版《总领条门类领条》《军事科学》领条中，把"军事运筹学"列为作战门类的一个学科，把"军事系统工程"列为军事技术门类的一个学科。尽管他们在军事运筹学、军事系统工程归属那一层次或门类有不同认识，但毕竟都认同了这两个学科。

我个人认为钱学森提出的现代军事科学体系的构想，其重要意义在于：一是提出了军事科学体系的最高层次是马克思主义哲学，就是军事科学研究要以辩证唯物主义作指导；二是提出了沟通军事科学与马克思主义哲学关系的桥梁是军事哲学；三是提出了军事科学与现代科学技术的体系其他部门同样分为基础理论、技术理论、应用技术三个层次；四是（也是最重要的）提出了"要用现代科学技术来研究战争的规律，研究战争这门科学"，也就是军事科学研究要与现代科学技术相融合的新观点。

钱学森指出："在军事科学，基础理论层次是军事学"（需要说明的是：军事科学亦称军事学），我理解钱学森这里指的是军事学的基础理论学科。我认为，研究钱学森军事科学体系，现在要做的主要工作是，在深入理解他军事科学体系

---

① 钱学森. 论系统工程（新世纪版）. 上海：上海交通大学出版社，2007：40，41.

构想的基础上，给以充实和完善。

我在“军事科学体系的形成和发展概述”一稿曾指出：“学科分类特别是分支学科越分越细、专业越分越窄的现象值得研究思考。专业过细过窄，不利于军事科学研究的跨学科、专业研究，也不利于军事人才工作的适应性。”譬如，授予军事学博士、硕士学位的，可能他只是学习研究了军事科学某一门类的某一分支学科的某一专业的某个研究方向，与军事学总体研究内容相差甚远。所以，学科门类和分支学科要有一定的包容性。

研究军事科学体系形成与发展的历程，各家对军事科学体系的分类观点，在钱学森军事科学体系构想的基础上，提出如图 5-2-1 所示的军事科学（军事学）体系框架结构与学科分类方案：最高层次是马克思主义哲学。马克思主义哲学与军事科学的桥梁是军事哲学。军事科学大部门分军事基础理论科学、军事技术科学、军事社会科学三个门类科学。军事基础理论科学的门类学科是：军事思想、军事学术、武装力量建设、军事历史学、军事地理测绘气象学。军事技术科学门类的学科是：军兵种武器装备技术、航天技术、军事生物化学技术、技术应用理论与方法。军事社会科学的学科为不属于军事基础科学门类、军事技术科学门类的其他与社会科学有共性的军事学科。每个门类学科下设若干分支学科，分支学科下设若干学科、专业，但军事科学体系只列到分支学科，分支学科所属学科、专业只作文字解释。

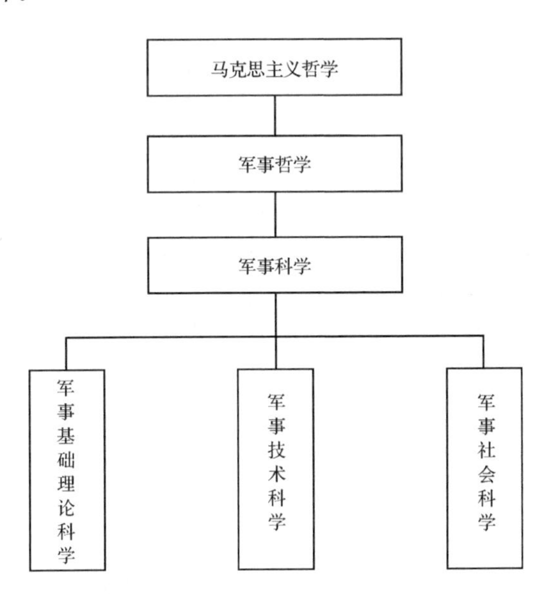

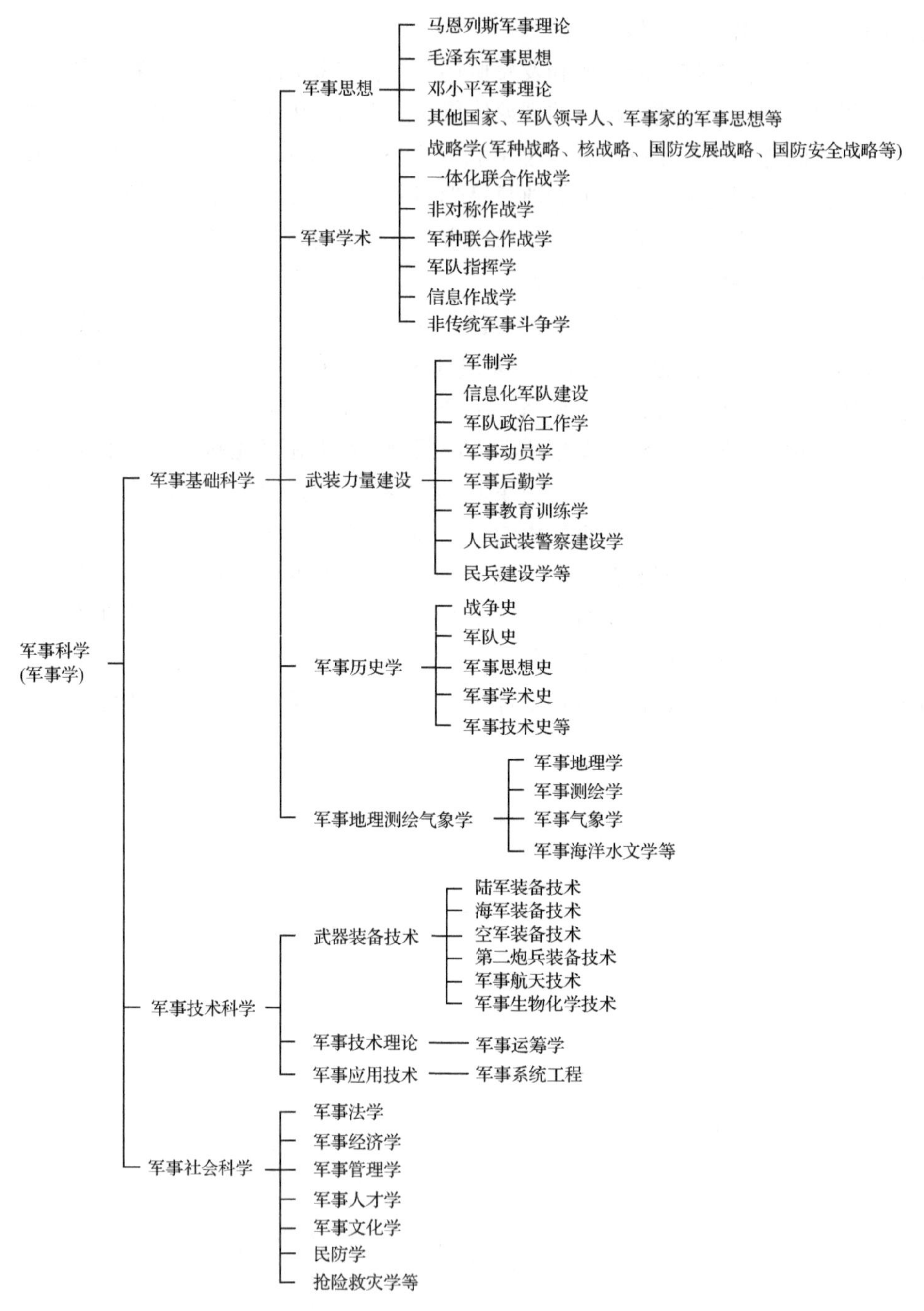

图 5-2-1　现代军事科学体系框架结构

现代军事科学体系是以钱学森现代军事科学体系框架结构思想为基础，本着学科体系的门类、分支学科，既有古今中外的通用性、包容性，又有时代特色和中国特色的指导思想建立的。它充实了基础理论层次的学科门类；把技术理论层次和应用技术层次合在军事技术科学层次。原因是军事技术不只是作为技术理论层次的军事运筹学和作为应用技术层次的军事系统工程，还包括武器装备技术、军兵种武器装备技术、航天技术、军事生物化学技术等。

至于军事运筹学的下属学科，钱学森未涉及，从军事运筹的应用范畴，似可设战略运筹、作战指挥运筹、后勤军事物流运筹、武器装备体系与使用运筹、军事编制体制运筹等下属学科。

关于军事系统工程的下属学科，依据钱学森《军事系统工程》一文中军事系统工程五个方面工作的论述，可以设参谋业务技术、战略与作战模拟技术（钱学森用的名词是战斗模拟技术），而且他有预见地指出："把战争博弈理论用在解决战略问题，还有待于科学技术的进一步发展，有待于社会科学的进一步发展。尽管如此，把这些已有成果用于某些战略的研究则是完全可能的。"①

他讲有待于科学技术进一步发展，主要是"当时电子计算机也不够大，计算能力受限制。"钱学森讲这些话时是 1979 年 7 月 24 日，到如今已近 30 年了，现在计算机计算能力已足以满足战略研究的需要了，所以加了"战略"两字。新武器系统指标设计与使用技术论证（钱学森用的名词是论证新武器作用方法和确定新武器系统战术技术指标的技术）、后勤系统组织管理技术和军事指挥系统自动化技术 5 个学科。

这里我想指出的是，经过近 30 年的实践发展，军事运筹、军事系统工程在技术基础理论与应用方法、应用范畴，已逐渐融为一体。军事系统工程所以用"工程"两字，钱学森在"军事系统工程"一文中指出："我们沿用'工程'这个词最先出现时所具有的含义，恢复了把执行服务于军事目的的活动称为'工程'。我们在这里用'军事系统工程'而不用'军事运筹学'来表示战争中参谋活动的职能。"实践中，军事运筹学也不只是技术理论，而是广泛运用于军事学术、武装力量建设、武器装备技术领域，它似乎也包含了应用技术。军事运筹学也是"执行服务于军事目的的活动"。1993 年颁发的国家标准 GB/T13745—92《学科分类与代码》表中，在军事学的军队指挥层次列入了"军事系统工程（军事运筹学）"，它把"军事系统工程"与"军事运筹学"等同为一个学科。钱学森在"系统思想和系统工程"一文中指出："国外所称运筹学、管理科学、系统分析，就研究以及费用效果分析的数学理论和算法，可以统一地看成是运筹学。""第二次世界大战时的运筹学，包含了一些我们今天所说的军事系统工程的内容，当时叫军事运筹学。"这说明军事运筹学与军事系统工程原是都属于军事技术范畴。"联合国发展总署出版的有关手册中，为避免名称上的争论，已把运筹学与系统分析

① 钱学森．论军事系统工程（新世纪版）．上海：上海交通大学出版社，2007：20～35．

看作同义词，而把它们写成 OR/SA，即运筹/系统分析”。“军事运筹学也可看做是军事系统工程的理论基础。”可见这两个学科已很难区分了。只是军事运筹学更多地运用于军事作战活动领域。我认为，把军事运筹学与军事系统工程学合成军事运筹与系统工程学科，作为“军事技术应用理论与方法”列入军事技术科学层次，似乎较为符合现实情况。

以上是我学习钱学森现代军事科学体系构想一些体会。

关于钱学森对中国现代军事科学的贡献，远不止我写的以上这些，他在国家军事战略、现代战争形态的转变、信息化军队建设、信息化战争、国防科技情报建设、国防科技大学组建与学科建设、军队人才特别是军事科技帅才的培养等方面，都有许多远见卓识的战略性、指导性论述。

2009 年 10 月 31 日，一颗中国的、也是世界的科学巨星陨落了。伟人辞去，风范永存。钱学森科学技术思想将永葆青春活力。人民科学家钱学森将永远活在我们心中!

第三节 工程科学与系统科学思想研究*

林家翘先生在祝贺钱学森先生九十华诞的研讨会上，用了“博、大、精、深”四个字概述钱学森的科学思想和实践，林先生的例证和分析既实在又精辟，使我得到深切的启发。

我有幸在钱先生创建力学所时被吸纳为研究实习员，在他的科学思想的熏陶和影响下，特别是经历了后来半个世纪的复杂事变中，反复体会到钱先生的科学思想的正确和前瞻。下面就说其中的一个体会：钱先生的工程科学思想和系统科学思想是一脉相承和逐步发展的。

钱学森在 1955 年 10 月回国，11 月和钱伟长先生合作筹建中国科学院力学研究所。1956 年 1 月在中科院的院务会议上决定成立力学所。钱先生根据社会主义新中国的发展需要，为力学所确定了七个方面的研究方向：弹性力学、塑性力学、流体力学、物理力学、化学流体力学、自动控制和运筹学。由于国家发展的紧迫需要，自动控制部分在半年内升格为自动化研究所，而运筹学部分在后来演变为系统科学研究所。后两件事也说明了钱先生早年的卓越的远见。

他要求林鸿荪先生负责开辟化学流体力学的研究。化学流体力学是把流体力学和化学反应结合起来，他提出的目标是改造整个化工和冶金工业，技术目标是强化三传（传质、传热、传能）一反（化学反应），而且确定以流态化和转炉吹氧新技术作为起步研究的课题。事实证明，不多年以后，这两项技术分别发展成

---

* 本节执笔人：谈庆明，中国科学院。

为国际上化工和冶金工业中的先进工艺。

他在力学所工作的十余年间，倾注了大量心血在物理力学方面。他早在美国研究超声速飞行、火箭导弹以及核能利用的实践中，意识到人们对于一些重要的介质和材料在极端条件下的宏观性态很不了解，他认为大量分子的宏观集体行为可以借助人们对微观粒子的认识加上统计平均的方法找出规律。于是，为加州理工学院的研究生开设了“物理力学”一课，并撰写了“物理力学讲义”。成立力学所后，他从人才培养抓起，每周一次辅导崔季平、钱希真等研究实习员，学习和翻译“物理力学讲义”。接着，让崔季平协助他在1958年成立的中国科技大学，设立了物理力学专业。力学所从这个专业陆续吸纳了数十名毕业生组建了物理力学研究室，从此在高温气体性质、高压固体性质和临界现象三方面开展系统的研究。钱先生依旧每周一次亲自进行指导。可是，钱先生花了大量心血建立的良好基础，却被“文化大革命”彻底摧毁了。

钱先生在美国的另一方面的工作，是将控制论应用到火箭导弹系统中，并将其推广应用于更普遍的工程系统，撰写了《工程控制论》一书。可以看出，该书的一个指导思想是将力学中的稳定性问题的概念、机制、判据和反馈调控结合起来。从而推动控制论有效地解决工程技术中的实际问题。

就在钱先生回国途中，他与同船的许国志先生热烈讨论如何把工程控制论的思想推广应用于经济和社会系统，而在筹建力学所时，约请了许先生来负责运筹学的研究。钱先生认为，我们社会主义国家发展经济一定要有计划有步骤地来组织管理各大部门的协调发展，充分运用和发挥人力和物力，做到优化的配置和取得优化的效益。这在今天来说，便是将运筹学运用于政府对经济的宏观调控。

他在50年代组建物理力学、工程控制论和运筹学的研究，实际上是他1947年提倡的“工程科学”以及在1957年发表的“论技术科学”一文的核心部分。上述三个方面是有紧密联系的内核的。物理力学的对象是由大量原子和分子组成的多层次的复杂系统，其集体行为构成系统的宏观性质及临界行为。工程控制论和运筹学的对象也是多层次的复杂系统，目的也是寻求宏观规律以便对系统实施宏观调控，实现平稳发展。当然前者是研究自然现象，而后者则是涉及人与社会的经济和社会现象的研究。

钱先生在80年代退出国防科委的领导岗位后，致力于关注和研究系统工程和系统科学，提出了一整套观点以及对众多工程和社会实践方面的指导意见，其中反映的系统科学的思想完全是和他前期的工程科学的思想是一脉相承并发扬光大的。

这里值得追述钱先生在1956年制订我国12年远景规划中所做的贡献。当年2月，国务院成立了以陈毅为首的科学规划委员会，召集七百多位科学家参与规划的制订。会议分为三个阶段。第二阶段的成果是形成了57项重点规划项目。

周恩来总理听取了汇报，要求在此基础上进一步综合浓缩，以便国务院贯彻落实。为此，在第三阶段成立了以钱学森为组长、钱伟长为副组长的综合组，最后综合归纳出体现重中之重的“浓缩”方案，其中一个主要部分是要采取四大紧急措施，即大力开展无线电、半导体、电子计算机和自动化的研究，以适应国民经济和国防建设现代化的需要。

当时担任规划委员会秘书长的张劲夫同志到了 2001 年春天，读到了刚出版的《钱学森手稿》以后，兴致大发，在各大报纸上发表了“让科学精神永放光芒”一文。他从编者所写的通俗易懂的中文说明中，解开了他隐藏心中长达四十年之久的一个谜，就是对钱学森在 1956 年制订规划中所表现出来的博学多才和高瞻远瞩的神秘感：此人怎么会什么都懂？原来钱在美国的 20 年中，工作钻研之广和深以及深谋远虑已经成就了这样一位战略科学家。

时至今日，我们许多人在历史反思中都问过这样一个问题，如果我们国家从 20 世纪 50 年代起，就贯彻实践集中了以钱学森为代表的七百多位科学家智慧的科学规划，今天的中国会是什么样的面貌？

最近，温家宝总理语重心长地说，当前我国面临很大的困难，我国经济正值转型期，今后需要以科学和技术来推动经济的发展。看来，钱学森的工程科学思想以及与之一脉相承的系统科学的思想应该是得到重视和贯彻落实的时候了。

第四节　钱学森论科学、技术与工程的相互关系*

关于科学、技术、工程之间的相互关系，是近年来中国科学界、工程技术界和哲学界共同讨论的重大问题之一。我国著名科学家钱学森，不仅在科学、技术和工程这三个领域都作出了杰出的贡献，而且在实践的基础上，提出了现代科学技术体系在纵向结构上应分成基础科学、技术科学、工程技术三个层次，并将技术科学放在基础科学与工程技术之间的桥梁的地位。钱学森在发展系统工程和创建系统学的过程中，也对工程的系统性和综合集成提出了许多见解。这里在文献①的基础上，根据钱学森的系统学和系统工程的观点，进一步分析了工程的特点以及科学、技术、工程之间的相互关系。

一、关于科学与技术相互关系

钱学森在几十年的科学研究和工程实践中，一直以具有广深的科学造诣、丰富的科学想象力、敏锐的科学直觉和勇于创新、勇于实践的精神而著称。他的科

---

* 本节执笔人：黄志澄，北京系统工程研究所。

① 黄志澄. 技术科学的发展与技术科学的社会价值. 中国工程科学，2003，1：10～14，23.

学著作、科学思想涉及的领域很广，在很多科学技术领域中，都做出了开创性的贡献。

钱学森的系统科学思想，首先是提出了现代科学技术体系的纵向结构。他提出，把每一个科学技术门类都区分为：基础科学、技术科学、工程技术三个层次，这三个层次之间是相互关联的。基础科学，如天文学、数学、粒子物理等，是综合提炼具体学科领域内各种现象的性质和较为普遍的原理、原则、规律等而形成的基本理论。其研究侧重在认识世界过程中进行新探索，获得新知识，形成更为深刻的理论。它是技术科学、工程技术的先导，也是衡量一个国家科技水平与实力的重要标志。技术科学是20世纪初至第二次世界大战前，才在科学与技术之间涌现出的一个中间层次。它侧重揭示现象的机理、层次、关系等，并提炼工程技术中普遍适用的原则、规律和方法。技术科学作为科学发现和产业发展之间的桥梁，推动工程技术的迅速进步。工程技术侧重将基础科学和技术科学知识应用于工程实践，并在具体的实践过程中总结经验，创造新技术、新方法，使科学技术迅速转化为社会生产力。工程技术的发展，也必将丰富、完善技术科学和基础科学，它是技术科学、基础科学发展的根本动力。工程师们面临的是多因素、复杂的实际问题，而技术科学家必须善于从这些实际问题中找到主要矛盾，创立有充分基础科学依据的、能被工程师用于设计的、有预测能力的定量理论。当发现基础科学的已有成果不够用时，也需要吸收和运用工程中经验性的规律和判断。所以技术科学在这一点上不同于基础科学。另一方面，技术科学又不同于工程技术，因为它的中心目的是研究和解决某类工程技术中带有普遍性的问题，而主要不是研究一个个具体的工程技术问题。

钱学森一生长期从事技术科学的研究和应用，对技术科学的作用、地位以及它与社会的关系，有着全面而深刻的认识。早在1948年，他在“工程和工程科学”（engineering and engineering science）一文中，就辩证地阐明了这两者的关系。他指出：“人们也许会说，在工业时代的开创时期，技术和科学研究就与工业发展有关，那么为什么今天把研究工作说得如此重要？这个问题的答案是，出于国内和国际竞争的需要，现代工业必须以越来越高的速度发展。做到如此高的发展速度，就必须大大强化研究工作，把基础科学的发现几乎马上用上去。也许，没有什么比把战时雷达和核能的发展作为例子更为突出的了。雷达技术和核能的成功开发为盟军取得第二次世界大战的胜利做出了重要贡献是公认的事实。短短数年，紧张的研究工作把基础物理学的发现，通过实用的工程，变成了战争武器的成功应用。这样，纯科学上的事实与工业应用间的距离就很短了。换句话说，长头发纯科学家和短头发工程师的差别其实很小，为了使工业得到发展，他们间的密切合作是不可少的。”他认为从科学原理到工程技术之间有一个桥梁，那就是工程科学，后来国内一般称为技术科学。他指出[①]："科学家与从事实用工作的工程师间密切合作的需要，产生了一个新的行业——工程研究家或工程科学家。他们成为纯粹科学和工程之间的桥梁。他们是将基础科学知识应用于工程问题的那些人。"

1954年，钱学森在《工程控制论》的前言中写道："技术科学的目的是把工程实际中所用的许多设计原则加以整理和总结，使之成为理论，因而也就把工程实际的各个不同领域的共同性显示出来，而且也有力地说明一些基本概念的重大作用。"1987年，钱学森在中共中央党校出版社出版的《社会主义现代化建设的科学和系统工程》一书中，对技术科学做了进一步的阐述[②]。他说："现代科学技术的体系的组成，除了自然科学、社会科学、工程技术，还有什么？现在报刊上、书刊上常常出现一个词叫技术科学。对于技术科学的理解并不完全一致。我认为，技术科学，一方面，它把自然科学的基础理论应用于工程实践；另一方面，它又不同于工程技术。它常常是选择好几门工程技术里面带共性的一些问题作深入的处理。比如说力学，无论是流体力学还是固体力学，都不是局限于应用到哪一门工程技术。研究水的流动、气体的流动，这是流体力学，在水利工程上要用，在航空工程上要用，在气象预报中研究大气的运动时也要用。所以，流体力学就是一门技术科学。此外，固体力学也如此，很多工程项目都要用固体力学，所以它也是技术科学。再说电子学，应用的范围就更广了，绝不只是一门工程技术用它，许多门工程技术都要用它。还有电子计算机科学、运筹学等，都是技术科学。"钱学森在这里把科学研究细分为基础科学研究和技术科学研究两个方面，并阐明了它们与工程技术之间的关系。

科学技术的这三个层次之间的关系与影响是双向的。钱学森认为：人首先要认识客观世界，才能进而改造客观世界。从这一基本观点出发认识客观世界的学问就是科学，包括自然科学、社会科学等。改造客观世界的学问是技术，而人们在认识世界和改造世界的过程中，主体与客体、认识与实践又是辩证统一的。所以，现代科学技术体系各学科、各层次之间也存在着相互补充、相互促进的内在关系。将科学技术划分为三个层次，有利于我们自觉地理论联系实际，促进生产力发展；有利于确定某门学问在整个现代科学技术体系中的地位和作用，分析科学技术发展的薄弱层次，寻找新的科技突破口；有利于培养融合科学技术三个层次的知识的学科带头人。

---

① 钱学森. 论技术科学. 科学通报，1957，4：97～104.

② 现代汉语词典（5版）. 北京：商务印书馆，2005：468.

二、关于工程

现在对于工程有各种定义。一种狭义的定义是2005年出版的《现代汉语词典（第五版）》的释义：“土木建筑或其他生产、制造部门用比较大而复杂的设备来进行的工作，如土木工程、机械工程、化学工程、采矿工程、水利工程等。也指具体的建设工程项目。”一种更广义的定义如中国科学院研究生院的李伯聪教授在2002年出版的《工程哲学引论》中的定义为：“对人类改造物质自然界的完整的、全部的实践活动和过程的总称。”他明确地提出了科学、技术、工程三元论：“为了更简明地辨析与把握科学、技术与工程的不同特性，我们可以简要地把科学活动解释为以发现为核心的人类活动，把技术活动解释为以发明为核心的人类活动，把工程活动解释为以建造为核心的人类活动。”“很显然，这个工程的含义与生产一词的含义是有很多“重叠”之处的”。“在现代社会中，只有工程化的活动才是最发达、最典型的生产活动”。当然，还有更广义的定义，即把人类的一切活动都看作工程，包括社会生活的许多领域，如211工程、“五个一”工程、安居工程、希望工程等。显然，最后这个定义不是这里讨论的内容。

由于对工程的定义的不同，在讨论科学、技术和工程的相互关系时，就会有不同的理解。关于第一种定义，钱学森在考察工程概念的历史演变时指出[①]：“英语Engineering（工程）这个词十八世纪在欧洲出现的时候，本来专指作战兵器的制造和执行服务于军事目的的工作。从后一涵义引申出一种更普遍的看法：把服务于特定目的的工作的总体称为工程，如水利工程、机械工程、土木工程、电力工程、电子工程、冶金工程、化学工程等”。钱学森、许国志、王寿云等同志，在1978年发表的“组织管理的技术——系统工程”一文中，论述了工程的历史发展过程：“先从工程技术方面说起。在历史上，例如作为个体劳动者的一个泥瓦匠，他要造房子，首先要弄到材料，选定一个可行的方案，然后进行建设。他要建造一间什么样的房子，在他动手建造之前，房子的形象已经存在于他的头脑之中。他按照一定的目的来协调他的活动方式和方法，并且随着不断出现的新的情况来修改原来的计划。在整个劳动过程中，他既构想这所房屋的‘总体’结构，又从每一个局部来实现房屋的建造；他是管理者也是劳动者，两者是合一的。后来生产进一步发展了，在手工业工场里，出现了以分工为基础的协作。”“从20世纪以来，现代科学技术活动的规模有了很大的扩展，工程技术装置复杂程度不断提高。四十年代，美国研制原子弹的‘曼哈顿计划’的参加者有一万五千人；六十年代，美国‘阿波罗载人登月计划’的参加者是四十二万人。要指挥规模如此巨大的社会劳动，靠一个‘总工程师’或‘总设计师’是不可能

---

① 钱学森. 论系统工程. 长沙：湖南科学技术出版社，1982：80.

的。五十年代末六十年代初，我国为了独立自主、自力更生地发展国防尖端技术，开展了大规模科学技术研究工作，同样碰到了这个问题。总之，问题是怎样在最短时间内，以最少的人力、物力和投资，最有效地利用科学技术最新成就，来完成一项大型的科研建设任务。问题来了就促使我们变革。”① 钱学森等同志在这里区分了手工业和工程，而区分这两者的主要标志就是工程的系统特征：“我们把极其复杂的研制对象称为‘系统’，即由相互作用和相互依赖的若干组成部分结合成的具有特定功能的有机整体，而且这个‘系统’本身又是它所从属的一个更大系统的组成部分。”

钱学森对开放的复杂巨系统的定义②是：“1. 系统本身与系统周围的环境有物质的交换、能量的交换和信息的交换。由于有这些交换。所以是‘开放的’。2. 系统所包含的子系统很多，成千上万，甚至上亿万。所以是‘巨系统’。3. 子系统的种类繁多，有几十、上百，甚至几百种。所以是‘复杂的’。”“过去我们讲，开放的复杂巨系统有以上三个特征。现在我想，由这三条又引申出第四个特征；开放的复杂巨系统有许多层次。这里所谓的层次是指从我们已经认识得比较清楚的子系统到我们可以宏观观测的整个系统之间的系统结构的层次。如果只有一个层次，从整系统到子系统只有一步，那么，就可以从子系统直接综合到巨系统。我觉得，在这种情况下，还原论的方法还是适用的，现在有了电子计算机，从子系统一步综合到巨系统，这个工作是可以实现的。从前我们搞核弹，就是这么干的。”“我们所说的开放复杂巨系统的一个特点是认可观测的整体系统到子系统，层次很多，中间的层次又不认识；甚至连有几个层次也不清楚。对于这样的系统，用还原论的方法去处理就不行了。怎么办？我们在这个讨论班上找到了一个方法，即定性到定量的综合集成技术，英文译名可以是：Meta-synthetic Engineering，这是外国没有的，是我们的创造。”如上所述，钱学森认为，复杂的工程，如核弹、航天飞机和空天飞机等大型工程，在研制阶段，虽然要面对多个层次和大量的子系统，但这些层次是固定的和可认识的，因此这种工程只能视为简单巨系统，但是在这些工程的使用阶段，却要面对更复杂的不确定因素，即要面对社会系统对这样的机械电子系统的复杂影响。例如，确定美国航天飞机在使用过程中的可靠性，就要面对人、环境和担负这个工程项目的组织机构的文化等因素的复杂影响。此时，解决这些问题，就面临一个开放的复杂巨系统了。进一步，钱学森强调了工程是技术的综合集成，对于简单巨系统的研制，随着计算机的发展，定量分析的比重将逐步增加。但是，对于属于复杂巨系统的问题，却只

① 钱学森，许国志，王寿云. 组织管理的技术——系统工程. 文汇报，1978-9-27.

② 钱学森. 再谈开放的复杂巨系统. 模式识别与人工智能，1991，1：1～4.

能采用以人为主，人一机结合，从定性到定量的综合集成法了[①]。由此可见，工程是有特定目标的注重效益的系统。它是综合集成多种技术并实现优化的过程。近年来，由于可持续发展的要求，还必须充分考虑到工程活动可能引起的环境问题，以人为本，努力使工程与环境、生态协调一致。

对于工程的第二种定义，我国的工程界和哲学界正在热烈讨论。关于工程的定位，我们一方面可从科学、技术与工程的关系中把握工程；另一方面，也可从工程与生产的关系中把握工程。将这两方面结合起来，可从“科学—技术—工程—产业—经济—社会”的“知识链”和“价值链”的“网络”中来认识工程的本质和把握工程的定位。这种各个环节之间的相互关系的研究，将为近年来兴起的“科学、技术与社会”（STS）这门学科的研究，提供更清晰的研究思路。

三、关于科学、技术与工程的相互关系

关于科学、技术、工程的相互关系，哲学界的看法是：“科学、技术和工程的相互转化可以有两个方向。一个方向是从科学转化为技术、技术再转化为工程。”“科学、技术和工程三者转化的另一个方向是从工程到技术再到科学的方向。”最近出版的《工程哲学》一书，也指出[②]：“对于技术与工程关系的复杂性，不仅是由于工程现象与技术现象固有的紧密联系，人们常常也很难作出确切的区别，而且技术包括三个相互联系的方面，即技术的操作形态、实物形态和知识形态。”“当从知识形态向实物形态转化时，这就是工程活动。”此外，这本书也进一步指出：“由于工程与技术之间具有集成与层次的关系，在此时此地是工程的事物或活动，在彼时彼地却是某种技术。”由此，另一种意见是[③]：“工程与技术、工程科学或技术科学、技术哲学或工程哲学，相互之间没有必要区分，也很难区别开来。”

根据科学、技术、工程的三元论，工程界和哲学界将工程科学、工程技术和技术科学和专业技术区分开来，例如有这样的论述[④]：“工程技术就是在社会实践活动广泛应用的各种实用的技术状态。它处于技术世界体系统结构的顶端，与工程科学关系密切。工程科学以各类工程实践活动中的普遍性问题为研究对象，综合应用基础科学、技术科学、经济科学、管理科学等多种学科的理论方法，直接服务于各种目的性活动”。实际上，在这种意义上的工程科学还在孕育之中，

---

① 黄志澄. 以人为主，人机结合，从定性到定量的综合集成法. 西安交通大学学报：社会科学版，2005，2：55～59，95.

② 殷瑞钰，汪应洛，李伯聪. 工程哲学. 北京：高等教育出版社，2007：79～83.

③ 汉斯·波塞尔，刘则渊，李文潮. 中德学者关于技术与哲学的对话//刘则渊，等. 工程·技术·哲学. 大连：大连理工大学出版社，2001：195.

④ 刘大椿. 自然辩证法概论. 北京：中国人民大学出版社，2004：329～331.

还没有形成完整的体系，而将技术和“工程化的技术”区分开，也是很难的，因为几乎所有近代的技术都是“工程化的技术”。在钱学森的著作中，虽然也认为技术和工程是不同的概念，但他并没有将工程科学与技术科学，工程技术与专业技术区分开来。我国的工程技术界也仍然同意现阶段不必作这样的区分。我国工程院院长徐匡迪在最近的讲话中指出：“工程科学（或称为技术科学）是架设在基础科学和工程技术之间的桥梁，研究和解决某类工程技术中带有普遍性的问题，而工程技术（或称为技术）是在生产建设第一线直接用以创造现实生产力的手段。”

近年来在哲学界和工程界讨论的热点是工程和技术的相互关系，钱学森在这方面，强调了工程是技术的综合集成：一方面，技术是工程的基础，当然，工程中不但包括技术因素，还包括管理、经济、文化等因素；另一方面，工程对技术有明显的选择、引导和支持作用。

四、关于新技术向工程的转化

技术的综合集成并不是简单的叠加，它也是一个创新的过程：一方面，需要依靠工程需求的拉动；另一方面，需要发展钱学森提倡的以人为主，人—机结合，从定性到定量的综合集成法。特别是对于有关航空、航天和军事等重大工程项目中，都必须集成许多全新的技术。为此，钱学森提出在新技术向工程转化的过程中，要重视先期技术演示（advanced technology demonstrations，这个名词的中文译名是钱学森亲自确定的）阶段。这是新技术向工程转化的一个创新过程。这个阶段来自美国国防部。它是指在武器采办过程的先期技术发展阶段，将预研制阶段的成果（多为部件或分系统）在模拟的环境或试验靶场进行实际试验，以评审其技术可行性、作战适应性和经济承受能力。先期技术演示大体有两种类型：一类是着眼于技术储备，称为原理验证性技术演示，一般在非作战环境中进行，其具体用途一时不明确，预期日后可用于现有武器改进或新武器研制；另一类是面向新武器方案的技术演示，称为先期概念技术演示（advanced concept technology demonstrations），其目的是加速成熟技术向新型号的转移，尽可能在逼真的作战环境中进行。

1994年春天，钱学森回想飞机、火箭、导弹的总体研制过程，并展望未来的空天飞机的研制时说：“高新技术的设计开发工作，也是人—机综合的大成智慧工程，因为：

① 把整个设计开发工作分解为几个局部问题，每一局部问题，如在马赫数8以上的超声速燃烧冲压发动机，如气动力问题、如结构问题、如结构防热问题等等。

② 再把某一局部问题分解为不同时刻的瞬时过程，如超声速燃烧的瞬时实验模拟，用1/100秒～1/10秒；用两种研究方法：计算机模拟及实验模拟，以验证计算、考核理论。

③ 所有局部问题都经过实验证实，得到可靠的理论计算方法了，就可以综合了。

④ 综合主要用计算机、计算机模拟全机全飞行过程，满意了，再进入全工程的真实实物试运转。这最后一段工作是耗资巨大的，力求一次成功。”

钱学森在这里明确提出了适用于大型工程系统的综合集成方法。这个方法强调了对系统的正确分解、以验证计算和考核理论为目的的分系统的计算机模拟和实验模拟（包括地面实验和缩比模型的飞行试验）和全系统的计算机仿真。进一步，钱学森指出，还必须进入工程的真实实物试运转，也就是前面提到的先期概念技术演示。钱学森对新技术向工程转化的论述，对我国的技术创新和工程创新，具有方法论的指导意义。

五、结束语

讨论科学、技术、工程的相互关系，无疑将会突出从科学向技术的“转化”和从技术向工程的“转化”问题，有助于正确地制定相应的政策，促进这两种“转化”。对于这两种“转化”，钱学森分别提出了发展工程科学（技术科学）和发展系统工程的综合集成方法。这对我国科学、技术和工程的发展，具有十分深远的意义。人类社会发展的历史，就是新的、先进的生产力不断取代旧的、落后的生产力的过程，其中科学技术推动着生产力的发展，决定着生产力的发展水平；而另一方面，工程科学技术起着最重要、最直接的作用。科学是认识客观世界的知识体系，属于潜在生产力。在工程科学的推动下，科学发展为工程技术，将知识创新转化为技术创新，从而推动现实生产力的发展。工程活动是现代社会存在和发展的重要基础之一。工程活动不仅是对特定目标的技术的综合集成，而且是技术、经济、文化、环境等因素综合作用下的一种社会发展活动。因此，我们必须在科学发展观指导下，有效地选择、设计、建设和运行工程项目，以加速我国的现代化进程。

第五节　一个复杂性研究个案与钱学森现代科学技术体系的启迪*

一、一个复杂性工程技术问题

1. 一个缺乏预见功能的学科及其全球性难题

科学理论具有解释功能、认识功能和预见功能①。在某一领域内，如果科学

* 本节执笔人：李世煇，中国科学院。

① 刘元亮，等. 科学认识论与方法论. 北京：清华大学出版社，1987：339.

理论分析预测结果与实际情况往往相差很远，科学危机已经出现。岩石力学在地下工程的分析预测，就是一个典型实例。

1）岩石力学与地下工程

岩石力学是固体力学的一个分支学科，只有 50 余年历史。作为一门技术科学，它的主要任务之一就是指导地下工程的实践。随着大规模的矿山、交通、水利、水电、国防建设的发展，岩石力学理论研究和实验、设计、施工技术都有很大的发展。但是，由于岩石性质极为复杂，至今岩石力学尚未形成一套独立的、完整的理论。几十年来全球岩石力学界面临的难题之一，就是在地下工程设计和施工中，力学分析的可信度低。

例如，1994 年《小浪底水利枢纽地下厂房支护设计报告》指出："清华大学计算结果表明，围岩（洞室周围的岩石）稳定性非常好，塑性区较小，围岩大部分处于弹性状态。""河海大学计算结果表明，围岩稳定性比较差，塑性区很大，甚至在天然状态已有部分岩体处于塑性屈服或开裂状态"。二者分析结果相反，但都不符合实际。国内外水平大体如此，只是一般不肯公之于世而已。为尊者讳（西方讳言现代科学之无能为力），似中西皆难免俗。

时至今日，各国地下工程技术规范都以专家经验类比作为首要方法，表明现代科学技术在这一领域处于尴尬境地。

2）一个复杂性问题

地下工程在岩石中开挖而成。岩石力学的研究对象——岩石是经过地质作用天然形成的矿物集合体，是地质体的一部分，经历过多次地质构造运动造成的变形、破坏、再变形、再破坏。地下工程围岩的复杂性表现在：

① 岩体均被大小断层、节理、裂隙、微裂隙（总称"各级（软弱）结构面"）切割，其力学性质不决定于岩石块的强度，而取决于各级结构面的性质。

② 每个结构面的几何、力学性质逐点变化，难以预测。

③ 岩体中存在着地应力。各点地应力的大小和方向都不相同，没有理论方法计算，必须现场勘测。

④ 岩体深藏地下，原位地质勘察试验昂贵费时，超出绝大多数地下工程的承受能力。

⑤ 地层虽然千百年处于稳定状态，但是在爆破开挖形成地下空间的瞬间，围岩突然失去稳定；洞室围岩中无数的地质、力学参数，随时间发生未知的变化，向新的自组织的稳态或失稳转变。

这种动态变化极其复杂。逐点、逐时、精确的、符合实际的围岩稳定性分析和预测，世界上任何一个地下工程从未实现过。这就是"岩体和岩性的输入参数及其本构模型”成为岩石力学两大前沿课题，而且多年未能解决的根由[①]。

岩石力学分析、预测地下工程围岩的稳定性，使用的常规方法主要是还原论科学的、从部分认识整体的两种方法：微（分单）元法和抽样法[②]。岩石的复杂性和力学的还原性（单向因果分析和力学试验）构成岩石力学的主要矛盾。钱学森指出：“从系统科学观点看来，凡现在不能用还原论方法处理的或不宜用还原论方法处理的问题，而要用或宜用新的科学方法处理的问题，都是复杂性问题。”[③] 地下工程围岩稳定性的预测和控制，既然在国内外都不能用还原论方法处理，都以专家经验判断为首要方法，应属一个复杂性问题，当无疑义[④]。

2. 万事俱备，只欠东风[⑤]

笔者早年自学毛泽东军事、哲学思想，坚持用于指导思想和工作。改革开放初，1980 年奉命参加一项军内重点综合性研究课题：“坑道工程围岩分类及其在被覆设计中的应用”；得以长期深入若干重点地下工程施工现场，亲身从事新奥法（隧道工程奥地利新方法的简称）先进技术的学习和应用；同时，得以广泛参与国内外学术交流，从而能够从整体上查明国内外岩石力学与地下工程的现状与存在的问题，对地下工程的复杂性与系统科学兴起的大趋势有了比较深切的认识。从而得以解脱专业性思维的束缚，总揽全局，逐渐明确认识到：1980 年代初，国内外岩石力学与地下工程界出现了一些前所未有的科学技术条件。

1）系统科学的兴起

1980 年钱学森、王寿云在中央电视台讲授“系统工程普及讲座”的第一讲[⑥]，在国内学术界产生巨大影响。当时，中国出现了学习系统论、控制论和信息论的“老三论热”，推动了复杂性研究（笔者在内）的启蒙。

2）围岩变形量测

地下工程传统上把围岩看作荷载，强调逐点量测围岩各点的应力、应变等微观量。20 世纪 70 年代以来，在全球地下工程界推广应用的新奥法，不仅把隧道围岩看作荷载，更看作主要的承载结构（与系统科学的自组织观念一致），并且

---

① 孙钧．世纪之交的岩石力学研究//中国岩石力学与工程学会第五次学术大会论文集，1998：1～16.

② 孙小礼．自然辩证法通论（2 卷）．北京：高等教育出版社，1993：94～95.

③ 于景元．开放的复杂巨系统及其方法论//王寿云，等．开放的复杂巨系统．杭州：浙江科学技术出版社，1996：54，62.

④ 李世煇，吴向阳，尚彦军．地下工程半经验半理论设计方法的理论基础——围岩-支护系统是一种开放的复杂巨系统．岩石力学与工程学报，2002，21（3）：299～304.

⑤ 李世煇．隧道围岩稳定系统分析．北京：中国铁道出版社，1991：1～18，153～181.

⑥ 钱学森，王寿云．系统思想和系统工程//中国科协普及部．系统工程普及讲座汇编（上），1980：1～6.

把在施工中量测隧道周边围岩的位移（一种宏观量），作为关键技术措施（与系统科学的序参量的概念一致）。这是系统论、控制论和信息论的观点在地下工程界的体现。

3）围岩分类广泛应用

20世纪六七十年代以来，利用围岩分类选定支护类型和参数，是世界各国新奥法地下工程的通用的成熟技术。新奥法的围岩分类，已经从传统的按照岩石坚固性的分类（结构分类），转变为按照隧道围岩稳定性的分类（功能分类），把围岩完整性（破碎程度）作为分类的首要因素。这种按照围岩整体功能的分类，符合系统科学原理。

4）计算机技术的应用和普及

以前岩石力学分析的未知数以一二十个为限。电子计算机的应用，使未知数可数以百、千、万计。岩石力学数值分析能够适应比较复杂的洞室形状、支护、地质、施工条件。

但是，由于“实验室内的小块岩样试验对围岩没有代表性，绝大多数地下工程不具备在工程现场进行原位大试件力学试验的条件”，难以获得接近实际的输入参数，加之岩体过于复杂，也难以查明力学机理。以致20世纪70年代兴起的“有限元法（一种主要的数值分析方法）热”，劳而少功甚至无功，很快变成人人望而却步的“无底洞”。

5）位移反分析法

在应用新奥法的基础上，利用开挖隧道测得的围岩位移，反求反映围岩整体功能的力学参数的方法，叫做位移反分析法。所得岩体力学参数是一种大范围的、综合性的、等效的代表性数值。虽然坚持力学分析传统观念的学者把它说得一无是处，却受到地下工程界的欢迎。位移反分析法和围岩变形量测都以新奥法为基础，都是突破还原论、发展整体论的、符合系统科学理念的一种先进概念和方法。如果能对上述有利条件加以有机组合应用，就有可能另辟蹊径，找到解决上述国际性难题的一种“实用性方法”。

二、中西文化优势互补，从解决具体的复杂性问题入手——典型类比分析法研究思路与工程验证

钱学森指出：“要建立开放的复杂巨系统一般理论，必须从一个一个具体的开放的复杂巨系统入手，只有这样，这些研究成果多了，才能从中提炼出一般的开放的复杂巨系统理论。”这大概就是典型类比分析法这一复杂性研究个案，在系统科学、思维科学等研究中有点价值的原因所在。

1. 立足于本专业（岩石力学地下工程）专家咨询经验的总结

“文化大革命”中中国的高等教育断代十年。20 世纪 80 年代初，笔者所在的中国人民解放军工程兵第四设计研究院，面临大批老专家陆续退休，新毕业大学生逐年涌入，工程技术人员新老交替。专家经验具有“只可意会，不能言传”的特点，没有多年实践很难学到手。面对地下工程设计和施工主要依靠工程经验的现实，人才断层问题突出。如果能研制出具有专家咨询特定功能的专家系统，新手就能迅速掌握老专家丰富经验的一些关键点。笔者以此为己任，开始了实践探索。但是，面对地下工程界常规的专家系统实效不佳的现实，笔者不得不打破常规：不用计算机专业到处套用的“知识工程师”软件；试图以我为主，另辟蹊径，立足于本专业（岩石力学地下工程）专家咨询经验的总结和模拟。

笔者多年注意观察身边的新老专家在工程咨询时的做法，结合自己的地下工程实践经验，加以比较和概括，逐渐觉察到：在处理一些复杂性工程技术问题时，虽然各个工程千差万别，个人习惯做法各异，但有几个基本方法大家都在综合应用，甚至处理问题的顺序也比较接近。这就是说，在深层次有一些规律性的东西，多数专家是在经常应用的。地下工程专家咨询的思路和方法，大体可以概括为以下六个步骤：

① 本质分类：首先必须查明工程的地质条件，判定围岩的类别，作为进行工程类比的桥梁。根据岩体工程地质力学理论，决定围岩整体稳定性的首要因素是岩体结构面的性质。围岩分类是否科学合理，是专家咨询成败的基础。

② 实例检索：必须在同类围岩中找到一个条件接近的、地下工程成功实例。这是专家咨询水平高低的关键。

③ 因果类比：以上述工程实例作为类比的基准，作为提出支护类型、参数与施工方法的初步建议的依据。

④ 全面比较：全面比较二者地质条件与工程结构条件的异同，对上述类比所得初步建议作适当修正。

⑤ 力学分析：力学是工程的根本。单纯依赖经验难以发现深层可能出现的问题。必须尽可能地应用简便的力学分析工具，对该工程的围岩变形与破坏特性，作一点粗略的分析预测。所需岩体力学参数可参照工程实例资料，或选取工程经验值。

⑥ 系统综合：综合考虑有关因素，并且估计可能的其他不利因素，以偏于安全为原则，提出定性的（工程成败可能性的估计）与半定量的（大体的概略定量）咨询意见。

地下工程专家咨询的思路和方法的上述步骤是国内外实施工程类比法的精要。模拟与发展这种思路和方法是笔者从事新型专家系统研制的依据，是典型类比分析法的实践基础。

2. 典型类比分析法BMP程序系统的研制——毛泽东军事、哲学思想观点和方法在地下工程科学研究的应用①

钱学森指出："军事科学，目前已不限于常规武器战争的研究，而是研究整个客观世界中不同集团的矛盾和斗争，包括'商战'、'智力战'等。"② 他还指出："从定性到定量综合集成法是建筑在《实践论》基础上的，从定性到定量综合集成法的工作过程是以《矛盾论》为指导思想的。"③ 钱学森的理论概括，使笔者20世纪80年代初以来应用毛泽东军事、哲学思想指导复杂性科学研究的实践，得到极其宝贵的、有力的理论支持。

① 经过系统的周密的调查研究，笔者认识到地下工程的地质条件极其复杂，而设计者可能掌握的勘察和分析手段极其有限。这就是说，整体态势是"敌强我弱"，力量对比相差悬殊。

② 面对"强敌"，取胜之道只能是"调动一切积极因素"，实行"统一战线"的策略，盲目坚持西方近代科学的还原论的"关门主义"，必然失败。

③ 面对如此复杂的对象，对勘察设计所得输入数据和岩石力学分析结果的精度要求，应该是"知其大略，知其要点"。"输入数据和分析结果越精确，水平越高"的西方近代科学传统观念，不符复杂性研究实际。笔者以提高我军工程兵科学技术实际水平为目的，至于西方科学技术界评价如何，当时根本未予考虑。

④ 在中国的特定的历史条件下，在岩体质量最差的Ⅴ类围岩的一个"极软岩"坑道工程，1980年前后进行了系统、完整的（其工作量和深度国内外极为罕见）新奥法原位测试，按照"胸中有全局，手中有典型"的思路，可以把这个工程看作"典型"，为同类围岩的"一般"工程，提供一个"典型的工程地质条件（以及相应的施工条件，下同）"的典型信息。

⑤ 根据毛泽东军事思想"伤其十指，不如断其一指"的原则，可以判定：一个典型工程原位测试资料的权值（重要性），应该大于同类围岩其余所有工程资料的权值之和。因此，用典型工程原位测试资料，对岩石力学数值分析程序（不仅仅对分析结果，这是本项研究对位移反分析法的发展）进行反馈和综合性修正，建立同类围岩的岩石力学分析专用通道。这是初步解决"围岩稳定性数值分析可信度低"难题的现实的途径，有可能大幅度提高我军坑道工程的设计施工

---

① 李世煇，赵玉绂，徐复安，等. 隧道支护设计新论——典型类比分析法应用和理论. 北京：科学出版社，1999：161，392～418，433～454.

② 钱学敏. 钱学森关于现代科学技术体系的构想及其"大成智慧学". 中国社会科学院研究生院学报，1994，5：1～9.

③ 王寿云，等. 开放的复杂巨系统. 杭州：浙江教育出版社，1996：278，295.

水平。这是一个经验性假设，有待于大量工程的应用验证。

3. 典型类比分析法BMP程序工程应用实例

笔者退休后，坚持典型类比分析法研究，依托原单位从1989年春到2000年举办了五期典型类比分析法讲习班，面向全国推广应用典型类比分析法软件，软件用户与成功应用的工程均数以百计，可信度的经验统计值达0.7～0.9，实效超出预料。

北京市设计应用的知名地下工程有：八达岭高速公路长达3.4公里的潭峪沟隧道，正在施工的南水北调工程北京段三座输水隧洞等。设计单位评价："使用该程序，大大缩短了设计周期。该程序具有实用性强，效率高的特点，受到了工程设计人员的普遍欢迎。"典型类比分析法软件被工程技术人员誉为："隧道工程师的良友和福音、新手的高级顾问"。

涉外工程关键性技术较量，典型类比分析法具有专家咨询功能的、在国内外最知名的工程验证，是1991年二滩水电站施工中设计复核。二滩水电站位于雅砻江下游，当时是我国装机容量最大的工程。两岸导流隧洞均长约1100m，开挖断面宽20.5m，高25.5m，是当时世界最大的导流洞。地质条件复杂，施工中软岩坍塌与硬岩岩爆同时存在。1991年9月27日承包商菲利普-霍尔兹曼公司自德国法兰克福提交传送单，提出：该导流洞软弱围岩区段如按原设计施作支护，围岩不稳定，建议每16m^{2}侧墙增设预应力锚索1根（合同价每根3.5万元，当时估计需增加造价约2千万元），限同年11月1日执行。负责此项工程设计的设计院收到传送单后只有四周时间，用常规分析方法已不能完成设计复核。

该院工程师童建文使用典型类比分析法BMP84A程序，当即得出复核结果：德商的传送单不符合二滩实际，支持原设计的合理性。经该设计院各级领导研究决定，并报请二滩水电开发公司批准，不同意德商建议。此后，承包商按原设计施工，导流隧洞于1993年12月建成通水，至今运行正常。

1994年《国际岩石力学与矿业科学学报》刊出笔者的技术备忘录，初步介绍典型类比分析法，并列举二滩水电站等三个工程应用验证实例①。

三、"典型类比分析法"功能之源：大跨度地触类旁通——典型类比分析法是不是形象思维模拟的一个小小的突破口

在典型类比分析法的大量工程应用验证，实效之好已超出预料，同时又发现在地质学、生物学和天文学等以复杂系统为研究对象的基础研究学科中，典型类

① Li S H. Application of rock mechanics principles to tunnelling in China. International Journal of Rock Mechanics and Mining Science & Geomechanics Abstracts, 1994, 31 (6): 749～754.

比分析法原来也是一种必要的科学研究方法，虽然此前尚未见西方从科学方法论高度作出这一概括。直到 1994 年，笔者读到钱学森的论述："跨度越大，创新程度也越大。而这里的障碍是人们习惯中的部门分割、分隔打不通。大成智慧教我们总揽全局，洞察关系，所以能促使我们突破障碍，从而做到大跨度地触类旁通，完成创新"，方才豁然开朗。

原来，作为文理结合、中西文化互补这样大跨度地结合的产物，典型类比分析法的创新功能的理论依据就是钱学森的现代科学技术体系和大成智慧学。

钱学森指出："我建议把形象（直感）思维作为思维科学的突破口。因为它一旦搞清楚之后，就把前科学的那一部分，别人很难学到的那些科学以前的知识，即精神财富，都可以挖掘出来，这将把我们的智力开发大大地向前推进一步。"[①] "形象（直感）思维是我们思维科学现在要突破的，而且由于智能机的研制工作已经提到日程上来，对突破形象思维也是一个压力。多少年来，这个问题一直是隐隐约约的。中国古话讲，只能意会，不能言传，能言传的都是讲得清楚的问题，而形象（直感）思维现在没法讲清楚。如果将来我们说能讲清楚了，哪怕只讲清楚了一点儿，也不是小事，我想那将是人类历史上又一次革命。"[②]

学习钱学森关于思维科学论述与有关论著，笔者小结了当时的初步认识，现将近年进一步学习研究的认识简要说明如下：

1. *复杂系统具有序参量，是有效模拟形象思维的一个必要条件*

国内外地下工程用于设计、施工决策的首要方法，历来是依赖专家经验的工程类比法。这显然不是依赖严密的逻辑思维，而是一种宏观把握的、以形象（直感）思维为主的思维活动。

钱学森指出："等脑科学来发展思维科学是不行的。怎么办？思维科学要走人工智能和智能机这样一条道路，也就是用机器模拟的方法，如果模拟出来了，即人的思维可能就是这么回事。所以，人工智能、智能机的理论是思维科学，而思维科学的发展恰恰要靠智能机、人工智能的工作。我们也可以说用思维科学来指导智能机的工作，又用智能机的发展来推动思维科学的研究"。

只有逻辑分析能力的冯氏计算机，尽管已有海量信息存储和高速运算能力，但是本身并没有模拟形象思维的功能。在模式识别方面（例如，汉字书法作品的识别）人们做了许多努力，至今收效甚微。

但是，典型类比分析法实践证明：在特定的条件下，现行的计算机用于模拟像"专家的工程类比"这样的形象思维，不仅是可行的、有效的，而且是可以普

---

① 钱学森. 科学的艺术与艺术的科学. 北京：人民文学出版社，1994：31，32.

② 钱学森. 科学的艺术与艺术的科学. 北京：人民文学出版社，1994：76～80.

及应用的。这个特定条件有三：

① 此类复杂性科学技术问题原则上是可以用模型方法处理的，只是由于“机理过于复杂，关键参数不清”，使得理论分析模型的分析结果可信度低。

② 此类复杂系统（个体）具有可观测的（或同时具有可控制的）序参量。

③ 此类复杂系统中的某一个体，这种序参量的测试结果在同类系统中具有良好的代表性，可以作为典型信息，用以对上述理论分析模型作反馈和综合性修正。

2. 典型地质环境的提出和选定

地下工程围岩稳定性分析预测难题的关键是地质因素复杂多变，加以施工中人为因素的触发，难以获取比较符合实际的原位测试资料。但是20世纪80年代初，在中国的特定的历史条件下，曾经花费了超出常规若干倍的资金、技术力量和时间，在最为软弱、破碎的Ⅴ类围岩中的一个特定的新奥法地下工程，获取了比较系统、完整、符合实际的原位测试资料。如果用传统的数理统计的方法，Ⅴ类围岩的样本数为1，可信度为0。但是，如果换一个思路，用毛泽东倡导用于社会调查的、中国人喜闻乐见的典型方法（典型一般方法）去处理，把已经获取的原位测试资料所反映的该地下工程的地质环境，作为Ⅴ类围岩地下工程的典型地质环境，就有可能另辟蹊径，绝处逢生。

典型地质环境概念在脑海中的涌现，是对“地下工程围岩稳定性分析预测难题”长期的苦苦探索中，突发奇想，豁然开朗的。这种典型地质环境概念的提出和具体选定，需要总揽地下工程全局，洞察地下工程内外的关系，抓住主要矛盾，将联想、想象、类比等形象思维方法和分析、归纳、演绎等抽象思维方法结合起来。在这里，逻辑思维是时常应用的，起着基础作用，但是在解决问题的关键时刻起主导作用的是形象（直觉）思维。

卢明森提出的形象思维三条基本规律中，核心是形象典型律。形象典型律强调：“如果对某个有代表性的感性形象的个性特征加以概括，那么它就成为反映一类事物的典型形象，它的作用则在于从若干事物中去识别某一类个体，因此这样的典型形象就不再是感性形象，而是理性形象了。二者的区别在于：感性形象强调的是个性形象，而典型形象则强调的是一类事物的典型特征。”① 在围岩稳定分析中，形象思维中的典型形象（各类围岩中典型工程中原位测试的、代表性良好的典型地质环境）既是工程个体的形象，同时这个工程所在的同一类围岩中，地下工程地质环境之主要的、共有的特征又集中反映在这个工程上。也就是说，在围岩稳定分析中，典型工程具有同一类围岩地质环境的典型特征，因此在

① 卢明森．思维奥秘探索——思维学导引．北京：北京农业大学出版社，1994：291～301．

同类围岩地下工程中代表性良好。从思维科学的角度观察，典型地质环境的意义在此。

3.“用计算机模拟专家经验类比的形象思维，能够达到工程实用的水平”的验证

以形象思维为主产生典型地质环境和由此而来的典型类比分析法及其计算机软件，能不能有效地模拟专家的形象思维？能不能为国内外岩石力学与地下工程界公认？

以下三点可以明确回答：在国内外，已经公认典型类比分析法具有专家咨询水平。

1）国内社会认同

以数以百计的地下工程应用验证的成功经验为基础，1994年总参谋部兵种部组织的、以中国科学院院士（中国岩石力学与工程学会理事长、国际岩石力学学会副主席）孙钧教授为首的技术鉴定委员会一致认为：典型类比分析法“发展了坑道工程设计理论，使坑道支护设计技术产生了带突破性的进展”；在“五个特点方面居于国际领先地位”，其中第二个特点是“围岩稳定分析预报比较接近实际，具有专家咨询水平，工程验证统计的可靠度经验值已达到90％”。1995年1月获军队级科技进步一等奖。典型类比分析法已经纳入我军《防护工程设计规范》，1998年经总参谋部和总后勤部批准在全军实行。2000年总参谋部兵种部已将典型类比分析法新版软件，下发各大军区工程兵使用。

2）西方同行能够明白：“为什么一个计算机软件，能够起到专家现场咨询的作用”

1996年1月《国际岩石力学与矿业科学学报》主编Hudson博士来华。会见中笔者说：“二滩水电站导流隧洞施工中进行设计校核时，我并不在现场。设计院的工程师使用我研制的典型类比分析法BMP84A程序，起到了我到现场咨询的作用。”Hudson博士说：“我几乎不敢想象”，并说希望笔者再写一篇稿件，让他的读者都能明白。

在Hudson博士的学生和助手矫勇博士的大力帮助下，笔者和助手吴向阳等的论文“典型类比分析法在二滩水电站施工中的应用”的中、英文稿，经过一年多的反复斟酌、修改补充；Hudson博士亲任该文英文编辑，并为“典型类比分析法”的英译定名“precedent type analysis，PTA”，1998年12月发表于《国

际岩石力学与矿业科学学报》[①]。这一事实说明，这篇稿件达到了使西方读者都能明白："为什么典型类比分析法分析程序，能够起到专家现场咨询的作用"的要求。

3）国际岩石力学学会主席的推重

2007年1月，新任国际岩石力学学会主席Hudson博士发表长篇论文：现代化的岩石力学建模与岩石工程设计的流程图。在引言和综述以前的工作部分，该文引用1977年以来8篇文献，多数出自公认的国际权威性专家学者（1998年笔者和助手的上述论文在内）。随后，Hudson博士在该文提出"现代化的岩石力学建模流程图"，引用当代8种先进的岩石力学建模方法，其中之一是典型类比分析法[②]。典型类比分析法能够为国内外岩石力学和地下工程界主流所理解，并得到公认，可以说这是一个标志性的事实。

四、典型类比分析法在特定的方面能够模拟专家现场咨询经验，初步具有第一代智能机的某些功能的说明和论证

1. 说明

① 专家现场咨询意见主要是定性的，而典型类比分析法软件对围岩稳定性的分析预测是从定性到定量，可以逐次逼近的。

② 典型类比分析法软件以计算机技术为基础，中专以上文化程度的工程技术人员都能掌握应用。

③ 在工程地质力学指导下，国内研制的"坑道工程围岩分类"作为类比的基础，先进性和实用性更强，并且便于与国内外各种常用的围岩分类进行换算。

④ 以同类围岩中地质条件最差的，国内外罕见的，具有比较系统、完整的原位测试资料的典型工程的典型信息，作为类比的基准，因此其可信度明显高于一般专家咨询的可信度。

⑤ 充分利用岩石力学数值分析的优势是一种以计算机技术为基础的、以岩石力学数值分析形式出现半经验半理论方法，不但能够反映洞形、埋深、支护配置等多种结构因素，而且较常规的理论分析方法提高效率达百倍。

⑥ 人—机结合，以人为主。既发挥人的宏观经验判断的长处，又发挥计算机高速运算、海量存储和信息处理的长处。

---

① Li S H, Wu X, Ma F. Application of precedent type analysis (PTA) in the construction of ertan hydro-electric station, China. International Journal of Rock Mechanics and Mining Science, 1998, 35 (6): 787～795.

② Hudson J A , Feng X T. Updated flowcharts for rock mechanics modeling and rock engineering design. International Journal of Rock Mechanics and Mining Science, 2007, 44 (1): 174～195.

⑦ 数值分析结果是一组精确的数字，怎么能符合有一定不确定性的工程实际？这里参考了《美国空军防护结构设计与分析手册》的半经验半理论表达方法，并结合中国实际加以发展：在软件内，“精确”计算得出的理论值上，乘以（同时除以）经验性的“不确定度”。这个“不确定度”是依据“典型工程原位测试资料”与“分析值与工程实测值符合程度”的统计结果选定的。这种表示方法类似于一种经验性的“置信概率区间”。这一部分宏观经验判断是由研制者完成的。

⑧ 用户分工负责的宏观经验判断：《用户手册》强调，软件的输出结果只是一种专家咨询意见，不能代替用户作决策。用户应综合考虑软件不能包括的该工程有关因素，考虑可能的最不利条件，以偏于安全为原则，做出定性与半定量的决策。

2. 论证

① 典型类比分析法把地下工程专家咨询经验，即“别人很难学到的那些前科学知识，即精神财富”，挖掘出来，并且已经帮助地下工程工程师把“智力开发大大地向前推进一步”，经部级技术鉴定，在特定方面已经能够使用户普遍达到“具有专家咨询水平”。

② 在地下工程专家咨询经验方面，典型类比分析法已经“把还没有形成科学的前科学知识都利用起来”，而且在广泛的实际应用中，确属行之有效。

③ 钱学森指出：“形象思维比抽象（逻辑）思维更广泛，逻辑思维只是解决科学问题，形象思维是把还没有形成科学的前科学知识都利用起来。这是智能机的问题。”

据此，典型类比分析法虽然属于软件（原则、方法和程序），不是硬件，但是从功能看，应属钱学森所期望的“中国第一代智能机”的一个初步的实现，应该是成立的。

但是，典型类比分析法对于形象思维研究来说，毕竟只是一个个案。凡是具体经验都有局限性。对于形象思维的模拟，这里如果真的能够讲清楚一点儿的话只是万里长征走完了第一步，一颗铺路石子而已。

五、小结

一项复杂性工程技术问题研究，如果自觉地以钱学森现代科学技术体系总体框架为指导，从不同角度、不同层次加以观察，并且用中西两种不同文化和科学传统，以及不同学科的理论观点和方法进行对照、分析，加以有机结合、融会贯通，就有可能解决囿于还原论的西方科学家未能解决的当代科学技术难题，并且有可能在理论上有所创新。据此，笔者认为：钱学森现代科学技术体系总体框架作为复杂性科学研究的纲领当之无愧。

笔者感到，这是钱学森指出的一条光明大道。如果没有钱学森的学术思想的启发和支持，典型类比分析法可能至今仍在科学殿堂之外徘徊。

思维科学研究的对象均为开放的复杂巨系统，应无疑义。这里对“典型类比分析法是形象思维模拟的一个小小的突破口，初步具有钱学森指出的‘中国第一代智能机’的某些功能”作了初步论证。论证如能成立，对于思维科学研究来说，钱学森的战略性判断：“要建立开放的复杂巨系统一般理论，必须从一个一个具体的开放的复杂巨系统入手，只有这样，这些研究成果多了，才能从中提炼出一般的开放复杂巨系统理论”也可得到一个新的证明。

第六节　现代科学技术体系和复杂巨系统理论与应用*

一、现代科学技术体系简介

在全球化浪潮的冲击下各国科学技术与社会经济迅猛发展，人类面对越来越复杂的客观世界。创建辩证统一的当代科学技术体系是进一步认识客观世界、树立科学发展观的重要理论基础，已经成为当代科学技术发展进程中理论建设的重大课题。钱学森具有深厚的东西方文化背景，融和多年科学研究和工程实践的认识提出“现代科学技术体系”和“开放的复杂巨系统”的科学思想，不论在科学技术体系的内容方面，还是在方法论上都具有重大突破，是当今科学技术发展进程中的重要理论创新。

现代科学技术体系的建立是钱学森用马克思主义哲学做指导，总结出来的，早在他由美国刚回到祖国的 1957 年，发表了归国后的一篇重要文章，题为《论技术科学》。文章阐述了科学领域中三个层次的观点，即基础理论、技术科学、应用技术三个层次。他以自己亲身参与美国应用力学发展的深刻体会，论述了技术科学的重大意义与作用：在任何一个时代，今天也好、明天也好、一千年以后也好，科学理论绝不能把自然界完全包进去，总有一些东西漏下了，是不属于当时的科学理论体系里的，总有些东西是不能从当时科学理论推演出来的。所以虽然自然科学是工程技术的基础，但它又不能完全包括工程技术。因此，有科学基础的工程理论就不是自然科学的本身，也不是工程技术的本身，它是介于自然科学与工程技术之间的，也是两个不同部门的人们生活经验的总和，有组织的总和，是化合物，不是混合物。要综合自然科学和工程技术，要产生有科学依据的理论，需要另一种专业的人。由此看来，为了不断地改进生产方法，我们需要自

---

* 本节执笔人：戴汝为，中国科学院。

然科学、技术科学和工程技术三个部门同时并进，在任何一个时代，这三个部门的分工是必需的。钱学森在国内，又经过 20 多年从事航空航天技术的实践与经验积累，于 20 世纪 80 年代首次在中共中央党校讲课时把原来人们心目中的自然科学和社会科学两大部门，扩展到 8 个，加上数学科学、系统科学、思维科学、人体科学、军事科学和文艺理论，形成一个体系。过了几年又加上地理科学、行为科学，之后又提出建筑科学的设想，在这过程中曾与建筑专家及城市规划专家进行过讨论。总之，现代科学技术体系是基于各门科学研究的对象都是统一的物质世界的认识，区分只是研究的角度不同，这就从根本上拆除了以往各门学科之间仿佛永远不可逾越的中界，也必然使辩证唯物主义与各门科学内在地、紧密地熔铸在一起。这个体系从横向分为三大层：最高层是马克思主义哲学，马克思主义哲学、辩证唯物主义是人类一切知识的最高概括；从智慧形成的高度，以“性智”与“量智”来概括各科学技术部门及文艺活动与美学对人类的性智与量智两种类型智慧的形成与影响；最下面一层是现代科学技术 11 大部门，即自然科学、社会科学、数学科学、系统科学、思维科学、人体科学、地理科学、军事科学、行为科学、建筑科学以及文艺理论与文艺创作。并分别通过 11 座“桥梁”：自然辩证法、唯物史观、数学哲学、系统论、认识论、人天观、地理哲学、军事哲学、人学、建筑哲学以及美学，把马克思主义哲学与 11 大科学技术部门联在一起。在每一大部门中，又分成基础理论、技术科学及应用技术三个层次。在 11 大部门之外，还有未形成科学体系的实践经验的知识库以及广泛的、大量成文或不成文的实际感受，如局部的经验、专家的判断、行家的手艺等也都是人类对世界认识的珍宝，不可忽视，亦应逐步纳入体系。以上所述的现代科学技术体系是钱学森多年来心血与智慧的结晶，体现出科学技术与人文融合和科学技术持续发展的思想①。

二、开放的复杂巨系统及综合集成研讨厅（HWME）概述

钱学森密切注视国际科学技术的发展，并以其深厚的东西方文化的底蕴，做出了中国科学家的贡献。自 20 世纪末，复杂性科学被誉为“21 世纪的科学”，包括欧洲普利高津（Prigogine）和哈肯（Haken）作为代表的远离平衡态的自组织理论和以美国圣菲研究所（Santa Fe institute）作为代表的复杂自适应系统理论。还有西蒙（Simon），其中文名字叫司马贺，在 20 世纪 80 年代曾致函钱老讨论认知科学和思维科学的发展，他在名著《人工科学》先后三版中均对复杂性科学做出了重大贡献。从 20 世纪 80 年代开始，中国科学家已独立进行着有关“复杂性”的研究工作。1990 年，钱学森、于景元、戴汝为在《自然杂志》上发

① 王大中，杨叔子．技术科学发展与展望．济南：山东教育出版社，2002：111～122.

表了论文《一个科学新领域——开放的复杂巨系统及其方法论》，明确提出、阐述了开放的复杂巨系统的概念。

典型的开放的复杂巨系统包括：社会系统、城市系统、地理系统、人体系统、人脑系统、信息网络（Internet）及其用户等。在1990年的这篇及以后的论文中，同时提出了处理这类系统的方法论：从定性到定量的综合集成法。

1992年，钱学森又把从定性到定量的综合集成法发展为人—机结合、综合集成研讨厅。这个综合集成研讨厅的构思是把人集成于系统之中，采取人—机结合、以人为主的技术路线，充分发挥人的作用，使研讨的集体在讨论问题时互相启发、互相激活，使集体创见远远胜过一个人的智慧。通过从定性到定量的综合集成研讨厅体系还可把今天世界上千百万人的聪明才智和古人的智慧（以知识工程中的专家系统表现出来）统统综合集成起来，以得出完备的思想和结论。

HWME的结构如图5-6-1所示。

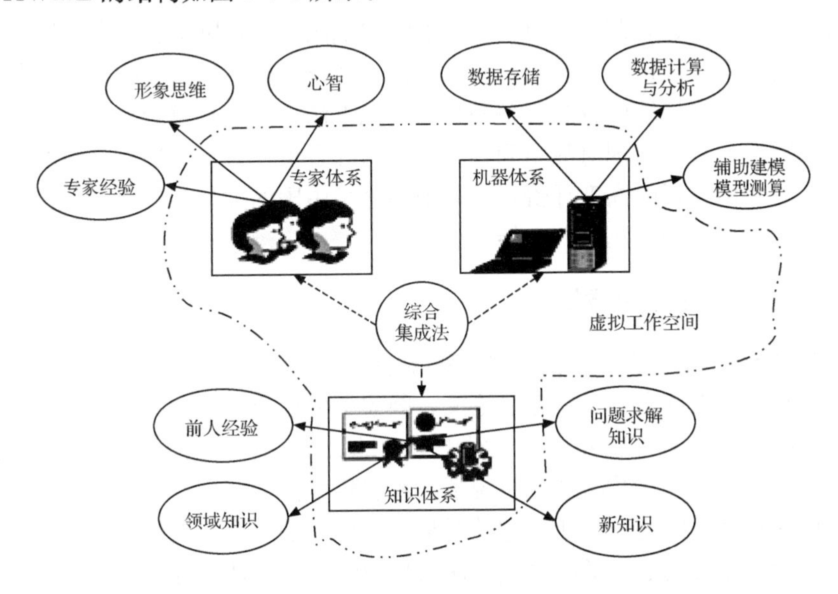

图5-6-1　HWME结构示意图

三、综合集成研讨体系及其初步应用

随着研究的进展，中国科学院自动化研究所组织了创新团队进行构建从定性到定量的综合集成研讨厅体系实用系统的实践。

近年来，信息空间（cyberspace）成为一个重要的概念，它使参与者跨越时间和地域的限制，随时随地就所关心的问题进行研究、交流和探讨，并可随时利用网络上大量资源，无论是本地的，还是远程的。信息技术的这个发展，为综合集成研讨厅的实现提供了一种新的、可能的形式，即基于信息空间的综合集成研讨厅（cyberspace for workshop of metasynthetic engineering，CWME）。CWME是信息社会条件下，对 HWME 的一种具体化。

经过多年的努力，这一系统已经在中国科学院自动化研究所得到成功研制。2003 年，CWME 的雏形系统在国际应用系统分析研究所（IIASA）的 CSM'2003 研究讨论会上被介绍、演示，引起各国与会专家的关注，认为在解决复杂系统问题时具有较强的可操作性，从而对这一具有中国原创特色的综合集成研讨厅有了一定的认识和理解。与该系统相关的研究工作得到中国国家自然科学基金委员会（NSFC）“特优”的评价。2004 年，这一系统成功应用于黄河中下游水库群的联合调度问题①。

2006～2007 年，中国科学院自动化研究所与中国人民解放军军事科学院合作，将综合集成理论应用于战略决策领域，研制了“战略决策综合集成研讨系统”。该系统针对战略问题的特点，应用先进的信息技术和智能技术，紧密结合战略研讨的要素，通过群体研讨、深度对话、数据分析、在线建模、决策分析等关键技术，把军事专家的智慧与各种战略研究方法、工具相融合，逐步确定问题的结构和特点，从而实现对战略问题的建模与综合集成计算。这一系统受到战略问题研究者和决策者的高度评价，有效地促进了中国的战略问题研究从传统方式向“定性、定量、综合集成”的转变。

四、系统学与中医药创新发展

钱学森于 1981 年在《自然杂志》第 4 卷第 1 期上发表了一篇题为“系统科学、思维科学与人体科学”的著名论文，阐述了他在 20 世纪 50 年代就主张的多学科交叉的观点，同时也表达了他对中医学的关切。1986 年他发表了讲话，明确指出了中医药要现代化必须靠系统学、系统科学。

像中医药这类问题，它所处理的对象是人体，是一个开放的复杂巨系统，所以可以采用从定性到定量的综合集成法所指明的方法。从定性到定量的综合集成法针对复杂巨系统来说，由于其跨学科、跨领域的特点，对所研究的问题能提出经验性假设。这种假设通常不是一个专家，也不是一个领域的专家们所能提出来的，而是由不同领域、不同学科专家构成的专家体系依靠群体的知识和智慧，对所研究的复杂系统和复杂巨系统问题提出的经验性假设与判断。当代系统论是整体论与还原论辩证的统一，不是简单地回复到古代的直观朴素整体观去，而是在近代精密科学的基础上、在局部细节弄清楚的基础上，向整体论的更高形态的发展。它运用从定性到定量的综合集成法，体现了集人类科学思维方法、现代科学

① 戴汝为. 论信息空间的大成智慧. 上海：上海交通大学出版社，2007：147～174.

方法、人类智慧之大成，所以是一种更综合、更高层次的科学思维方法，是思想方法论发展史上的又一飞跃。这必将大大推动从“描述科学”向“精密科学”的过渡、转变。中医现代化之路就是人—机结合、以人为主的思维方式和研究方式。机器能做的尽量由机器去完成，极大扩展人脑逻辑思维处理信息的能力（自然也包括了各种能用的人工智能方法和各种信息技术工具）。通过人—机结合、以人为主，实现信息、知识和智慧的综合集成。这是一个逐步实现中医药创新发展的过程①。

参考文献

鲍世行，顾孟潮，涂元季，等. 论宏观建筑与微观建筑. 杭州：杭州出版社，2001.

鲍世行，顾孟潮. 城市学与山水城市. 北京：中国建筑工业出版社，1996.

鲍世行，顾孟潮. 山水城市与建筑学. 北京：中国建筑工业出版社，1999.

戴汝为. 系统学与中医药创新发展. 北京：科学出版社，2008.

谷德振. 岩体工程地质力学基础. 北京：科学出版社，1979.

汉斯·波塞尔，刘则渊，李文潮. 中德学者关于技术与哲学的对话//刘则渊，等. 工程·技术·哲学. 大连：大连理工大学出版社，2001.

黄志澄. 技术科学的发展与技术科学的社会价值. 中国工程科学，2003，1.

黄志澄. 以人为主，人—机结合，从定性到定量的综合集成法. 西安交通大学学报：社会科学版，2005，2.

李伯聪. 工程哲学引论——我造物故我在. 郑州：大象出版社，2002.

李世煇，吴向阳，尚彦军. 地下工程半经验半理论设计方法的理论基础——围岩-支护系统是一种开放的复杂巨系统. 岩石力学与工程学报，2002，21（3）.

李世煇，赵玉绂，徐复安，等. 隧道支护设计新论——典型类比分析法应用和理论. 北京：科学出版社，1999.

李世煇. 工程信息科学方法论探讨：半经验半理论//马蔼乃. 信息科学交叉研究. 杭州：浙江教育出版社，2007.

李世煇. 隧道围岩稳定系统分析. 北京：中国铁道出版社，1991.

刘大椿. 自然辩证法概论. 北京：中国人民大学出版社，2004.

刘元亮，等. 科学认识论与方法论. 北京：清华大学出版社，1987.

卢明森. 思维奥秘探索——思维学导引. 北京：北京农业大学出版社，1994.

钱学敏. 钱学森关于现代科学技术体系的构想及其“大成智慧学”. 中国社会科学院研究生院学报，1994，5.

钱学森，戴汝为. 论信息空间的大成智慧. 上海：上海交通大学出版社，2007.

钱学森，等. 论地理科学. 杭州：浙江教学出版社，1994.

钱学森，王寿云. 系统思想和系统工程//中国科协普及部. 系统工程普及讲座汇编（上），1980.

钱学森，许国志，王寿云. 组织管理的技术——系统工程. 文汇报，1978-9-27.

钱学森. 工程控制论（新世纪版）. 上海：上海交通大学出版社，2007.

---

① 戴汝为. 系统学与中医药创新发展. 北京：科学出版社，2008：1～6.

钱学森. 科学的艺术与艺术的科学. 北京：人民文学出版社，1994.
钱学森. 论技术科学. 科学通报，1957，4.
钱学森. 论军事系统工程（新世纪版）. 上海：上海交通大学出版社，2007.
钱学森. 论系统工程. 长沙：湖南科学技术出版社，1982.
钱学森. 钱学森文集 1938-1956. 北京：科学出版社，1991.
钱学森. 社会主义现代化建设的科学和系统工程. 北京：中共中央党校出版社，1987.
钱学森. 我国今后二三十年战役理论要求考虑的几个问题//许方策. 通向胜利的探索（上）. 北京：解放军出版社，1987.
钱学森. 再谈开放的复杂巨系统. 模式识别与人工智能，1991，1.
钱学森. 作战模拟是一门重要科学技术. 作战模拟的研究与应用，1987.
宋健. 钱学森科学贡献暨学术思想研讨会论文集. 北京：科学出版社，2001.
孙钧. 世纪之交的岩石力学研究//中国岩石力学与工程学会第五次学术大会论文集，1998.
孙小礼. 自然辩证法通论（2 卷）. 北京：高等教育出版社，1993.
涂元季，李明，顾吉环. 钱学森书信. 北京：国防工业出版社，2007.
王寿云，等. 开放的复杂巨系统. 杭州：浙江教育出版社，1996.
徐志英. 高等学校教材：岩石力学（3 版）. 北京：水利电力出版社，1993.
殷瑞钰，汪应洛，李伯聪. 工程哲学. 北京：高等教育出版社，2007.
于景元. 开放的复杂巨系统及其方法论//王寿云，等. 开放的复杂巨系统. 杭州：浙江科学技术出版社，1996.
中国社会科学院语言研究所词典编辑室. 现代汉语词典（5 版）. 北京：商务印书馆，2005.
中国系统工程学会. 钱学森系统科学思想研究. 上海：上海交通大学出版社，2007.
Hudson J A，Feng X T. Updated flowcharts for rock mechanics modeling and rock engineering design. International Journal of Rock Mechanics and Mining Science，2007，44（1）.
Li S H，Wu X，Ma F. Application of precedent type analysis（PTA）in the construction of Ertan hydro-electric station，China. International Journal of Rock Mechanics and Mining Science，1998，35（6）.
Li S H. Application of rock mechanics principles to tunnelling in China. International Journal of Rock Mechanics and Mining Science & Geomechanics Abstracts，1994，31（6）.

第六章　现代科学技术体系探索小结*

2008 年 5 月 27 日～29 日，在北京召开了主题为“现代科学技术体系总体框架探索”的第 324 次香山科学会议，中国科学院、中国工程院、全国高等院校、军队与地方相关单位的系统科学、地理科学、思维科学、军事科学、建筑科学、自然科学和社会科学等领域的 40 多位专家学者应邀参加了此次会议。与会专家对钱学森提出的现代科学技术体系探索、研究工作进行了学术交流和研讨，在探讨钱学森现代科学技术体系思想的产生、发展及其科学意义的基础上，重点对系统科学、地理科学和思维科学等领域的研究进展进行了交流，并就进一步推进我国现代科学技术体系建设的总体思路、方法和运行管理机制等方面提出了建议。

第一节　钱学森现代科学技术体系思想产生、形成、发展及其科学意义

会议主题评述报告中指出，钱学森是在坚持马克思主义哲学与辩证唯物主义指导的原则下，从系统科学的观点出发，提出了现代科学技术体系。这是对人类认识世界、改造世界的知识总体进行了高度的理论概括，是继 19 世纪马克思、恩格斯的科学分类之后极为重要的理论创新。其主要内容是：

1. 提出了科学技术发展新的模式

钱学森现代科学技术体系，以实践论为指导，按照从实践到认识的发展，将现代科学技术的认识过程划分为五个层次：工程技术—技术科学—基础科学—部门哲学—辩证唯物主义。这是现代科学技术的发展模式，它不仅超越了西方科学哲学的科学发展模式，更重要的是它丰富、发展了马克思主义认识论，将大大加速“科学—技术—工程—产业”一体化的进程。

2. 提出了科学技术业——国民经济结构学的创新

面对当代国际之间激烈竞争的新形势，钱学森从科学技术是第一生产力的观点出发，从社会主义现代化的关键是科学技术现代化的观点出发，创造性地提出：当前国际之间的竞争主要依靠的是科学技术，中国的发展必须把科学技术摆

---

* 本章执笔人：马蔼乃，北京大学；赵少奎，第二炮兵装备研究院；杨炳忻，香山科学会议组委会。

到一个非常重要的位置上。为此，他向党中央建议：“建立我国的一种第四产业——科学技术业，作为今天的一项重大的战略决策”。这是事关我国发展的重大理论创新。

3. 系统工程——管理科学的创新

钱学森、许国志、王寿云等吸收了国外关于系统分析等的研究成果，根据钱学森领导和主持我国科学技术与国防建设的经验，用系统科学的理论与方法加以提炼与综合，创建了具有我国特色的管理科学技术——系统工程。它的迅速推广在中国曾经掀起系统工程应用和研究的高潮，无论在国防还是国民经济各领域都取得很好效果，对我国现代化建设发挥了极为重要的作用，钱学森的系统工程是管理科学上具有中国特色的自主创新。系统工程的应用方面最令人注目的有：工程系统工程、人口系统工程、社会系统工程、经济系统工程、地理系统工程。此外，还有教育、科技、军事等系统工程的研究与开发。

4. 大成智慧思想——新时代创造学的方法论

20世纪是科学技术空前发展的时期：现代科学技术一方面不断分化，新学科层出不穷；另一方面不断综合，一大批交叉学科、边缘学科蓬勃兴起，各门学科相互渗透、相互结合，科学技术整体化的趋势日益增强。在新形势下，如何进行科学技术创新、走进“创新型国家”的行列，成为当代中国发展的重大课题。如何尽快提高人们的智能，以适应知识创新时代的需要，成为钱学森极为关注并着力探索与思考的课题。钱学森创建的大成智慧学正是适应了新世纪的需要，希望引导人们尽快获得聪明才智与创新能力，使人们面对新世纪各种变幻莫测、错综复杂的问题时，能够迅速做出科学而明智的判断与决策。他认为这是件大事，其意义不亚于当年“两弹一星”的研制与发射。

与会专家指出，现代科学技术体系几乎概括了现代人类认识世界、改造世界的全部知识，提出了建立系统科学、思维科学、人体科学、地理科学、军事科学、建筑科学等大部门的体系结构，建立研究开放的复杂巨系统的理论与方法，建立综合集成研讨厅体系，建立处理复杂综合问题决策咨询的总体设计部，以及把复杂巨系统的理论与方法应用于社会主义建设等科学思想。它具有前瞻性、独创性、战略性与可操作性，对现代科学技术的发展和我国现代化建设，有着极为深远的意义。

与会专家认为，进入21世纪，在科学技术与社会经济迅猛发展的条件下，人类面对越来越复杂的客观世界。现代科学技术的发展早已突破100多年前恩格斯关于近代科学体系框架的论述，钱学森在东西方文化互补、融合的基础上提出的“现代科学技术体系总体框架”和“开放的复杂巨系统”的科学思想，不论在科学技术体系的内容方面，还是在科学方法（以人为主的人机系统）的探索方面都取得了重大突破，正在推动着科学方法论的变革，对形成大成智慧思想、促进我国现代科学技术和教育事业的健康发展，推进具有中国特色的自主创新机制以及科学发展观的形成与发展具有现实的指导意义。在扬弃还原论，发展整体论的基础上，创建还原方法与整体方法辩证统一基础上的当代科学技术体系，是人类进一步认识客观世界，创立科学发展观的重要理论基础，已经成为当代科学技术发展进程中理论建设的重大课题，必将成为我国科学技术界必须面对和亟须突破的理论建设问题。

第二节　钱学森现代科学体系的发展与实践

1. 钱学森现代科学技术体系的发展历程

1）工程科学体系的提出

早在1947年初，36岁的钱学森已经成为近代力学、航空和火箭技术领域世界一流的科学家，他敏锐地认识到在自然科学与工程技术之间已经形成了一个独立的科学技术体系，即工程科学。他开创性地走上了推进科学与技术紧密结合，发展工程科学的道路。1948年在美国完成并发表了“工程与工程科学”报告，系统介绍了工程科学的内涵、工程科学家的任务以及工程科学家的教育和训练等问题。1957年2月，在我国《科学通报》上发表了“论技术科学”的报告，进一步全面地论述了技术科学的概念、范围、方法论和技术科学的培训等问题，为推进我国技术科学的发展指明了方向。

2）工程控制论的提出

1954年他在美国出版了具有里程碑意义的著作《工程控制论》，对工程科学的发展具有重要意义。1955年回国后，前25年他的主要精力和才华是用于组织指导中国航天科技的创建和发展，主要是一位技术科学家和航天发展战略家。

3）组织与管理的技术——系统工程的提出

20世纪70年代末，钱学森明确提出：“我们所提倡的系统论，既不是整体论，也非还原论，而是整体论与还原论的辩证统一”。根据这个系统论思想，钱学森又提出将还原论方法与整体论方法辩证统一起来，形成了系统论方法。这是钱学森在科学方法论上具有里程碑意义的贡献。

4）提出“开放的复杂巨系统”理论与大成智慧工程

20世纪80年代末，钱学森在国内经过20多年从事航空航天技术的实践与经验积累，提出“从定性到定量综合集成方法”以及它的实践形式“从定性到定量综合集成研讨厅体系”（将两者结合起来称为综合集成方法）。这就将系统论方法具体化了，形成了一套可操作的行之有效的方法体系和实践方式。基于以计算机为主的现代信息技术的发展，钱学森又提出人—机结合的思维体系和创新方式。现代科学技术体系是基于各门科学研究的对象都是统一的物质世界的认识，区分只是研究的角度不同，这就从根本上拆除了以往各门学科之间仿佛永远不可逾越的中界，也必然使辩证唯物主义与各门科学内在地、紧密地熔铸在一起。

2. 钱学森现代科学技术体系的实践

1）系统科学

钱学森创建的系统科学与已有的其他科学不同，它是从事物的整体与部分，全局与局部以及层次关系的角度来研究客观世界的。客观世界包括自然、社会和人自身。能反映事物这个特征最基本的重要概念是系统，所以系统就成为系统科学研究和应用的主要对象。这与自然科学、社会科学、人文科学等不同，系统科学能把这些科学领域研究的问题联系起来作为系统进行综合性整体研究。这就是系统科学具有交叉性、综合性、整体性和横断性的原因，也正是这些特点使系统科学处在现代科学技术发展的综合性、整体化的方向上。

所谓系统是指由一些互相关联、互相作用、互相影响的组成部分所构成的具有某些功能的整体。根据系统结构的复杂性，可将系统分为简单系统、简单巨系统、复杂系统和复杂巨系统以及特殊复杂巨系统——社会系统。对于简单系统和简单巨系统，现有的科学方法已经能够进行处理。而对复杂系统和复杂巨系统（包括社会系统）却不是已有科学方法所能处理的，需要有新的方法论和方法，这是一个科学的新领域。

从方法论角度来看，还原论方法在自然科学领域中取得了很大成功。还原论方法是把所研究的对象分解成部分，认为部分研究清楚了，整体也就清楚了。如果部分还研究不清楚，再继续分解下去进行研究，直到弄清楚为止。但现实的情况是，认识了基本粒子还不能解释大物质的构造，知道了基因也回答不了生命是什么。这些事实使科学家认识到“还原论不足之处正日益明显”。还原论方法由整体往下分解，研究得越来越细，这是它的优势方面，但由下往上回不来，回答不了高层次和整体的问题，又是它的不足一面。所以仅靠还原论方法还不够，还要解决由下往上的问题，把宏观和微观结合起来。要研究微观如何决定宏观，解决由下往上的问题，打通从微观到宏观的通路，把宏观和微观统一起来。同样，还原论方法也处理不了系统整体性问题，特别是复杂系统和复杂巨系统（包括社会系统）的整体性问题。从系统角度来看，把系统分解为部分，单独研究一个部分，就把这个部分和其他部分的关联关系切断了。这样，就是把每个部分都研究清楚了，也回答不了系统整体性问题，如对生物在分子层次上了解得越多，对生物整体反而认识得越模糊。20 世纪 80 年代中期，国外出现了复杂性研究。复杂性其实都是系统复杂性。方法论是关于研究问题所应遵循的途径和研究路线，在方法论指导下是具体方法问题，如果方法论不对，再好的方法也解决不了根本性问题。

大成智慧工程是通过从定性到定量的综合集成研讨厅体系，把各方面有关专家的思维成果和智慧，他们的理论、知识、经验、判断以及古今中外有关的信息、情报、资料、数据等，与计算机、多媒体技术、灵境技术、信息网络设备等，有机地结合起来，构成人—机结合的智能系统，同步快速地对各种类型的复杂性事物（开放的复杂巨系统）进行从定性到定量、从感性到理性再到实践，循环往复，逐步深入与提高的分析与综合。在此过程中，不断以学术讨论班的方式启迪参与者的心智，激发群体智慧，发展现代科学技术体系知识共享的整体优势，集古今中外智慧之大成，使人获得新的知识、新的观念，丰富人的智慧，提高人的智能，特别是创造思维的能力。从而可以找出从总体上观察和解决问题的最佳方案。中国科学院研究的“基于信息空间的从定性到定量的综合集成研讨厅体系（CWME）”可视为一个由专家体系、机器体系、知识体系三者共同构成的一个虚拟空间，是大成智慧工程的一个实例。

2）地理科学

钱学森认为，国家存在与发展的基础是地理环境（自然界）。一方面社会发展受地理环境的制约；另一方面社会发展同时也对地理环境产生影响。所以在社会主义现代化进程中，必须进行地理建设，以协调人与自然之间的关系；从发展的全局考虑，必须把地理建设同物质文明、精神文明和政治文明的建设摆在同等重要的地位。这是极有远见的战略思想，对改革与发展有着非常重要的理论与实践意义。

建设生态文明首先要建设它的物质基础——生态产业。要建设以生态产业系统（生态生产力系统）工程为中心，同时建设与之相互关联、相互制约的人口、资源、生态、环境、灾害、城镇、基础设施和产业结构等系统工程。在建设如此巨大复杂的地理系统工程的过程中，必须建立地理信息系统，以便进行科学的管理。

从系统科学的体系结构看，地理环境信息系统是建设地理环境系统工程的技术科学。在当代，在空间科学与航天技术、计算机科学与网络技术、地理科学与信息技术三者结合的基础上，地理信息系统已经发展成为天地人机信息一体化网络系统。它包括两大子系统：

第一，对地观测信息子系统。其中包括遥感、遥测、定位、通信等卫星信息系统，对地观测信息子系统建立太空计算机信息网络与地面新型网络的连接。

第二，人地信息子系统。其中包括遥感、地理、专家、管理、决策等信息系统。

地理科学的层次结构为：理论地理科学——地理信息科学——地理系统工程。

北京大学提出地理科学是自然科学与社会科学的桥梁科学，并将地理科学划分为五个层次：辩证唯物主义、部门哲学、基础科学、技术科学和工程技术。运用钱学森创建的开放的复杂巨系统的观点、理论与方法，利用与发展信息科学技术，实现地理科学到地理系统工程的转化，必将为建设生态文明，落实科学发展观，提供可靠的理论依据和强大的技术支撑，对社会主义建设无疑将产生不可估量的作用。地理科学构建的哲学指导思想是突破还原论，发展整体论，达到还原与整体辩证统一的系统论。

中科院遥感所根据钱学森的“从定性到定量综合集成研讨厅体系”思想，提出采用虚拟地理研讨厅研究作为研究复杂性开放巨系统的地理系统的切入点。中科院遥感所课题组于 5 月 13 日进入了汶川震区，利用基于地理科学、“从定性到定量综合集成研讨厅体系”等的相关理论与技术，结合卫星、航空遥感技术、无线网络传感器、移动空间信息技术、空间信息系统与虚拟地理环境等技术集成，开展堰塞湖动态监测与评估、公共卫生监测与防疫等，对汶川大地震应急决策，特别是处理堰塞湖等问题发挥了重要作用。该虚拟地理研讨厅原型系统在黄土高原淤地坝地理生态工程空间规划中已得到初步成功应用；在四川汶川大地震应急决策、南水北调中线调水工程、沈阳市城市防洪工程、奥运大气环境监测与分析、公共卫生突发事件监测与处置系统等方面进一步扩大了实践、应用领域。

3）思维科学

长期以来，人们对思维有一种误解，认为人思维的发展过程是一个从形象思维向抽象思维转变的过程，简单地把形象思维当做思维发展的低级阶段，认为抽象思维才是思维的高级阶段，只要有了抽象思维能力，一切学习凭借逻辑推理都可以完成。我国科学家经过研究认识到，在人的成长过程中尽管形象思维出现较早，儿童的心理表象活跃，儿童时期是表象迅速发展的关键期，形象思维作用明显，但形象思维也从简单到复杂不断地发展，在人的整个成长过程中形象思维都是必不可少的认知形式，抽象思维只有与形象思维有机结合、协调运作，才能高效地完成人类的各种复杂的认知加工。

发展形象思维，把两种思维结合起来，极大地完善了人的认识方式。发展形象思维，把抽象思维和形象思维有机地结合起来，构建线性的和非线性的、语言的和非语言的、逻辑的和非逻辑的、理性的和情感的多种认识方式，极大地完善了人的认知方式，从而使人们能整体地全面地认识世界。

与会专家指出，抽象思维和形象思维有机结合是人的全面发展的基础。学生的学习是在教师指导下，通过观察、阅读、听（讲）和写的联系，掌握技能，是认识客观世界的一种过程。知识的理解要经过思维的积极活动，教材中有的偏重于抽象思维的知识，理解时要用抽象思维，有的偏重于形象思维的知识，理解时要用形象思维，但在一般情况下都是两种思维的有机结合。任何单一的思维方式，难以深入地掌握所学的知识和技能。充分发展两种思维，把两种思维结合起来，可使教学过程变得比较生动活泼，使学生所学知识变得比较容易理解。

现代科学技术可以用无创性脑成像技术进行各种思维活动中人脑激活区的研究，但对思维过程的动态研究较少。当代认知科学对抽象思维和形象思维两种思维活动的脑空间与时间两个维度的动态变化还认识得相当肤浅，需要包括教育研究在内的多领域研究。现有的理论思维不全面、不协调、不持续，必须注重思维的全面、持续与协调。我们面临三个深刻的变革：思维的变革（改变现有思维体系）、媒体的变革、学习方式的变革。

钱学森明确指出，以往的模式识别只靠逻辑思维，其实人的模式识别有经验、形象等智能因素参与，应把模式识别与形象思维联系起来研究。在“第五代计算机”的研制上，他提出第二代巨型机的条件比较成熟，应立即研制。“智能计算机技术是当代我国的尖端技术”，虽然条件还不成熟，但应积极安排预研，奋斗目标应是人—机结合的智能计算机体系。

钱学森认为计算机确实可以模拟、代替人的部分抽象思维，但对辩证思维与形象思维还无能为力，原因是还没有找到辩证思维与形象思维的规律，即使找到了规律，也不一定都能够模拟、代替。他主张积极发展各种专家系统，发挥其作用。他从系统工程实践中提炼出从定性到定量综合集成法，这是今后相当长一段时间内处理开放的复杂巨系统唯一比较现实有效的方法论，使我们在复杂性科学研究方面居于世界领先的地位，这是当代科学方法论的重大创新，实现了还原论与整体论的优势互补、辩证统一。

4）基于钱学森思想的其他热点议题

（1）中医科学研究与人体科学

钱学森根据复杂巨系统理论的研究进展，指出研究中医学的观点与方法应该是系统观与系统科学，提出中医学现代化就是在继承与发扬中医学原有的特色与优势的基础上，充分利用现代科学技术的最新成就“从多学科攻关，将传统的中医真正变成现代科学”。钱学森强烈地感到，在西方科学主义思潮猛烈冲击下，迫切需要复兴伟大的中国文化，当前特别是它的重要组成部分——中医学。有鉴于此，钱学森创造性地提出创建人体科学，用现代科学技术的最新成果——系统观与系统科学去研究中医学的对象——人体。这对于继承与发展中国优秀的传统文化具有十分重要的意义。钱学森关于中医学的思想可以概括如下：

第一，人体是一个有意识的开放复杂巨系统。人体除了是物质能量系统即形态结构系统（“形”）外，更重要的是还有信息控制系统即功能活动系统（“气”）和心理精神系统（“神”）。在中医学中，人体是“形、气、神”的统一体，而西医学研究的重点是人体结构（“形”）是物质形态系统。

第二，人与环境是一个更为复杂的开放巨系统。自然生态环境与社会文化环境是一个开放的复杂超巨系统，人生活在这个环境中，与之相互作用。中医非常注意饮食起居和生活环境。

第三，中医学是关于人体复杂巨系统的理论，因此中医学的理论不同于西医学的理论。中医学的方法是哲学、自然、社会、人文相交叉的科学方法。西医学关于人体的理论是简单性系统理论，它的方法是简单性科学的方法，主要是力学、物理学、化学、生物学等方法。

第四，中医学与西医学应该相互补充、相互融合，而不是相互排斥。钱学森认为，从辩证法的观点看来，“还原论是不行的，但是不要还原论去考虑整体也不行；西方的东西，大概还原论的观点是比较多的，而中国古代的东西整体观是比较多的。任何一个方面都有片面性，一定要综合，用辩证法”。因而，中、西医学的方法是互补的，钱学森特别强调，在吸取西医学的成果时，必须坚持中医学的特色、发扬中医学的优势。

钱学森认为，在中、西文化融合的大趋势中，人体科学继承与发扬了中国传统医学的优势。人体科学的研究将会对社会发展、人类医疗和保健事业发挥不可估量的作用。可以预期，其中某些项目一旦突破，将会给现代科学与技术的发展带来巨大的革命性变化。

(2) 重大自然灾害预测的可行性

大地震、特大灾害天气能否预测、预报。国内科技界有不同声音：占主导地位的科学家，立足三百多年来“还原论科学”发展取得的近代科学技术成果，从“简单性科学”理论出发，强调“此类特大自然灾害的预测及其发生机理，至今仍然是世界性难题”。目前国外发达国家还不能预测、预报，因此，我们只能监测，不能预测、预报。与会专家指出，我国一些专家、学者已经跳出了“简单性科学”理论的框框，突破还原论，融会东西方文化优势和科学探索成果，在创建还原论与整体论辩证统一的系统论科学思想的基础上，通过他们的科学研究和实践表明：我国在大地震和特大暴雨等自然灾害的预测方面获得了重要进展。

第三节　目前存在的主要问题

就如何推动钱学森科学思想的发展，更有效地推进国家科技进步问题，与会专家进行了深入的讨论，认为当前存在的主要问题是：

① 面对的现代科学技术体系的争论、中西医的争论、重大自然灾害能否预测预报，以及人体科学和如何构建和谐社会等复杂性科学技术问题的争论，从根本上讲都是不同科学方法论和知识体系的争论。面对我国社会主义建设急待解决

的复杂性科学技术问题，国家和军队的科学技术管理部门应当高度重视复杂巨系统理论和现代科学技术体系的探索、研究工作。但是，现在相关管理部门对复杂巨系统理论和现代科学技术体系的探索、研究工作重视不够，领导和支持力度薄弱。

② 构建现代科学技术体系、发展复杂巨系统理论的研究工作是一项高层次、长期的科学技术探索、研究工作。尽管钱学森历经半个世纪的努力，对现代科学技术体系的总体框架进行了开创性的顶层设计，指明了前进的方向，但是现代科学技术体系的完整理论框架尚未完全建立起来。在还原论科学思想根深蒂固的我国科技界，直到今天不仅不能得到完全理解和接受，而且开展这一工作还存在相当大的阻力。

③ 构建现代科学技术体系的探索、研究工作是一项跨部门、跨学科领域、跨科学技术层次的现代科学研究工作。采用现行的主要是部门管理的科学技术体制和运行机制难以奏效，需要创新科学研究的管理体制和运行机制。

④ 现在钱老已经离开了我们，多年从事并热心这一科学探索事业的绝大多数学者、专家业已退休，出于社会责任感和事业心，以社会公益活动的形式，自费、分散地进行着探索研究工作，处于自生自灭的状态，后继无人。这与当今世界科技发展形势和国家建设社会主义伟大强国的社会需求极不适应。

⑤ 目前，我国在教育理论方面缺乏在课堂培养能力、技术，创造能力的探索与研究。因此，导致在教学实践方面存在抽象难懂、乏味枯燥、死记硬背、高分低能的现象。重要的原因是对思维认识的片面性，导致对思维培养的偏颇，即重视抽象思维，忽视形象思维培养，致使课堂教学普遍存在着枯燥、乏味和抽象、难懂，不可避免地会造成学生思维单一、机械，缺乏想象力和动手操作能力，这是面对21世纪我国人才培养亟须解决的问题，也是思维科学探索、研究必须重视的重要课题。

第四节　几点建议

① 国家教育、科学技术管理部门应当高度重视复杂巨系统理论（复杂性科学）的研究工作，大力推进现代科学技术体系总体框架的理论建设。从教育入手，转变思想，自主创建符合现代科学技术发展规律的新的科学技术和教育体系，使我国科学技术和教育事业的发展走在世界的前列，为人类做出更大的贡献。

② 复杂巨系统理论（复杂性科学）和现代科学技术体系总体框架的探索研究工作是一项跨部门、跨学科领域、跨科学技术层次的现代科学研究工作，采用现行的主要是行政部门管理的科学技术体制和运行机制难以奏效。建议从我国实

际出发，借鉴美国“桑塔菲研究所”和中科院“卡弗里理论物理研究所”的经验，创建“无固定编制的现代科学技术体系总体框架探索”研究平台（研究中心），进一步推进我国现代科学技术体系总体框架的探索、研究工作。

③ 面对科学技术由简单到复杂、综合发展的大趋势，国家科学技术管理部门应当高度重视“现代科学技术体系总体框架”研究平台这种新的科研体制和运行机制的探索工作，加强领导，积极支持。国家应设立“现代科学技术体系总体框架”理论探索专项研究基金，进一步推进对我国现代科学技术发展具有重要意义的科学探索和研究工作的展开和深入发展。

④ 总结我国经济社会、科技发展的经验教训，重大工程规划、开发（包括重大灾害处理）的经验教训，依照钱学森复杂巨系统理论、构建人—机结合的“综合集成研讨厅”和总体设计部的科学思想，国家应高度重视钱学森设立国家和综合部门总体设计部的意见，以科学发展观为指导，逐步建立并完善国家各级长期稳定、可持续发展的智囊团和参谋部，为处理国家具有长远、全局性的社会发展问题，地理系统建设问题，突发性重大灾难的应急处理等问题提供科学的决策依据。

后　记

在钱学森70多年的科学技术活动中，特别是他晚年创新提出现代科学技术体系，开拓开放的复杂巨系统理论和大成智慧学的过程中，他的研究工作涉及现代科学技术的广阔领域。我们试图努力研究、梳理、解读、概括钱老的现代科学技术体系思想，但是由于我们水平和知识的限制，难免挂一漏万。

通过进一步学习、研究钱学森，我们越来越深切地感觉到，钱老虽然离开了我们，但是，我们却深切地感觉到钱老的科学技术思想正在一步步深深地扎根到我们的心中，钱学森科学技术思想的研究工作还刚刚开始，我们愿与更多志同道合的专家、学者携手合作，把钱学森科学技术思想的研究工作推向前进。

为了梳理、解读、宣传钱老的现代科学技术体系思想，我国部分热心研究钱学森科学技术思想的学者、专家整理了近年来探索研究钱老科学技术体系思想的初步成果，发起了以钱学森现代科学技术体系总体框架探索研究为主题的香山科学会议，通过会议研讨，与会学者、专家一致认为这次会议对推进钱学森科学技术思想研究工作非常重要，不仅希望把会议报告和相关资料整理出来，供大家进一步学习、研究参考，而且要求把钱学森科学技术思想的研讨会继续办下去。我们认为这些要求是适时的。

在“324次香山科学会议筹备组”的协调、组织下，目前已经形成了每月一次定期组织的钱学森科学技术思想研讨班，现已召开了20多次专题研讨会。在研讨中我们坚持“百花齐放、百家争鸣、充分地民主、正确地集中”的原则，并且逐步形成了编写钱学森科学技术思想研究丛书的构想，这就是钱学森科学技术思想研究丛书的来源。受“324次香山科学会议筹备组”的委托，由第二炮兵赵少奎研究员负责与相关同志联系，把已经写出全文的研究报告，根据研讨会中提出的问题和意见进行加工、修改；原来只有提纲的，要求写出全文，经过丛书编委会讨论、梳理，形成了这项多学科交叉探索研究的初步成果。

本书不同章节由不同学术领域的学者、专家完成，不同的社会经历，不同的学术研究背景和知识结构等因素，使各部分的写作风格、语言特征等方面存在一些差异，甚至存在一些不完全一致的观点。我们本着尽量尊重作者本人的研究成果，“百花齐放、百家争鸣”的原则，为读者留下独立思考的空间，引导读者参与钱学森科学技术思想的探索、研究工作。我们诚恳地欢迎读者提出不同意见，与作者进行学术交流。

发起召开钱学森现代科学技术体系研究为主题的香山科学会议，汇编这样大型、多学科的文集，对我们来说都是第一次，没有经验。由于我们的学术水平和知识的局限性，对钱学森现代科学技术体系思想理解不一定准确、全面，因此错误、缺点和疏漏在所难免，希望学者、专家和广大读者批评指正。

在324次香山科学会议筹备和召开过程中，会议执行主席朱照宣、戴汝为、于景元、王众托和马蔼乃做了卓有成效的组织、协调工作。在会议文件和本书编辑整理的过程中，北京大学马蔼乃教授和她的学生们作出了重要贡献，孙敏副教授、李梅博士整理了大量文字和图片资料，积极地支持了本书的出版工作，在此一并表示衷心地感谢！

2010年12月